SIE WISSEN
ALLES

大数据之眼

无所不知的数字幽灵

［德］尤夫娜·霍夫施泰特◎著

陈巍◎译

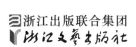
浙江出版联合集团
浙江文艺出版社

Sie Wissen Alles(They Know Everything)by Yvonne Hoftetter
Copyright ⓒ 2014 by Yvonne Hoftetter
Published in agreement with Literarische Agentur Michael Gaeb,through The Grayhawk Agency.
Simplified Chinese edition copyright:
2018 Zhejiang Literature and Art Publishing House
All rights reserved.
著作权合同登记图字:11-2015-172

图书在版编目(CIP)数据

大数据之眼:无所不知的数字幽灵 / (德)尤夫娜·
霍夫施泰特著;陈巍译. —杭州:浙江文艺出版社,
2018.5
书名原文:Sie Wissen Alles
ISBN 978-7-5339-5088-0

Ⅰ.①大… Ⅱ.①尤… ②陈… Ⅲ.①数据处
理—研究 Ⅳ.①TP274

中国版本图书馆CIP数据核字(2017)第 277810 号

责任编辑 陈富余 邵 劼
装帧设计 水玉银文化
责任印制 朱毅平

大数据之眼:无所不知的数字幽灵

[德]尤夫娜·霍夫施泰特 著
陈 巍译

出版 浙江出版联合集团
浙江文艺出版社

地址 杭州市体育场路 347 号 310006
网址 www.zjwycbs.cn
经销 浙江省新华书店集团有限公司
制版 杭州天一图文制作有限公司
印刷 杭州佳园彩色印刷有限公司
开本 710 毫米×1000 毫米 1/16
字数 256 千字
印张 20
插页 2
版次 2018 年 5 月第 1 版 2018 年 5 月第 1 次印刷
书号 ISBN 978-7-5339-5088-0
定价 **68.00 元**

"我仅仅依据自然观察提出一项理论……用数学语言记录下来，从而获得更多的公式。然后技术专家来了，他们只关心公式……他们制造机器，只有当他们不再依靠促使他们发明的认知时，机器才可以使用。如今每头蠢驴都能让灯泡照明——或者引爆原子弹。"

[瑞士] 弗里德里希·迪伦马特：《物理学家》

献给克里斯蒂安

感谢促使本书问世的同伴：约翰内斯·雅科布（Johannes Jacob），爱娃·罗森克朗茨（Eva Rosenkranz），米夏埃尔·盖普（Michael Gaeb）。

目录
CONTENTS

致中国读者

前言

第一章　起源

缺失的数据，错误的信息和 290 名死难者　003

软件会杀人吗？　011

云端的大数据　022

机载预警与控制系统的故事　032

第二章 机器的智能革命

大数据菜谱 059

超级数据库和超级计算机 063

数字魔术师的艺术 070

人工智能的推进剂 095

"满满一麻袋方法" 103

合作成就的智能 109

第三章 大数据，大钱

经济危机 117

被逐出家园者的新故乡 125

全球迷途：经济金融化与诺贝尔经济学奖 130

数学会成为肮脏的科学吗？ 137

大数据金融 2.0 140

第四章　独裁

精神分裂症　167

大数据演变　172

进犯大众生活　177

人与其数据的陌生关系　189

忘记的权利　198

大数据独裁　204

个人数据与资本的对抗　219

第五章　觉醒

社会的升级　235

个体的任务　237

国家的任务　243

技术专家的任务　260

亲爱的德国：弗洛里安·迈霍夫通信　264

原书注释　267

跋　291

致中国读者

您知道在何处才能绝妙地观察到一座充满生机和创造力的城市吗？当然是华人移民和他们建立的中国城。因为在许多开展环球贸易的大城市和超级城市，中国人致力于提供他们多姿多彩的商品与服务。他们非常善于应对全球范围内城市化和贸易的增长趋势。我们欧洲人相信，贸易意识已经深深植根于中国人的灵魂深处。

德国与中国有许多共同之处：两国都是出口强国；两个国家都出台相关政策，使民众生活水平得到保障。中国人民银行长期关注人民币汇率；近年来德国的经济发展速度高于全欧的水平，欧洲央行充当了志愿的帮手。尽管并不存在具有国际地位的德国城，然而德国在国民生产率和国民生产总值的国际性比较中还是具有不错的成绩。因为德国的经济成就不仅仅建立在德国人勤劳等美德上，而且仰仗过去的成就、仰仗几届前任政府的社会政治改革以及国家良好的声誉。但是面对21世纪的数字化革命，德国人民犹豫不决，一筹莫展，他们对此几乎难以理解，也没有准备好产品与解决方案。你想购买德国制造的计算机吗？这些东西我们德国不生产。那么德国制造的微处理器，德国生产的操作系统或者智能手机呢？对不起，我们没有产品可以摆放在展示橱窗。中国提供的数字化服务产品，从阿里巴巴、百度，到微博和微信，在德国没有可比之物。更糟糕的是：全欧洲都丧失了创建与创造的意志。我们欧洲人只是数字化产品和服务的用户，而不是生产者。欧洲人使用的智能手机及其操作系统，以及亚马逊、谷歌等网站，再到 Facebook、WhatsApp（各种智能手机之间通信的应用程序）和 Skype（超清晰网络电话），全都来自美国硅谷。

硅谷的产品使我们面对一种全然不同的价值理念——在某种程度上可以说是我们购买了这种陌生的理念。要理解这种不同的文化理念，就应该站在美国的文化体系中。**自由贸易**（*Free Trade*），即国家放弃监管的市场行为，完全符合美利坚合众国的宪法理念。资本主义的市场行为必须独立于任何一种法律。由此，美国的互联网巨头提取与交易个人数据时可不必得到任何许可；产出数据的人——你和我——失去自己的数据是一种常态。当美国互联网公司跟踪与存储我们的在线行为时，数据不再属于你和我，而是属于提取以上数据的互联网公司。现实的法律状态大体如此，但 2018 年欧洲要做出改变。

因为欧洲的数字化进程是由美国的垄断巨头所控制，对于"什么是数字化"的问题，在 2015 年的夏季有超过一半（56%）接受问卷调查的德国人答不上来；三分之一的人都没有听到过这个概念。对于物联网，88% 的受访者表示无法设想，92% 的人没有听说过**大数据**（*Big Data*）。

我们的生活和劳动将被解释成 0 和 1，这个信息必定会使数字化的门外汉不知所措，他们需要有人帮助解释一些疑惑，比如数字化与数学具有相同的含义吗？它是一种技术吗？或者和十年前相比，数字化会改变我们彼此的交往和相互之间的影响吗？

无疑，数字化只描述了社会局部。伴随着数字化，我们把我们的生活，私人或者职业的生活变成了一台巨型计算机。一切都将被测量、存储、分析和预测，并得到控制与优化。人自己也将变成计算机，起码成为全球巨型计算机的一部分，其部件全部得以联网，并受到其他部件的控制。在**万联网**（*Internet of Everything*）上谈论的是一切与一切，物对于物和人，或者相反。人使用联网的各种智能设备的同时，产生了人类的信号，它们形成了个人数据的宇宙。移动设备观察和传递人在何处运动，以及他们的行为与思考；互联网的基础设施负责信号的传输。整个世界是一个巨大的电路板：数字化让人成为电子零件，只比一颗粒子、一粒数十亿的其他的计算机组件的全球结构中的尘埃略大，从联网的汽车到植入运动传感器的外套，让人能在其整个生命周期不停地输出数据。

这种让人成为无数实时数据包碎片的测量有哪些意义呢？科学家如今比二十年前更详细地掌握了一些自然现象，例如飓风研究：只要在大西洋上空形成威胁美国东海岸的气旋，风暴猎手马上就会升空美国商务部的科研飞机，履行一项也许没有归途的使命。它们顶着狂风进入风暴的中心，在风暴旋转速度最高的地方——眼壁①（*Eyewall*）

---

① 眼壁，是热带气旋里风力最强的范围，该区的云团深入大气层底部，降水量也最大。眼壁直接围绕热带气旋的风眼。一个热带气旋的眼壁所越过的陆地，遭受的破坏最为严重。——脚注除特别说明外，均为译者注。

里投下传感器与测量仪。传感器提供的数据是无价的，通过计算和仿真模拟能够预测风暴的方向与强度。美国东海岸的居民可以提前得到预告，给他们的房屋做好预防飓风的准备或者在最糟糕的情况下转移。飓风研究者的数据分析结果和天气预报通过广播电台和电视新闻或者"新媒体"等传达，并保护美国东海岸居民的生命安全。气象研究人员的数据、数据分析和预测不是监控天气自身，而是美国公民的行为，这是他们干得最棒的具体事例。

任何在我们头顶上投下的传感器都犹如一颗炸弹。

人也成为了可探索的自然现象的同盟。可惜探索者不再是科学家，而是商人和经理人，打探馈赠给他们的是令人难以置信的营业额与盈利。他们将测量与绘制我们人类行为的传感器安装在我们的智能手机上。我们使用它们，仿佛不再拥有明天。这台小型计算机连带它的许多监控装置，包括摄像头、加速测量器、麦克风、识别和传递手机用户的光波和地理定位传感器，从它的使用者身上提取了无数数据，这些都是大数据。它们储存在"云"中、计算机里，不再属于我们自己，而是属于全球互联网巨头。

互联网巨头是那些摁下按钮之人。

在欧洲，对人进行数字化的掌控与分析是法律禁止的——只有几个例外。在禁令背后矗立着伊曼努尔·康德的哲学和欧洲的人的理念，它拒绝把人当作一件物品对待。但是大数据恰恰是这么做的。2030年之前，人类将通过智能手机连通起一个拥有1000亿台设备的万联网，这也就意味着有大约70亿个处于联网中的人也将走入危险地带。如果人开始成为数十亿联网之物王国的部分，他不久就会相信，他作为个人和人被利用。大数据把人降级为万联网的原子。大数据、物联网、数字化的表现既非人文也非对人类友好，尽管我们鉴于购物和游戏等众多舒适的在线服务和数字化促成的巨大经济增长而不愿相信或者排斥这点。但倘若我们想要在未来实现和平与经济繁荣的美好生活梦想，就必须唤起良知，使数字化的未来人文化，从而保持生活的价值。这也是本书所期望达到的目的。

尤夫娜·霍夫施泰特

2016 年 1 月

前　言

丨闻非同寻常，在各个层面的影响力都很大，人们都是丑闻的欢呼者
与轻信者，然而丑闻可能也会关乎我们所有的人，毕竟每个人都是在拿自
己的家庭、故乡、母语和追求真理的一生冒险。

"我需要您信用卡的详细信息。"

"请告诉我们您的家庭地址。"

"绝对不行！"假如有人在直接交谈中向您打听上述私密信息，您无疑
会提出抗议。

然而提问者很狡诈，他打开了小型电子设备。

那些兜售给我们的五彩斑斓、带有玩具功能的设备（*Gadgets*），属于
最新的 IT 产品。赶时髦者，需要最新一代智能手机和最新潮的电子手环，
不然将错过数字化革命。这些玩意儿无论如何都会说服我们去获取它。我
们热爱我们的设备，爱不释手到致使我们的家人嫉恨这些电子产品。因为
我们爱它，因为我们把一切都托付给它。

所有一切。

尽管爱德华·斯诺登曝光了美国的窃听丑闻，可我们依旧毫不在意地
继续让自己暴露于世人面前，继续受到窃听。购物、聊天、打网络电话、
发电子邮件，犹如赤着背脊接受众人的鞭挞。我们托付给我们电子"助
手"们的所有事情，它们都会毫无例外地继续讲述，讲给商界、工业界和

秘密警察。我们不仅变得完全透明，而且让自己拥有被敲诈与被操控的可能。我们在骗子、罪犯和反政府者面前无力抵抗。不仅我们每个人，还有我们自由民主的社会。沉迷于这些设备无异于玩火，你相信每台设备、交出所有一切的同时，也是拿所有一切在冒险。

民主身处险境

资本主义具有极易变化的天性。直到华沙条约组织瓦解之前，我们仍旧相信资本主义是民主的最佳伴侣，偏爱地满足它的多元论，但是如今我们将改变看法。婚姻破裂了，伴侣递交了离婚协议，离婚的原因只有一个：大数据。

随着绝对监控下有利可图的新商业模式，大数据宣告了一项新同盟——资本主义与独裁之间的同盟。大数据为信息资本主义（*Informationskapitalismus*）建立了信息精英的独裁，因为他们占有我们的数据，拥有分析数据的关键技术。人类古老的原罪，哺乳着持续监控之下新商业模式的数据饥渴、想要知情（*wissen*）的欲望以及通过监控获取权力与财富的冲动。更为悲哀的是，我们公民对各类来源于私营和国家的设备过度的数据收集癖好完全无所谓，哪怕它们的收集早就超越了与研究相关的、获取认知的需求。大数据、算法、数学模型、人工智能这些话题比我们想参与的研究更复杂，更抽象，它们不仅涉及数学家和量化分析师，而且事关少数几位具有深奥思路的科学家。他们从事结论公开的研究，能够让他们不寻常的理论观点在极少的情况下得出贴近生活的结论。

请您莫要错误估计。"大数据"这个时髦的集合名词今天概括与描述了一种迄今为止范围未知的技术革命。大约二十年前，大数据在军事领域投入使用，新千年之初又参与了金融行业的算法竞赛，接受了考验、评估，得到了充分的证明。从此大数据走出工业领域，转向价值创造链的末端，即公民与消费者，欲借助互联网完全掌控与测量一切与每个人。如同置身于将导致我们社会结构、法律和国家体系变化的旋涡中，让我们着迷之物就是智能机器（*Intelligente Maschinen*），它们能够独立地从全球可供使用的海量数据中生成详细的形势分析，适时地描述我们的所作所为，所思所想。在反馈循环中，我们获得这些机器的回答，再通过互联网完成一种信息、感觉和行为监控的三和弦。什么样的数学家、物理学家或者科学编程员是数据、数学模型、人工智能组成的完美三度音程，它从愈来愈多的数据中推导出涉及我们和日常生活更精准的信息，能够为了我们的社会突变成冒险的技术。确切地说，如果大数据沦为新型精英的权力工具，并且导致我们的自由权利和民主国家形式的终结，那么这伙人就不再是由我们民主制度选举出的合法的人民代表。

如果商业企业借助我们的数据将我们的生活量化，测量和重新计算我们，数学将随同大数据在我们社会未来的地平线上显露曙光，独裁将更加容易实现。商业企业的科学家、数学家和物理学家并非始终意识到自己将变成何种工具，也不是先验地对经济感兴趣，而只是追随他们想进一步认识世界的欲望。狡黠的企业家与投资人歪曲了他们的研究，成为"窃听与监控"新商业模式的监工，正如最近频繁出现的经济金融化：这种愿望在于开发新利润源泉，为提升商业价值而罔顾谁将承担永久的损失。

大数据？智能机器！

美国国家安全局的丑闻曝光了：大批民众，包括我们的政治精英都被蒙在了鼓里，完全没有意识到一场技术革命已经开始。短短几年内，计算机以一种全新的方式变得能力超群。现代化的计算机控制我们今天生成的数据团，并人性化地思考，可能会出现这种情形：一台机器支配的数据越多，行动就越智能化。如果智能机器是信息资本主义的发动机，那么大数据就是它的燃料，互联网则是其底盘。它们的传感器就是移动设备与应用程序（*Apps*），这些玩意儿愈来愈频繁地充当我们的"日用品"，彼此联网，其通用的语言是数学。传感器及其智能机器之间的数据将以无线的方式或者在云（*Cloud*）——全球化的"计算机云"中交换。由此形成了一套创意系统，新的组织结构通过其单独元器件的电子通信而自发产生。因为最初为了计算机联网建造，通过众多地址分配，我们人类用了几年时间便拥有了这个可以收发邮件、撰写博客、在线购物的互联网，从而为我们创造了一种同侧运用。如今这些机器夺回了"它们"的网络，充当"物联网"或者工业互联网（*Industrial Internet*）。到 2017 年将会有大约我们地球居民人数三倍之多的机器使用一个 IP 网络。[1]

什么叫"智能机器"，它们的智能存在于何处？智能机器并非依赖由人输入的行为指令，而是逐渐独立行动，它们作为优化者（*Optimierer*）在不可靠的前提下学习做出优化决定。作为分布式软件代理（*Verteilte Software-Agenten*），它们把我们日常生活的复杂问题分解为更简单的子问题，通过彼此合作与交流将其解决。作为创意系统（*emergentes System*），独立的程序相互联网通向一个机械的平行世界，没有程序员对其编程或者测试，它们的动能我们无法认识，更不能立即分析。

它们无所不知。我们所说的"它们"有别于您日常所见的机器或设备，除非您效力于军事或者金融领域。自从爱德华·斯诺登揭露了它们的名称，有三个项目我们已经熟知：棱镜（PRISMA）、XKeyscore①、Tempora②，这三个项目都是为了监控与分析收集来的上百万没有嫌疑的公民的海量数据。在金融行业与之相应的是阿拉丁（Aladdin）或者海盗船（Corsair）项目。智能机器在军事和金融这两大行业已经使用多年。作为侦察员、探雷器或者各种式样的无人机，在受到从"鹰"系列微型飞行器（Micro Aerial Vehicles）到昆虫大小刺杀行动的"微型无人机"等侦察无人机的入侵时，它们承担士兵的任务；作为巨型数据分析系统，它们向国际大牌投资者提供全球的风险与投资信息；作为高频算法，也许快速，但智能化较低，它们使证券交易所孕育危险，伴随着全球经济无法估量的风险。如果我们想要知道旅行方向，尤其应该把目光聚焦金融行业。因为智能机器愈来愈频繁地替我们解决日常工作，形成一种唤醒了现代救世主的假象。更舒适，更美妙，更美好，更优化的生活的前提在于智能机器必须非常了解我们。这也是我们将要付出的代价。在智能机器优化与控制我们之前，它们将侵入我们的思维。它们与我们的链接是互联网这种全球都可使用的通信基础设施，借助互联网把我们当作服务员，随时随地地从我们的生活和行动中检索数据，并对我们进行观摩（evaluate）、优化和控制（control）。实际上它们从我们的数据中掌握了我们的嗜好和行为。在封闭的控制电路循环中，它们为我们精确地选择和准备似乎对我们有用的信息。我们应该感觉接到了通知，但又并非如此。我们被美丽新世界的承诺笼络之前，早就受到了控制。

---

① XKeyscore，是美国国家安全局一个绝密的监控项目，由"棱镜计划"揭秘者斯诺登曝光。该项目是 2013 年覆盖面最广的窃取网络情报的计划，几乎涵盖了一个普通用户在网上的一切行为，包括邮件内容、网络访问和搜索以及相关元数据。为支持该项目运作，美国国家安全局在全球 150 个地点设置超过 700 个服务器。特工只需输入对象的电子邮件等简单信息，就能对其进行实时监控。

② Tempora，英国政府通信总部的监听计划，它"充分利用了网络缓冲"的特色。英国政府通信总部可利用"网络缓冲"储存通信数据 30 天，储存通信内容 3 天，美国国家安全局与之合作。

并非没有副作用

革命总是导致现有价值体系或者法律体系的崩塌，大多都使用暴力，很少静悄悄地发生。但是公民与消费者几乎无声地卷入信息资本主义之中，它使我们价值体系的基础发生动摇。不，其实并非是无声的——更确切地说是在一种醉意之中，在移动时刻（*Mobile Moments*）和社交网络（*Social Networking*）的迷醉中，连同更多的内容，更多的数据，更多对我们新生活方式的最大化利用，在我们尽情享受每一瞬间，关注可操作之事的同时，它们都承诺给我们最大可能的利益。享乐主义是好的，主观主义是好的，自我中心是好的。"我们优化你！"是智能机器的营销广告，因为虚荣比其他特性更接近我们人类。我们喜欢听这类广告，抑制相关的冒险：一种优化的生活品质的另一面。

事实上，智能机器对我们进行投资，这尤其适合于它们的创造者。但是它们的迅速蔓延不是没有保留社会与社交的成果。它们耗费我们很多，非常多，不仅仅在金钱方面。它们作为技术是"颠覆性的"，在营销语言中实施"创意的摧毁"。假如我们愈来愈多地与智能机器打交道，那么这将改变我们的生活、我们的交流、我们的价值体系与法律体系，还有我们的国家形态。为什么会是这样呢？以此为基础的数学模型——强力，但又简化展现世界——把我们人类按照它们的愿望缩减成一个可以优化的对象。我们的主观特性由此丧失，这是一项欧洲的历史成就，把个人尊为人、法律与义务的载体。智能机器的蔓延将导致结构性变化，不是自然，而是让我们人类转变。我们的法律体系——我们的民主，基本法或者信息和消费自治——处于危险之中，人自己包括其心灵的力量、理智、情感和自由意志也是如此。

　　那些嵌入绝对监控的大数据产品的市场化的行业并没有受到良心的谴责，它们对忠告置若罔闻，对快速发展的智能机器及其瞬间无法估量的利益潜能过分地欢呼，格外兴奋。所有技术可行之物都会得到考虑，通常没有反思结果。这同样适合我们许多人，因为我们不仅是新监控文化的牺牲品，而且是同谋。如果我们认为智能机器仅仅是为了优化我们的生活，那我们在风险和"知识就是力量"这个古老的智慧面前就是盲目的。可是我们自愿和不假思索，几乎天真地展示我们最内在的东西，并不认为为让我们过上更好、更美妙的生活，会有人首先利用我们的数据。为了获得盈利，资本家不惜在相当一段时间里废除我们思考和感觉的自由。当我们作为服务员为我们的"智能"计算机和移动设备的数据饥饿哺乳、勤奋协作、保证陌生的第三者最大可能地了解我们的生活时，我们并没有深刻地意识到我们到底付出了什么，就那样自然而然地做了。

　　当然，在能够开发智能机器和对它们的可能及限制做出最佳评估的系列科学家中存在着怀疑者。他们将受到股东价值（*Shareholder Value*）的追随者、信息经济的"示范性、创新型"企业甚至许多使用者的嘲笑。大数据的危险在于它已经非常公开明显地干涉个人的自治，开始危及社会的团结。社会分裂的危险进入消费者群体，他们听任自己连续 24 小时被监控，为了自身获取利益，进入"另一些"拒绝监控的群体中，由此深陷长久的辩解状态。大数据在新纪元中遇到的未来没有规则，允许一切技术可行之物；您要相信，技术如今已经没有界限了。然而生活经验改变了我们的看法；倘若您认为滥用的概念太过挑衅，每次革新总会导致滥用没有节制的潜能。我们由此预测，机智的男人和女人在发明和创新引入之后直接曲解了实施它的最初意图。有一种美妙的设想，利用智能手机监控其员工紧张程度的雇主会怎么样呢？成为一家关心员工的企业？区分受精神压力的员工意味着拥有一个可靠的解雇理由，摆脱弱者，长期支持强者。因此一名员工监控软件制造商的展示拥有阴险的标题：人力资源管理做决定可基于您的员工幸福感和紧张状态的实时数据。[2]

简言之，我们在工业史上达到了一个转折点。借助大数据，我们的技术能力得到了毫无限制的发展。迄今为止，信息经济的规则不复存在了，如同缺乏一项未来与智能机器交往的政治和全社会的战略。淘金者的情绪弥漫，人们越过现有的权利为利润而钻探，罔顾社会后果。我们的私人领域、秘密和信息的自决权利好像完全失效的同时，新商业模式和它们的智能机器正在朝一个几乎没有法律的空间移动。

本书观点

技术发展无法停歇，迷人之处尤其在于，我们实现智能化的日常生活优化与自动化的地方，不必追溯个人数据。在工业互联网，工业 4.0 之中就是这种情况。诸如飞机发动机等机器的智能监控非常清楚地表明，大数据不但隐藏危险，而且有巨大机遇，我们能够在其中积极而负责任地成功建构人与机器关系的未来。

本书旨在参与此类反省，有意识地提出非常宽泛的要求，针对技术大数据尊贵的开端，把一种工具转换为一种智能机器。深入观察金融产业，大数据早已投入使用，因此在与大数据的接触中能够得出深刻的认识。本书完善了若干哲学思考，没有对技术表示敌意，同时，本书充满激情地支持人类及其权利，对信息资本主义的新时代提出建议，始终不超越权限。

保持清醒，促进思考，推动合理的人机关系是本书的关切点。

第一章《起源》，着手研究大数据形成的历史，回顾我们在哪些地方首次获得了掌握大数据的线索。因为大数据不是新鲜之物，过去的名称听来是另一码事，但是指向同一种事物，即"多传感器数据融合"。对大数据的需求本来应该是另一番情形，首先在国家—军事领域形成。数十年前在该领域就已开发出具有可观智能的高效率机器，迄今仍然保留在军事系统和实际使用中。并非偶然，恰恰像美国国家安全局（NSA）这类国家机构得到了高水平装备来评估大量的数据，因为原本此类技术早已为国家掌握。但是这应该是哪些能力呢？本书第二章《机器的智能革命》对此做出描述。这里将澄清大数据概念背后的技术中隐藏的内容，介绍了科学的大数据工具箱。本书用故事和逸闻讲述数学，并非指望获得数学界的最高奖菲尔兹奖，而是在更好的理解中予以概括。假如您是一位受过数学专业高等教育的读者，那么请宽恕那些未加斟酌的特别与特殊的案例，不然本书的第二章就得用数学公式写了，即便如此也肯定会引起争执。第三章《大数据，大钱》探讨大数据在金融行业的第一次商业应用——我们想知道这次应用可能造成了哪些损失，也是本世纪的头十年金融行业有益的社会案例。它吸收了大数据第一波商业化浪潮用于投资的机遇，我们更清楚地看到从中产生的内容。第四章《独裁》考察了第二波商业化浪潮以及如今关系到消费者和公民周边的大数据，我们必须用什么计算，大数据的应用与我们有什么打算，我们作为社会和个人在何处受到损害。第五章《觉醒》提供了实验性的解决途径，因为迄今为止尚不存在对待大数据的政治与社会的唯一策略和经验。每种避免的战略，对价值的怀旧或者直白保守的坚持都将在大数据及其动力上搁浅。与智能机器交往对所有人都提出了挑战，国家、技术人员、每个个人。因此大数据提供了一种巨大的机遇，一种积极的交流，一次和政治、技术以及公民社会合作的机遇。我们只有利用好大数据，它们才会在未来的增长与繁荣方面取得巨大的成功。

第一章

Genesis ››› 起　源

缺失的数据，错误的信息和 290 名死难者

1988 年，两伊战争的最后一年，7 月 3 日，星期日。

第二天便是美国的独立日。阳光照射在波斯湾上，海水闪耀着炫目的光芒。满眼碧蓝的色彩让人有一种想要潜入海底的冲动，随着波浪起伏，被大海温柔托起，就像孩子躺在母亲的肚皮上，漂向充满希望的生活。

仅仅一个月后，1988 年 8 月，战争伴随着成千上百的阵亡者，以没有获胜方而宣告结束——两国发动了一场毫无意义的战争。但是直到战争结束之前，局势还在继续升级。几年来战争对手一再袭击通过波斯湾的装载贵重货物的轮船。随着科威特请求美国提供护航，冲突从 1986 年 11 月起完全演变成国际事件。1987 年夏天美国开始为轮船护航，吸引了六个北约国家的海军进入波斯湾，清理航道和波斯湾的针孔——霍尔木兹海峡上的水雷。

在这个值得纪念的星期天，英国与沙特阿拉伯达成了两国历史上最大

的军火交易，而当天对于在海湾游弋的美国军舰来说，好像与参加其他的战斗准备并无区别。

装备了机枪和导弹的伊朗快艇进攻商船是轮船战之中最丑陋的做法。此外他们还经常在海峡附近冒出来，企图进行破坏。在波斯湾北部停靠的美国海军"埃尔默·蒙哥马利"号（*USS Elmer Montgomery*）大型驱逐舰早晨已经统计和观察到有攻击快艇靠近一艘巴基斯坦货船，最初七艘，之后又出现十三艘。

"请确认，需要帮助吗？"

"蒙哥马利"号向货船发出了无线电信号。

巴基斯坦货船的回答似乎让人无须担忧。

"不需要，我们没有发送紧急信号，我们没有遭受骚扰。"

北边远处发生了爆炸，很快传来了第二次爆炸声。

美国海军狭长的导弹巡洋舰"文森斯"号（*USS Vincennes*）劈开碧蓝的波涛朝霍尔木兹海峡全速前进，像其他同级别的巡洋舰那样布雷，预防伊朗的快艇和水雷进攻。该舰装备了导弹，用于攻击陆上和水面目标。但是"文森斯"号还拥有更多的功能，类似于德国的反潜护卫舰，这艘战舰擅长防空任务。"文森斯"号配备了一整套由最现代化的雷达、大量的防空武器装备和一种自带的防空中心组成的防空系统。甲板上的高科技赋予其一个非常恰如其分的绰号：机械战舰（*Robocruiser*）。在他们的监控室内，遮住光线的战斗信息中心（*Combat Information Centre*，简称CIC）蓝白的、黑绿色的屏幕不停地闪烁。CIC属于当时最先进的高科技雷达系统，取名宙斯盾（*Aegis*），暗指希腊主神宙斯的盾牌。1983年起，这种美国军舰的电子预警和射击系统就投入了使用，其任务就是监控覆盖上百平方公里区域复杂的空战。该系统适时地记录飞行数据，处理并解读它们，在控制室巨大的显示屏上展示空战的细节。为了真实地再现这场空中戏剧（*Air Theater*），并在军事上评估这场空战造成危害的可能性，同时对大量的潜在目标例如侦察机和导弹实施监控，这就要求"宙斯盾"必须具有同时跟踪不少于 200 架飞机的能力。这些任务并不轻松，当时系统还没有装备类似性能良好的平行计算机和小型化存储器，即不具备如今大数据系统的计算机性能。因此宙斯盾系统众多的计算机、显示器和数据收集器安装在巡洋舰 SPY-I 雷达的大型相控阵天线后面。

"各就各位！""文森斯"号的扩音器重复道。甲板上下笼罩着高度紧张的气氛，他们的每次操作都经过了足够的训练，保证妥帖到位。任何作为战斗部队的成员都知道除了必须要心无旁骛、全神贯注地出色完成任务之外，不需要关心其他问题，有上级替他们做铺垫。对于某些士兵来说，正是这种工作模式激发了他岗位的魅力。

当爆炸声响起时，"蒙哥马利"号请求"文森斯"号支援。两艘战舰属于同一支舰队，按照职责由航空母舰、多艘巡洋舰、驱逐舰、潜艇和补给舰以及大约 80 架战斗机编队的同一个航母战斗群（*Aircraft Carrier Battle Group*）。当天早晨的编队成员是美国海军导弹护卫舰"塞德斯"号（*Sides*）。不同于"蒙哥马利"号，此艘导弹护卫舰拥有 Link11 数据链，通过数据联络，"塞德斯"号导弹护卫舰上的计算机可以与"文森斯"号的计算机适时地交流战术信息。这种军事装备的联网可看作是无线通信的先驱，也是一种早期的"物联网"。尽管与"文森斯"号相距一定距离，"塞德斯"号导弹护卫舰自己并没有配备宙斯盾系统，但是通过 Link11 数据链携带的相同的位图，它可像"文森斯"号那样操作。9 时 45 分，"文森斯"号的直升机飞行员马克·科里尔上尉接到任务，驾驶西科斯基"海鹰"SH-60 舰载直升机进行海上侦察。

"遵命，长官。"

"你要与进攻者保持 4 英里的距离，"飞行员听到了这样一道命令，

"不要进入 4 英里范围内。"

"遵命，长官。"

不到二十分钟，科里尔就赶上了伊朗的快艇。他可以从驾驶舱观察到快艇围绕着一艘德国的货船。快艇并没有开枪射击。这种包围正是进攻者惯用的恐吓策略。

4 英里。

科里尔在驾驶舱内也无法抵挡这种诱惑。他没有越过最接近点（*Closest Point of Approach*，简称CPA）4 英里区域，也迅速发现了进攻者的装备。在"海鹰"舰载直升机旁边出现了八至十道刺目的闪光，发生了爆炸。

"你看到了？"科里尔冲着同行的下士斯科特·齐格（Scott Zilghe）喊道。

"我看到了。"斯科特·齐格回答。

"我们要离开这里。这是防空导弹。"

科里尔在安全距离掉转直升机的同时，他的副驾驶罗杰·赫夫（Roger Huff）向"文森斯"号发出无线电信号。

"这里是'海之主宰 25'号，我们遭到攻击，我们申请返航。"[1]

好像只有"文森斯"号舰长威尔·罗杰斯期待受到进攻。毕竟明天是美国独立日的庆典。如果采取进攻措施，会在独立日当天昭显国威。最近几个月美国部队一再受到攻击，也有美军士兵丧生。"全速前进。"

"文森斯"号高速接近霍尔木兹海峡。罗杰斯用无线电与巴林的美军总司令部联络。他在交谈中为进攻讨价还价。为此，罗杰斯要求通过"蒙哥马利"号驱逐舰和"塞德斯"号巡洋舰实施战术监控。

"您获得了许可。"

其间"文森斯"号继续接近伊朗快艇。罗杰斯舰长已经进入伊朗水域——这是违犯国际法的。伊朗人远远处在这艘机械战舰的下风，但是希望通过机动快艇反复的射击给这艘极其昂贵的战舰造成损失。

"一艘快艇朝我们驶来，正快速接近，我在驾驶舱的监视器上看到了。"

10 时 13 分，伊朗人向他们靠近，这是罗杰斯所期待的。"文森斯"号自 1988 年 6 月 1 日在波斯湾首次巡逻以来，第一次积极投入的战事只持续了几周时间。从现在开始每种接近"文森斯"号的不明物体都会被视为潜在的威胁。军事规则、交战规则（*Rules of Engagement*）就这么确定了。罗杰斯舰长从此刻起首先要保卫他的舰艇和船员。

仅仅 4 分钟后，罗杰斯下令舰首这门炮弹上膛的 5 英寸火炮停顿，以便重新瞄准伊朗快艇。但火炮只射击了 11 发就卡了壳，不能转动。在舰艇 30 节的高速状态下，罗杰斯突然决定转变航线，用更有效的甲板炮替代舰首炮瞄准进攻者。

舰艇转弯的冲击既突然又猛烈，军舰上没有固定的物品四下飞散。在 CIC，高于水面的暗室，军官们站着，处于交战时的高度紧张状态，军舰突然向后转尤其产生了喜剧效果：没有关闭的抽屉打开了，物品从桌子上滑落，手册从书架上跌落。控制室内的军官用这些手册辨别飞行器，手册中包含民用飞机，IFF 代码（*Identification*，*Friend or Foe*，识别朋友或者敌人，即军事上识别航空器或敌或友的电子信号代码）以及其他更多的内容。"文森斯"号的雷达放出一个电子脉冲，便可掌握这架应被识别的航空器的详细信息。这是一种应答器模式（*Squawk Mode*），可以自动获得答案，从 II 开始，指向一架军用运输飞机，模式 III 指向一架民用航空器。然而这艘游弋的机械战舰配备了高端技术，雷达屏幕上一个闪烁亮点的最终识别交给主管的雷达技术人员。

几分钟内，"文森斯"号也许会击沉一艘伊朗快艇，把另外几艘打跑。

——一名军官在屏幕上发现了一个白点：身份不明。接下来一系列混乱的链接、软件问题和错误信息等，造成了民航史上最悲惨的事件。

10 时 17 分，穆赫辛·李萨扬（Mohsen Rezaian）机长驾驶伊朗航空 655 号航班开始了从阿巴斯港到迪拜的短途飞行。120 英里的旅程要求"空中客车"A320 爬升一段航程，在一定的飞行高度短暂停留，然后朝迪拜方向降落。满员的飞机上均是普通旅客，其中许多朝圣者都期待着他们迈向麦加的这最后一步。然而阿巴斯港机场的状况却不明朗：除了即使因为战争仍然可以几乎不受限制地飞越波斯湾的民航客机外，阿巴斯港机场显然还服务于军事目的。就在伊朗航空 655 号航班起飞的当天，这座原本的民用机场也有许多架伊朗的 F-14 战斗机飞抵。由于其中一名乘客的护照问题，这架原计划 9 时 59 分起飞的伊朗航空 655 号航班，推迟了 18 分钟起飞，在民航飞行中并非异样。恰逢"文森斯"号的舰首炮卡壳之际，这架"空中客车"已经把它的发射器应答器调整到了民用应答器模式 III，明确的识别号码 6760，从跑道起飞，开始爬升到通往迪拜方向的空中走廊。正是在这一刻，10 时 17 分，飞机以白点、图表方式出现在"文森斯"号 CIC 的屏幕上。"文森斯"号负责识别的军官用明确的方法开始朝伊朗航空 655 号航班发出警告。

"未识别航空器，您正在接近国际水域的美国军舰。"

"也许是 Astro!"有人穿过暗室喊道。

"Astro"是 F-14 的代码。呼喊让负责识别的军官格外震惊。本来使用 IFF 系统就可以弄明白，但在喧闹的短短几分钟内，战舰倾斜，控制室乱作一团，负责识别的军官接收的 IFF 模式 III，瞬间变成了 IFF 模式 II。他错误地把"空中客车"A320 当作识别号为 4131 的战斗机，为了证明这并不涉及一架民用飞机，军官拿起刊载飞行计划的手册。照这么说，飞机在屏幕上出现的时刻不应该有一架民用飞机从阿巴斯港起飞。这名军官一再重复他的警告，但是伊朗航空 655 号航班没有应答——迄今为止仍然不清楚李萨扬机长为何没有回应美军的警告，也许他忽略了警告或者觉得与自己无关。

然而这只是罗杰斯舰长获得的第一个错误信息，第二条紧随其后。

一架 F-14 从阿巴斯港起飞，这架飞机向"文森斯"号移动，并开始下降——这是进攻战斗机的典型飞行轨迹。同时在"塞德斯"号巡洋舰上，大约距事发地点 18 英里远的卡尔松舰长试图弄明白这架未经识别的飞行器到底有什么意图。

"我们与它们联系了吗？"

"是的，长官，我们有良好的交流。""塞德斯"号的搜索雷达发现了"空中客车"。

"某种反射？"

"不，长官，它有一个清楚的机头，什么也没有。"

"好的，跟他们谈谈。"

"长官，我竭尽全力，'文森斯'号也是如此，但是它没有回复。"

"朝它发射雷达信号。"在正常情况下，伊朗飞机在受到射击光束的警告后会转向。但是伊朗航空 655 号航班却没有那么做，继续爬升。

"它不像战斗机，没有威胁。"卡尔松舰长得出结论。当他与船员转向一架伊朗的 P3 侦察机时，他听到罗杰斯舰长正在询问向应答器模式为 II-4131 的 F-14 射击许可。罗杰斯想干什么？他自问，也许他的宙斯盾系统拥有比我们更多的信息？他继续想，也许他看到了一架 F-14，而我们都没有看见。他肯定比我们知道得更多。

也许李萨扬机长可以从驾驶舱看到他驾驶飞机的机翼部分爆炸，铝制部件飞入空中，他最后一刻大约会认为这是一次技术缺陷。的确不是他看到的"文森斯"号发射的两枚导弹的进攻，他飞机上的 290 名乘客，其中包括 66 名儿童，以悲剧的方式被杀害。在"塞德斯"号战舰上有些船员呕吐不已。有别于"文森斯"号，他们最终正确地识别了"空中客车"A320 的 IFF 代码为民用商业飞机。"这是 COMAIR，一架商用飞机。"时间是当地时间 10 时 24 分。

罗杰斯舰长没有收到这条信息[2]。

软件会杀人吗?

在采取军事行动之前,从众多的、最不相同的类型、来源和质量的数据和信息中设法获取一种尽可能全面的形势概览,属于军方的原始任务,因此间谍活动历来都是信息获取的保留剧目。但是从 20 世纪开始变得愈来愈技术化。1886 年,德国物理学家海因里希·赫兹通过实验确定,金属物体能够反射无线电波,由此提出了对雷达(Radar)的基本认识。所以叫这种名称的技术,"适时地"从第二次世界大战爆发前的 1934 年起,由德国的鲁道夫·屈恩霍尔德(Rudolf Kühnhold)用来识别舰船,于 1935 年在英国由罗伯特·沃森-瓦特(Robert Watson-Watt)用来侦察飞机而实现了产品的成熟。时至今日,两国还在为发明者的优先权争执不休,但是一则值得注意的逸闻则涉及塞尔维亚人尼古拉·特斯拉(Nikola Tesla),他是 19 世纪初最有创新力的电气工程师。特斯拉移民美国,最初受雇于托马斯·爱迪生。人们把电灯泡的发明归于爱迪生的名下,而事实上盛传这样的谣言，是特斯拉发明了电灯泡，他的上司爱迪生，除了剽窃这个发明，并在商业上利用之外，没有做什么贡献。这也是当特斯拉离开爱迪生的企业，要建立自己的公司时，两人为什么无法和平分手的原因。³只是特斯拉后来陷入财政困境，过着一种放荡的生活，是在诸如纽约华尔道夫（Waldorf Astoria）酒店留宿的常客，不得不接受 J. P. 摩根①的资助，继续在西屋公司拓展他的事业。西屋公司是通用电气的竞争对手，后者在 20 世纪中叶把雷达设备纳入生产系列，由此足以与德国电气巨头西门子公司媲美。早在 1917 年，即英国人罗伯特·沃森-瓦特成功地开展雷达实验的 18 年前，据说特斯拉就把他的雷达技术介绍给了美国海军舰队。第一次世界大战期间，在法国与比利时平原的战壕内，世界经历了迄今为止最大规模的技术装备战争和各民族士兵的大量死亡，当地被炸成了如月球般荒凉和斑驳的模样。德国枢密院 1917 年 2 月 1 日宣布无限制潜艇战，几个月后，1917 年 8 月 19 日，一篇有关特斯拉的发明引起轰动的文章便刊载在《韦恩堡公报》上，首次公布了这项发明：使用雷达能够发现潜艇。⁴但是美国海军舰队拒绝了特斯拉的技术，其理由竟然是雷达在军事上完全不适用。⁵这只是纯粹地缺乏想象力吗？为什么美国舰队会毫无想象力，没有及时承认一项关键的军事技术呢？

是托马斯·爱迪生顾问领导下的美国海军舰队研究与开发部拒绝了特斯拉。爱迪生和特斯拉的恩怨问题并没有能够阻止雷达后来的胜利。没有雷达，对地球上陆海空大规模的人员流动与军事行动的监控几乎无法实施。

宙斯盾及其充分装载雷达技术的巡洋舰，我们称之为"关键任务"系统。这个概念借自宇宙航行，此处关键任务系统的一个错误就可能导致人

---

① 约翰·皮尔庞特·摩根（John Pierpont Morgan Sr.，1837—1913），美国银行家，艺术收藏家。1892 年，他撮合爱迪生通用电灯公司与汤姆逊-休斯顿电力公司合并成为通用电气公司。

的生命丧失。在信息技术中，系统可能是软件与硬件的组合，或者仅仅是软件程序或者硬件、软件与人的组合——只有当一个部件的脱落导致整个应用崩溃时才是关键任务；我们在人机系统中继续迈出一步：当一个部件脱落可能导致开发或者进程的计划过程失败时，才是关键任务——伴随着灾难性后果。如果软件程序作为系统的部分，正如今天一再出现的这种情况，自动地执行，这意味着从前做出的人的决定，它们自动地执行、监控和审核，还有再调整，问题可能尤其严重。这就是工程师设计的"带反馈循环的封闭的控制回路"。

假如人与机器密切合作或者一台机器借助人独立完成一项任务，但是人侵犯了机器的自治——对此有时需要不错的理由——机器就必须尽量造得结实，使之能够从人的侵犯中逐渐恢复过来，而不降低其品质。类似方法也适合于一台机器在一个动能的环境中运行，其中没有固定的规则适用，要求持续地匹配。金融市场提供类似这种包括难以预见的价格波动的环境，"波动率"，外部的政治介入或者通过中央银行对金融市场监控。在这些关键任务系统的语境中开发出"自我 X 系统"（Self-Systems）。"自我 X 系统"在各方面都是自我组织的机器，而且这个概念亦可宽泛地理解：它们自我修补，自我组织，自我答复，自我调节。

但是关键任务的系统必须完成许多后续的要求，它们不仅必须满足特殊的安全措施，而且具有高度的可使用性（hochverfügbar），使用损失只许极少地出现，必须避免机器停止运行，为此机器常常被设计成多倍冗余。如果在原先运行系统中出现停止运转，"热"或"冷"的备用机器就必须承担任务。零部件的多重设计让系统坚实可靠，但却更为昂贵。

在高端领域愈来愈理所当然之物并非由私营经济企业悉心提供。大数据商业模式以持续监控的功能性为基础，但是企业凭借其经验与这类复杂性系统打交道尚处于起始阶段。因此更重要的是持续关注，类似"文森斯"号的错误在私营经济领域还会出现上千次。也许我们不必计算一个人生命的代价，是这样的错误确实会让我们耗费许多金钱和我们的信息自决；如果他人参考的错误信息决定我们的未来，也许我们个人也将遭遇这类悲剧。

让我们再度返回一步，回到被古希腊先哲赫拉克利特称为"万物之父"的战争。在李萨扬机长的黑匣子受射击丢失之后，"文森斯"号使用了自己的 SPY-IA 黑匣子。黑匣子在后续调查委员会——福格蒂调查委员会事件澄清时派上了用场。[6] 从记录中明确地得出了让众人惊叹的结论：宙斯盾系统运转并无失误。但是错误的位置信息来自何处，从而导致罗杰斯舰长做出了开火的命令？又是哪些原因造成了他的观察和判断失误呢？

糟糕的信息质量导致无法做出好决定

用来监控上百架飞机参加的空战的系统无疑极为复杂。且不说 20 世纪 80 年代的技术是不是具备如今的能力，宙斯盾系统如果要适时地跟踪并识别上百架飞机，系统的功能性只是一个局部的方面。不同于我们日常生活使用的软件——为我们提供写作、制订计划、收发邮件或者编程的手段，正好作为我们用来工作的工具——在宙斯盾级系统中更多取决于某些非常基本的因素，即该系统由原始数据得出的信息。如果系统适时地观察周边环境，从中得出结论，直接的情况就是能够正确或者错误地识别一架飞机。这类系统远胜于一种工具，从此它可以替我们工作。一台机器、一个软件或一个系统开始变得智能化的地方，在于在一台机器中没有详尽地编入的程序的信息将会独自产生。然而这里面临着第一个挑战。因为提出了一个独立产生信息的质量（Qualität）问题。质量好或者坏，它只是因为设计才模糊不清，这直接意味着需要对一个系统的数据更多地给予阐释吗？如果缺少用于直接局势评估的数据与信息，我们就要论及信息的模糊（*informationelle Unschärfe*）。尽管更多的数据或者信息仍然无助于得出一张更好的局势图，决定的对象自身也可能是模糊的，而且隐藏着一种内在的模糊（*intrinsische Unschärfe*）。

如果今天在充分利用我们的个人数据时开启一种增长的商业化模式，在其框架内政府机构和商业企业获取了对我们的全新认知，那么我们由于这类推导信息的质量将可能永远不再安全。从机器的视角，它们计算与预测我们的行为，将结果转交给政府机构、医疗保险机构、保险公司或者市场经理，我们就是辛勤地向现代算法提供原始数据的人类传感器。在此期间，人们可以有充分权利断言，有一台机器在持续偷听我们的所有观点，监控我们的行动与行为。我们有可能检查我们传递的内容，但是系统的品质，通过我们所提取的数据性能，使用算法的适用性和由此获得的关于我们的认知完全避开我们的影响。怎样判断那些机器分析出的对错呢？当模糊性是机器设计的部分时，它们如何对我们进行或好或坏的评估呢？我们不知道。因为不仅仅模糊性上提出了问题，更糟糕的还有，如今与数据交流之中非科学的行为时常发生，在大数据的晨曦中，与其说是例外，倒不如说是规则。迪伦马特在他的剧作《物理学家》中如此写道："如今每头蠢驴都能让灯泡照明——或者引爆原子弹。"这在某种程度上具有论战性，但事实是监控与分析按比例设定，因为其技术不断地作为工具（*Tools*）被提供："三十分钟搞定大数据技术！"随着大数据辅助工具供应的不断增长，数据的监控与充分利用成为主流，而且其使用者不必探测理论与模型的深度，便能做出各种预测的或分析的草案，尽管许多分析与预测尚属业余爱好。这些绝对无法让我们平静，因为那些推导出的涉及我们的信息仍旧会被继续使用于评估我们个体和我们的生活——伴随着影响深远的结果。无论这种评价正确与否，都无人追问，事实上结论的质量检验也许只能通过大量的花费才能考虑。

倘若您觉得以上描述如同抽象的哲学研究，那么请您想一下您的汽车导航仪。毫无疑问，您并非始终听从它的指示，尤其是在有些您熟悉而且知道其他通往目的地的道路的地方。要耗费多长时间，导航仪才能找到您选择的另一条通往同一目的地的道路？正如它常常建议："正在重新规划您的道路。"必须承认，导航仪并非特别智能。熟悉卫星跟踪软件的人也承认导航仪也存在着测量失误。当您以每小时 120 公里的速度在高速公路上行驶时，不会注意到右边音障墙后面还有一座居民区和一条专门为儿童开设的平行街道正向前延伸。也许您不会注意，卫星有一会儿把您的车辆错误地往右边定位若干米。设想一下，德国 Telematik 公司为新保险费率在您的私家车上搭载第二台测量与监控设备，它可以判断您是一个不错的或者糟糕的驾驶员，让保险公司向您提供个性化的保险费率。当然，您会以此为依据，做一名可靠的、保守型的司机，由此促成降低保费的可能。假如保险公司的测量装置没有像今天的导航仪那样更精确运行，您就可满怀希望地以此为依据，对汽车方向盘的持续监控可能非常容易导致高速逆行。因为错误的定位——用步行街替代高速公路——将会记录下来：司机在一个只允许步行的区域达到时速 120 公里，那么就会遇到更大的麻烦——您的便宜费率的保险账单将不复存在。将要监控你的智能机器运行起来是否毫无失误，有时也没有那么重要，因为一个有意义的分析可能不用呈交所有的数据。它们计算的质量对您没有任何影响，但是能对您造成影响的是您想不想对那些机器自始至终吐露日常生活的细节。

反之，在军事运用领域，工程师知道他们的所作所为。德国军火企业 German Eyes Only 是"德国商业模式"最后绿洲之中的质量与品质的标杆，分析的行为和扎实的工程师劳动在此发挥着重要的作用。在全球化竞争中，工业和经济、贸易和物流领域却呈现出另一番情形。为经济饲养的全体市场员工在"头衔膨胀"的非常短促的培训循环之中，没有时间、空闲和科学的水平，深入钻研复杂的问题，使得质量工作必须强制实施。还有自从德国制造业大幅减少，基于成本的原因转移生产，愈来愈强化咨询工作以来，人们相信大数据的分析可以像远东生产的纺织品那样廉价。这是致命的误解。数据分析和信息获取要求精确的科学工作，令人信服的方案，特别是要借助数学专业的技术专家之手，深入数据的世界。质量是昂贵的。如果质量成为成本和风险因素，在廉价的一次性产品的时代无法得到赔偿，质量与股东价值的方案就是互相矛盾的——虽然涉及钱，但不涉及人的性命，谁会注意某些更坏与更好的信息获取之间，或多或少的模糊度之间的质量上的区别呢？然而在大数据分析中常常涉及人的性命和整体生命的设计，而且在金融交易时关键任务的系统正在工作。金融业若出于无知或者根本没有耐心，未做关键任务的设计，其关键任务的系统将会导致金融灾难。

数据源亦可能撒谎

宙斯盾这种级别的系统常常投入使用，使用者却对此类系统的限定因素不熟悉。不仅产生信息的过程质量，而且数据源自身的可靠性都具有至关重要的意义，因为获取的信息以此为基础。因此信息质量基本上是信息来源、使用信号和持续发出声音强度的质量决定的。倘若数据源明显说谎，数据源自身来源良好便令人惊异。这怎么可能呢？一个逻辑之谜也许能够回答这个问题。

一名饥渴难耐者吃力地走过炎热的沙漠，来到一处岔路口。一条路通往可以救命的绿洲，另一条则是进入不幸。饥渴者抬起头，发现一个侏儒胸前挂着一块牌子："我一天撒谎，另一天说真相。"

他用最后的力气问侏儒："哪条路通往绿洲？"

"昨天我本来想说朝'左'。"侏儒在一旁冷笑着回答。

一名撒谎的侏儒与大数据团的智能化运用有什么关系呢？比您认为的要多得多。一个饥渴者是否有能力思考清楚是不确定的，因为在绝望之中让他感兴趣的只有一点：哪里有水——左边还是右边？但是人们肯定会敏锐地思考。

饥渴者呻吟起来。"昨天我本来想说朝'左'"的提示，没有任何信息含量，因为通往绿洲左边之路和右边之路的概率同样大，即 50：50，概率呈对称分布。而且我们现在已了解到了信息理论的基础，对称形式在自然界以丰富多彩的方式呈现出来，向来都是数学结构性检验受欢迎的对象。对称具有很高的美学性，但是没有任何信息含量，因为它无法向沙漠漫游者提供任何做决定的论据，告诉他现在应该如何继续行进。

但是现在侏儒非常友好地传达出了第二个论点："我一天撒谎，另一天说真相。"非常短促的希望微光，但是这个饥渴难耐者马上再度感觉到失望在上升，因为侏儒昨天说出真相、今天撒谎的概率不会超过 50：50。

不要瞬即灰心丧气！因为把侏儒的两个陈述结合在一起，就可建构以下的推断链条：假设侏儒昨天撒谎，那么他今天就会讲出真相。因此他今天讲的，也许是正确的——他昨天说过"朝'左'"。因为他昨天可能撒了谎，那么通往绿洲的路就是右边这条路。现在饥渴者不知道，昨天是否是撒谎之日。

假如侏儒昨天说出了真相，反而在今天撒谎——他昨天说了"朝'左'"（但是符合事实，一定是"朝'右'"）——那么通往绿洲的路在此情况下也是右边的路。可能并非完全直观地遵循这些推断，但确定无疑。比起不幸的饥渴者来说，计算机能够更快、更可靠地进行一种有条件的推断。

虽然陈述之中没有为自己所用的信息，但是结合使用能够迅速得出一

幅清晰的位置图。侏儒挂在脖子上的牌子的陈述，是解决本质问题的语境
和基础知识。这种个别陈述的联系使用了一种方法上合乎逻辑的极为有效
的程序实施大数据的智能化运用：数据融合（*Datenfusion*）或者叫多传
感器数据融合（*Multi-Sensor-Datenfusion*）。长期以来它在位置分析等军
事应用领域已成为选择工具。当然，数据和陈述在现实之中比逻辑推理带
有更多、更大的风险。有可能数据过时或者不完整，或者数据来源不可
靠。此外生活状况比理论更为棘手。如果涉及最高复杂度，数据融合就置
于形式主义之上，这就需要使用一种非常特殊的统计方法，一个英国长老
会教士给它取的名称：贝叶斯统计（*Bayesian Statistics*）。不同于传统的
频率方法，贝氏统计工作采取有条件的概率。"什么是贝氏统计，为何其
他一切都是错误的。"因此听上去具有煽动性，但恰恰是贝氏门徒的指导
原则。贝氏统计是大数据的边缘，但这也是最重要和最有成效的：在私营
经济中尚未到处传播。

草率！系统自己生成的错误信息

返回最初的问题，在宙斯盾系统无失误地运行时，为什么"文森斯"
号仍然做出了错误的位置判断。运用 SPY-IA 黑匣子得出结论，实际上李
萨扬机长准时发送了带有识别代号 6760 的民用应答器模式 III 信号，宙斯
盾系统也是这么接收的。信息源正确，系统也提供了可靠的信息。尽管如
此还是出现了不幸，到底是哪里错了？

一个有成效的军事系统是所谓的"追踪者"，其任务是了解一个潜在的
目标，实施跟踪，捕捉目标发出的信号——其中也包括它的 IFF 编码。只
要目标在确定追踪区域——跟踪门（*Tracking Gate*）运动，追踪者就会持
续地对准目标。正如命运使然：在民用航空历史上那场大灾难发生的前一

天，多架伊朗 F-14 战斗机降落在阿巴斯港机场，为"文森斯"号的"追踪者"所掌握。也就是次日，在战事混乱之中"追踪者"牢牢地对准了阿巴斯港——而忽略了正在起飞的前往迪拜的"空中客车"。较好的"追踪者"的软件设计，应该能针对这种情况发送警告信号，在跟踪门之外侦测到飞行目标，比如对"空中客车"飞行高度要有一个明确的说明，也许就可以避免这次灾难。然而无论飞机下降或者上升，宙斯盾系统一点都没有给出信息。

负责宙斯盾信息的图像用户表面处理的开发设计工程师马特·贾菲（Matt Jaffe）在开发阶段就向他上司指出，系统的屏幕上信息显示不能被一目了然地把握，缺乏直观性。高度的信息只是剩下的残留，要通过负责军官的核对才可使用，遇到紧急情况同时进行心算，在参战期间可以期待使用计算器或者估计飞行物体的高度信息。贾菲建议安装一种举报软件，来监控飞机是否处于下降或上升状态，他的上司用以下理由予以拒绝：首先在屏幕上没有足够的位置可供提示；其次，如果海军想要这种提示，他们会订购的。[7]

技术专家总要一再地面对行政管理当局阻止高质量系统的理由。另外，问题不单单是美国军方固有的采购流程，德国联邦国防军采购军用物资也有类似的问题。一个无效的、次优的采购行政管理机构妨碍了军事系统的开发团队与操作用户——也就是"最终用户"——见面，为了对他们的要求彻底理解和确认有效，一个非常昂贵的军事开发项目结束时往往处于最佳状况，具有创新性的合适的系统。因为每个软件系统的项目经理都知道：最后总是用户通过接受和乐意使用定义一个软件系统。而不应该过度考虑系统的外观如何或者系统应该如何安装，一个负责具体操作的用户面对技术人员表示，因为用户对此缺乏技术知识。但是描述、分析与理解他日常操作时的挑战、问题、障碍和支持他的辅助工具是产品经理的任务，他要与技术人员对许多急迫任务提出高质量的、具有可操作性的解决方案，从而真正地帮助用户。

但是这并不奏效。因为德国在军事系统的用户和开发团队之间使用过同样的采购管理机构，联邦防卫技术与采购局。自 2012 年 10 月 2 日起，根据联邦防卫改革，采用了颇有魅力的新名称：联邦装备、信息技术和国防军使用局（BAAINBw）。新名称依然像采购程序那样效率低下。不是具体的操作用户，而是官员和"建筑主管"定义和说明普通士兵需要的所有装备。就像防空系统那样，的确产生了美妙的警句，通过以下技术系统的要求得以说明："防空系统应该防卫空域。"（"The air defence system shall defend the air."）

你能够想象一个系统开发者需要多大的回旋余地，从弓箭到星球大战，所有深度的细节他们都需要考虑到。正是出于这个原因，即那些没有讲明的系统要求和描述不完整的预期系统的单独的功能性，要求使用者与开发者有着持续、直接、清晰的对话，这对于军事系统的质量和更迅速的制造所需工具有目标导向作用。不然可以预计，项目结束时比起当时的设想产生了某些完全不同的东西。计划不缜密的军备项目中消极案例大量存在，它们过度承载了不断涌现的新要求，与计划相比根本不存在、更糟糕或者推迟投入使用：直升机不能起飞；战斗机虽然能完美地飞行，但是无法战斗，因为它在航空动力学上优化到满载武器时要从空中坠落，或者还有不久前的"欧洲鹰"。可能是一个微小的安慰，德国在此并不孤独。当法国外籍军团在若干年前推荐他们的新兵入伍时私下购买一只睡袋时，因为士兵的标准装备完全不适合，在装备的质量上还有若干优化的潜力。

2005 年，欧洲宇航防务集团与美国诺斯洛普·格鲁门公司在德国成立"'欧洲鹰'无人机公司"，2009 年在美国试飞成功，但因无法申请到欧洲上空飞行许可，德国国防部遂宣布放弃继续购买"欧洲鹰"无人机。此项目共耗资 6.2 亿欧元，宣告失败。

云端的大数据

您现在可能会问：间谍飞机与大数据有何关系？您获得回答的所有一切，就是简单的一切。事实上这种机载预警与控制系统（*Airborne Warning and Control System*，简称 AWACS），以"飞行之眼"知名，是一个数十年来完全成熟的，在主神宙斯庇护下的大数据系统，得到了许多军事与民用领域的应用的证实，多半在重要足球比赛和其他大型活动中保护过你。这段大数据的"陈旧"历史在本书中不可或缺。因为大数据在 2014 年有新的可扩展性，在各种生活领域都有大数据的蔓延，自从具有足够能力的技术基础设施建成以来，实际上每个人都获准在细网眼的监视与控制领域内嬉闹。

叙利亚总统巴沙尔·阿萨德在他独裁的父亲哈菲茨去世后倡导的"大

马士革之春"① 以及放松秘密警察监控和书报审查制度只延续了很短的时间。北非国家突尼斯、埃及和利比亚的人民起义，在"阿拉伯之春"过后，引发叙利亚围绕该国新政治秩序的流血内战，如果人们想要采取这种非道德的战争形式。现代的媒体对战争发挥的决定性作用远远大于以往任何一次战争。因为谁掌握了图片、情报和假情报，就可影响到政治决定，尤其是影响外国的政治决定。从反战的宣传中可以获取一种对局势的客观概览，从困难到不可能。2012 年末，随着德国"爱国者"导弹在土耳其和叙利亚边界部署，冲突发生了危险的国际转折。"爱国者"导弹作为防空系统配备了雷达和集成的 IFF 系统针对空战目标。它们属于较旧的防空系统，其应用可以追溯到 20 世纪 60 年代；但是北约使用的不带任何武器装备的电子间谍系统，应该能够查明军事宣传之外战区的局势。

　　两架英国皇家空军"台风"战斗机从塞浦路斯的亚克罗提利（Akrotiri）起飞时，航空发动机发出了尖锐的嘶吼。亚克罗提利位于地中海中央的塞浦路斯西侧，是英国本土之外少有的几个皇家空军的全面支持据点。当时情况危急，情报表明叙利亚入侵飞机可能光顾英据点。秘密情报来源散布的错误消息，一架叙利亚入侵飞机可能会光顾英国的支持点。[8]那时没有人知道两名战斗机飞行员是什么想法。就在几天前发生了针对大马士革东部平民可怕的毒气攻击事件，其中上千人遭遇了他们一生之中最糟糕的折磨。发动者被怀疑为巴沙尔·阿萨德，但实际上不是。国际联盟的答复，尤其是联合国还能容忍，人们担心最可怕的情况。时任美国总统的贝拉克·奥巴马考虑对叙利亚进行多日的空中打击，英国盟友几天前就把六架"台风"战斗机转飞到塞浦路斯进行防御准备，支持美国人可

---

　　① "大马士革之春"，是指阿拉伯复兴社会党总书记、叙利亚总统、叙利亚武装部队总司令巴沙尔·阿萨德于 2000 年启动的改革，到 2001 年秋季结束。

能的干预。

在地中海夏季的蓝色外衣下，白色浪花抚慰着前来度假的游客。威胁事件在这样的祥和中发生了，"飞行之眼"与两架神秘的飞机接触，在快速的低空飞行中，它们沿着地中海附近英国军用机场亚克罗提利的上空的航线运动。这难道是叙利亚人对英国塞浦路斯空军基地、对欧盟成员国的一次可怕的入侵吗？阿拉伯国家的流血冲突似乎离如今仍旧和平的欧洲愈来愈近了。

AWACS，也就是一款较为老旧的北约系统，其历史可以追溯到1944年，贵如黄金。

AWACS战术部队在功率强大的机载传感器和信息技术的支持下，在有警报、预警按钮和跟踪球（Alarms, Warning Buttons, Trackball）的屏幕前工作，把来自空中和地面的由不同的异类信息源组成的信息拼合成一种完整的形势——准确地说，就是在多传感器数据融合各种相关内容的技术过程中实施自动化。在技术上，数据融合是大数据应用的重要基础，与是否涉及军事或者商业的系统无关。如果涉及要使用它的工业领域，数据融合作为技术是不可知的。它允许根据每个独立消费者的日程生活，对适时的股票行情进行分析，如果能够把局势概览提交给决策者，才能发挥最大的作用。决策者最佳的情况是一台机器、一台控制仪或者"控制器"。而且AWACS系统在这项使命中可从详尽的原数据中识别：这两架神秘的飞机是俄制苏霍伊设计局的苏-24s战斗机，也许来自巴沙尔·阿萨德的叙利亚航空大队。每架战机都被视为最具有威胁性的俄制机型，它们能够以音速飞越雷达，如同从无形之中出击。现在AWACS战术部队证实两架战机的最初状态："怀有敌意。"

现在又发生了某些事情，正是经济界的时髦的大数据建议者尚在梦想之物：联网系统的交流。假如AWACS系统能够适时地在它周边发现对象的信号，并与其他来源——例如民用航空器或者别的盟军成员的数据融合，进而识别一种"联系"，那么系统就会自动地通过移动通信手段与防空控制室或"他们的"战机交换信息，使飞机上的飞行员能在其屏幕上立刻获得同样的局势概览，而 AWACS 系统自己也能看到。[9] "链接 16"的数据链接被视为"网络中心战"（*Network-centric Warfare*）中信息交流的最终技术状态——一种信息时代防卫科学的方案，对此适合于一个人见到，即大家都可见到的情形。在战场适时的整体局势概览，无潜伏期地通过所有参与者的无线防卫，这些都是未来战争的形态，大数据技术使之成为可能。这项防卫成功的技术将会拥有充足的机会进行试验与完善。

AWACS 对两架叙利亚飞机分级判定，之后将形势预估发送给运行控制器（指挥中心），然后为了迎敌战斗，两架英国战斗机起飞。由于欧洲战机系世界上最佳战斗机之一，其传奇般的飞行性能已经得到证实，虽然其在空气动力学上得到高度优化，但装备武器可能会明显干扰到其航空性能。

但是在叙利亚战机和英国战机一决胜负的紧要关头，叙利亚人却掉转机头返航，给英国人留下一个问题：这是一次试探性入侵吗？叙利亚人想向英国人展示一下力量还是仅仅在地中海上空做了一次郊游？

直到英国《镜报》——这显然是唯一一家对这个故事传播了不实谣言的媒体——2013 年 9 月 8 日报道了这一偶发事件[10]。若干内部人自问：哪套 AWACS 在地中海上空飞行，天哪，哪份授权？

但是事件很快得到了澄清。因为问题成堆的飞行雷达站涉及英国版 AWACS E-3D。[11] 所以一次北约授权没有必要。

侦察 2.0：无人机，无人驾驶

第二次世界大战投入使用的地面雷达无法完整地侦察空中的局势，因

为对于雷达波来说难以穿越的山峦或者高地会造成天空投下阴影。而
AWACS "飞行之眼"显然拥有优势：它视角宽广、公开，障碍挡不住它
们传感器的去路。在高空可以鸟瞰更大空间的空域和地面，侦测到诸如叙
利亚战斗机那类低空飞行的战机。

对德国无人侦察机"欧洲鹰"还可能存在一个类似的战术优势，为联
邦国防军专门配置的美国制造的无人机型号"全球鹰"。与 AWACS 不
同，"欧洲鹰"也许是一架无人驾驶（*unbemannt*）的"飞行之眼"，不存
在紧急情况下可能会面临生命危险或者不需要 24 小时值班的机组人员。
但是 2013 年 5 月 10 日，"欧洲鹰"试验项目终止了，德国向美国诺斯洛
普·格鲁门公司（Northrop Grumman）批量购买另外四架"欧洲鹰"的
行为也被叫停，[12] 理由是无人机无法获得民用航空许可，或者说：因为其
缺少防撞保护意识，没有德国技术监督协会（TÜV）的徽章。[13] 迄今为止
至少还没有中断无人机项目。虽然第一架试验无人机的开发在批量购买之
前花掉了德国纳税人足足 6 亿欧元，其中大部分不是用于"欧洲鹰"的承
载平台，而是德国信号技术的建设支出。在规定的预算框架范围内的
金额——几乎不再有可能向诸如柏林机场、汉堡易北河爱乐乐团和斯图
加特 21 世纪火车站等民用项目提出要求。而且直到本书截稿为止（2014
年），全球范围内没有一架无人机获得民用航空许可。情况之所以如此，
是因为每架美国"全球鹰"系列无人机都在远远超过民用空域几乎 20 公
里的高度飞行[14]，因此"全球鹰"也被称为"长航时无人机"（*High Alti-
tude Long Endurance*，简称 HALE），美国人比德国人考虑更务实。这样
的高度在美国人的想象里不存在潜在的碰撞危险，为何要规定防撞保护
呢？虽然 2011 年 8 月 20 日一架美国的"鹰"系列无人机在阿富汗的坎大
哈坠毁[15,16]，但是对无人机起降而言，没有防撞系统，民用空域也可能短
暂封闭。毕竟一架侦察无人机不像法兰克福—伦敦的支线飞机那样，在定

期的短距离参与空中交通，而是密切跟踪少数几项目标明确的任务。[17]

2013 年 5 月，由于不理解"欧洲鹰"项目的终止而摇头的人，一年之后便无计可施。显然，德国国防部早就不再认真评估防卫事件，近年来德国防卫准备也不断减少，因此俄罗斯对乌克兰发动进攻让所有的人吃惊。事实上，现在一架可投入使用的、机载德国专有信号技术、由德国地面人员控制的属于联邦的侦察无人机，也许具有无法估量的价值，应该派往乌克兰和俄罗斯侦听，而放弃驻扎在西西里的西格奈拉（Sigonella）军事基地，由美国地面中心控制的在德国人脑袋上盘旋的国外"鹰"无人机——更确切地来说，美国的"全球鹰"。[18]一项符合期望的"全球鹰"的民用许可根本没有可能。此外，我们既不知道美国人的飞机使用哪项侦测技术——美国人对他们的技术保密，我们德国的远程侦察机也无法在这种处境下检验美国有无借此优越机会窃听与利用德国基于移动通信的交流数据——违背说法不一样的声明。自然，德国法律规定的碰撞保护对无人机是一项极大的技术挑战。美国军工企业多年来致力于替无人机开发一种碰撞防护软件，确保其在海外使用时具有较大的可靠性，但是这种相关的开发活动迄今尚未成功，最后到 2013 年 8 月终止。[19]

在一架无人机中安装感知和躲避系统有那么困难吗？自 2015 年 1 月 1 日起，德国班机、军用运输机依法根据标准必须安装机载防碰撞装置——飞机防撞系统（*Airborne Collision Avoidance System*，简称 ACAS），[20]其配置包括雷达和应答器。该系统常常与飞机自动驾驶仪联网，执行自动的避让动作，并向机组成员提供除交通推荐之外的垂直的反应推荐。[21]

但是防撞装置并非能始终避免空中相撞。一起 71 人死亡的悲剧事件——其中有 45 名高智商的 8 岁到 16 岁的学生，在参加由赞助商资助的长途旅行。该起空难于 2002 年 7 月 1 日夜间发生在博登湖上，属于德国航空史上最为严重的事件。在这起事件中，指导飞行员上升与下降的飞行报警系统有着重要的作用。

那是盛夏时节的德国，一个没有月亮、飞行能见度良好的深夜，两架飞机正在飞行之中，一架是波音 DHL611 货机，飞往布鲁塞尔；一架是俄罗斯巴什基尔航空公司 2937 号航班的图 154 客机，飞往巴塞罗那。瑞士航空安全部门没有注意到它们飞行的线路。当两架飞机超出安全距离时，飞机上的交通警报和防撞系统（*Traffic Alert and Collision Advoidance Systems*，简称 TCAS）掌握与处理了交流数据，提醒两架飞机的机组成员。两个系统也适时地重新调度了所涉飞机的航线。在系统指示俄罗斯飞行员亚历山大·格罗斯爬升的同时，向 DHL 货机发出下降的要求，经验丰富的英国飞行员保罗·菲利普斯即刻听从指令。而无法预料的事情——又是因为"人的因素"参与了游戏，这样的一种变量，在人机系统中常常变成风险。因为同时苏黎世安全企业航空指导（*Skyguide*）领航员也发现了危险，他没有听见菲利普斯正在下降的报告，与 *TCAS* 的计算相反，同时也向图 154 客机发送了下降的指令。

图 154 客机驾驶舱对话得到了保留[22]，以悲剧的方式表达了非常不可靠的高压状态下的人机的冲突。

"交通警报和防撞系统（*TCAS*）说'上升'！"图 154 客机上的副驾驶员向他的第一长官说道。

第一长官随即回答："他（领航员）让我们下降！"

为了证实，副驾驶员再次询问道："下降吗？"

在格罗斯按照苏黎世塔台的指示下降的同时，*TCAS* 坚持道："大幅上升！"副驾驶员再次重复道："它说，上升。"

仅仅一瞬间，DHL 的波音飞机就进入了视野范围。离相撞只有九秒钟。

"它在哪儿？"格罗斯问他的副驾驶员。七秒，六秒。

"这里，左边。"他答道。三秒。

格罗斯拉起图 154 客机的控制杆到他身旁的制动器处。两秒，一秒。

两架飞机相撞，图 154 断成了四部分，坠落在德国于伯林根附近的森林里，飞机残骸散落在无人居住的数十平方公里内，没有幸存者。

这又是一起由于缺失信息，在紧张状态下做出错误判断的悲剧性事件。人机关系一再变成恼人的矛盾。每当机器做决定时，与我们的本能、我们想象的优越知识或者我们非凡的理解力相比，我们更少信赖它们。一个开发具有决断能力的智能机器的团队的邮箱里将有可能塞满用户的指责、怀疑和论据的卷册。而事实上，与一台机器相比，用户更愿相信人类演进过程中获取的知识，因此会比系统更频繁地犯错误。股票交易商是符合这种情形的研究对象，他们经常攻击机器做出的交易决定。当机器从长远视角做出更好、更有利润的决定时，对股票交易商来说无异于一记耳光。即使许多钱都押做了赌注，但是并没有发生什么糟糕的事情。

回到"鹰"——无人机和航空许可的挑战。德国国防部在"欧洲鹰"项目开启时，依然不清楚这种航空许可应当按照哪些规则完成。因为倘若"欧洲鹰"成为第一架无人机，那么就得让其接受取得许可的程序。

2013 年 6 月尚且适合："由于缺乏相关国际标准，有必要进行广泛的国内和国际的协调和表决程序，以实现对无人驾驶航空器不受限制地使用。为了降低风险，国内外都产生巨大的花费……其目标就是促成国内外都有效的无人驾驶航空器标准顺利产生。"[23] 对于视线（Line of sight）范围内的无人机，程序相对清晰，获得航空许可比较而言问题不大。但是对"欧洲鹰"来说，不属于"视线范围内"这种情况。"欧洲鹰"可以在高空停留 24 小时，在大约 23000 米有效范围内使用。[24]

无人驾驶航空器对飞行员可飞行的有效距离外应该适用，它们能用和飞行员相同的方式了解周围的环境。如今对无人驾驶飞机民用航空许可的这类请求完全可以解释，因为准确的内容意味着"用相同的方法提醒"。但是"欧洲鹰"还在使用一名飞行员，只有他从控制中心控制无人机，但是通过卫星对无人机的控制意味着一条长距离的通信路途，这可能导致延迟和延缓。[25]倘若无人机拥有更大幅度的自治权，更高程度地独立于人类，那么其接近人类能力的要求就可得以实现，且意义非凡，无人机便可使用不需要人类控制的机载传感器和软件。随着这种自治权出现，无人机就能在危急情况下做出自己的决定，而且决定也可以不依靠飞行员做出。技术上无人机的自治权和防撞保护是没有问题的，但是实践中却难以实现。可实际上并不能在飞机上安装第二个侦察系统，那么就有一个实际的、需要解决的问题，在无人机最大荷载的范围内，它还需要一个像防撞系统一样的附加的系统。

谷歌公司如何实施防撞保护呢？自 2014 年 4 月谷歌购入美国太阳能无人机制造商泰坦航空（Titan Aoerospace）之后，这个问题就被提了出来。从 2015 年起，这家技术巨头想要拥有包括无人机构建的互联网的第三个世界。至少现在我们所有的人都产生了一种危险的感觉。这种感觉将在无人机组成的互联网中保留下来吗？如果没有人阻止谷歌，证明这家公司对关键技术，其中还有这些包括军事能力的技术具有难以满足的饥渴，谷歌将会走多远？

新的谷歌无人机的防撞技术涉及的内容，必然使人们推断，谷歌采用了美国式的观念，放弃了感知与避让系统。这意味着，在德国为"欧洲鹰"许可问题的争论是为了一个"幻想"，面对谷歌购买无人机公司发生行政管理的争执，使"欧洲鹰"的民用许可像是一张纯粹的废纸——商业企业在加强军备。正当德国与欧洲随着调整过去雄心勃勃的军事计划而继续丧失传统的防卫能力时，商业企业却引导我们看到下一代现代化战争的远景，其中国家的边界肯定不再会发挥作用："要么你们给我们想要的，要么我们派我们的机器人军团（*Bot Army*）前去索取。"

　　亲爱的读者，这些对您来说听上去似乎遥不可及，而对于可行和可想象范围内的技术专家而言是绝对可能的。因为事实是谷歌无人机是高空长航时型，飞行高度大约 2 万米，比"欧洲鹰"的最大高度还要高许多。我们能够期待，谷歌的机密实验室可能开发出从宇宙空间实施监控与窃听的小型传感器——这并非不可能。然后不会过多久，谷歌就可能把一个侦察无人机组成的网络放入空中。此外还有一个问题有待解决：动力问题。因为不同于只能接受最多 32 小时的任务就必须降落来补充燃料的"鹰"式无人机，谷歌太阳能无人机可以在一个目标区域上空停留若干年，在任意区域上空盘旋——这是一种突破传统技术的未来型无人机。而且，传统的防卫系统几乎无法与谷歌无人机战斗。无人机因其自身的灵活以及精密的结构而难以被侦察到，同时无人机飞行的高度也令传统的战斗机难以追踪——传统战斗机的燃料持久性会随着高度的增加而发生变化。

　　空中的一面持久监视之网——总之，谷歌能够这样扩展其新款无人机，它将成为每个独裁者的梦想，或者每个喜欢成为独裁者的企业领袖之梦。谷歌在十二个月内便拥有了这种知识与尖端技术。

　　无人能阻止这家企业变身世界列强的幻想，您不觉得害怕吗？

机载预警与控制系统的故事

　　军队倘若拥有信息优势，将无往而不胜。北约 AWACS——侦察机的中期项目可以让我们使用了不起的新技术，在数秒之内处理关键任务的信息，并分配到整个战场上。现在我们转向以网络为中心的未来战争状态，最大限度地利用北约 AWACS 侦察机的潜能。该系统是具备真实战争管理的信息时代的数字化桥梁。[26]"飞行之眼"的能力为施特凡·施密特少将津津乐道，北约分配了其中的十七架到位于荷兰边界的盖伦基兴（Geilenkirchen）德国空军基地。北约 AWACS 飞机可以驻扎在德国土地上不是这种知名的侦察系统成功的唯一表现。在该侦察系统背后隐藏着德国技术的成功故事和发明者的精神，过去的"德国商业模式"强调的是历史。在 AWACS 现代化项目发布公告之前，一家开发了一款具有多传感器数据融合的智能侦察组件的德国军工企业，应该在 AWACS 现代化项目中发挥了决定性作用，然而之后就不复存在了。德国在 20 世纪 90 年代设

想、理解与试验了大数据的核心。大数据先锋的故事值得讲述。之所以值
得，是因为大数据的现代倡议者们如今粉墨登场，好像大数据变成了他们
精神的孩子。然而那些倡议者不过是当今时代的窃盗统治①上插着的几根
陌生的羽毛。围绕德国参与北约中期现代化项目的历史是政治企业的诡
计，一次"黑天鹅事件"，没有参与者能估计到这次意外，应该毁掉所有
高贵的为期数十年实施数据融合的德国知识成果，其粒子像灰烬那样在私
营经济的冰冷之风中飞散。今天这种后果的影响仍然隐约显现，但是对于
能够识别不祥之兆的行家已足够清晰。它就是对第二领域非议会合法机构
实施监控与控制的固有高贵的任务第一次征兆。一家互联网巨头买下了正
为五角大楼开发下一代现代化军事装备机器人的波士顿动力公司（Bosten
Dynamics），[27]它吞并了其知识与经验吗？随着高技术企业的全景观察和单
独控制的增长，私人垄断者的军事装备出现了吗？未来战争的敌人不再是
那些敌对的国家和地理空间，而是对于全球数据的抓取？

军事系统的改进

　　传感器柱（Sensor Post）是一种处在战场前面，靠近敌人雷达实施监
控与"侦察"敌人部队运动的装置。因此它特别需要良好的视野，尽可能
没有障碍，以便调整视线——这种装置安装在一架飞机上是合乎逻辑的。
1944 年，第二次世界大战期间，美国人宣布 AWACS 侦察机的诞生之际，
他们的思考值得人们设身处地地领会。正像当时北约 12 个国家进行的采
购，没有装备武器的雷达站 AWACS 版 E-3A 在 1979 年之后才开始飞

---

　　① 窃盗统治（德语：Kleptokratie；英语：Kleptocracy, cleptocracy 或 kleptarchy），又称黑社会
主义，政治学术语，是一种政治腐败的形式。它指在某个政府中，某些统治者或统治阶级利用政治权
力，来让自己私人的财产增加，以及扩张政治权利，侵占了全体人民的财产与权利。

行[28]，例如我们今天看到它们的使用，便包括俄罗斯吞并克里米亚之后的巴尔干地区上空。该系统和技术元件的总承包商以及技术负责企业是美国波音防务与空间集团，他们首先把一架商业飞机波音 707-320B 改建成一个承载平台，飞机整体装配了旋转式雷达天线罩（Rotodom），这是一款西屋公司的实验性雷达。[29] 美国 AWACS E-3 早期型号机组成员的任务局限于执行使命时跟踪飞机和导弹，并向地面军事观测中心、控制和报告中心（Control and Reporting Centre，简称 CRC）继续报告。CRC 持有不受限制的命令权，为 AWACS 机组成员专门确定任务，提供数据，即众多空中状态的数据。

但是一架飞机并不具有无限的生命周期。1997 年 11 月，作为总承包商的波音公司再度登场，对 AWACS 实施了全面的现代化改造，特别是老化的波音 707-320B 的动力装置，已经过了最佳的时期，无法维修。改造项目的名称为：中期现代化（Mid-term Modernization）[30]，军事用语即"军事系统提升"。同时，人们继续依靠旧波音飞机的航空动力，而现代化机型，需要在飞机机身上安装旋转式雷达天线罩。在这种状态下，飞机最初根本不可能飞行，而人们在此期间合乎时代需要地对飞机的航空性能进行了大幅度改进。为了使即便机身安装了"飞盘——窗玻璃"的老式波音飞机仍能稳定飞行，人们还是采取务实的举措，决定使用更好的动力装置。于是他们完全拆除飞机电池，安装了新供电系统——最后直至波音 707-320B 除了其框架和型号名称之外什么都没有留下。

当"中期现代化"变成"中期升级"（Mid-term Upgrade）时，这些工作得以全速进行。在全面更新中让人一下子觉得充满意义，不仅电子元件、计算机、屏幕、通信和导航，还有信息技术也采用了最新技术状态的系统替换。因此最有趣的更新应该是构成 AWACS 当今核心的功能：自动识别目标。[31] 因为在现代化项目之前，AWACS 已不再是一个飞行中的雷达节点，把侦测对象进行朋友、敌人和陌生人分类的自动 IFF 识别已不属于其任务。而且升级也应当包含机组成员，因为随着飞机装备新信息技术，有策略的机组人员将能够独立操作。假如现在把若干 CRC 的组织性任务，其中包括空间协调等工作委托给 AWACS。对于机组人员来说，升级也意味着充分运用他们的能力。[32]

但是在走得那么远之前，所有的旧东西必须让步。大型计算机机柜，由波音飞机的驱动装置供电，这些特殊的计算机，多年来都可靠地完成任务，执行雷达情报处理，压制白噪声[①]，过滤捕捉到的信号，现在一切都成了废铜烂铁，漂亮的西屋公司电子设备，连同其早期的 AWACS——雷达软件。到那时为止，美国企业计算机科学集团（Computer Science Corporation，简称 CSC）提供 AWACS 侦察机软件。在商业圈内，这家企业今天还是在经济界 IT 解决方案方面的享有名气的供货商，但是它与美国政府合作已有一段历史。记者们散布"谣言"，说这家企业是以美国国家安全局的间谍软件提供商登场，还帮助过美国联邦调查局违法绑架恐怖嫌疑犯，2013 年秋季 CSC 与美国国家安全局窃听丑闻有关联，都成为不光彩的新闻标题。[33]

AWACS E-3A 不会轻易地从世界上消失，因为这家企业在其历史上总是一再与美国国家机构合作。编程和劫持，听上去两个完全不同的业务领域，却是同一家企业在做。较旧的传感器柱实际上要求真正具有广博而坚实的编程知识的专家——今天可称之为极客（Geeks），我们今天理所当然地使用的通用程序语言开发，在 20 世纪 80 年代尚处于起步阶段。AWACS 雷达软件的前期版本是采取它自身的语言编程，完全为信号处理

---

① 白噪声（德语：weißes Rauschen，英语：white noise），指功率谱密度在整个频域内均匀分布的噪声。所有的频率具有相同能量密度的随机噪声称为白噪声。从人耳朵的频率响应听起来，它是非常明亮的"咝"声（每高一个八度，频率就升高一倍，因此高频率区的能量也显著增强）。

的特殊计算机而专门开发，并嵌入其中：在 JOVIAL（国际算法语言的朱尔斯文本，*Jules' Own Version of International Algorithmic Languages*）之中。这听上去既非按照可扩展性也非按照可使用性的标准，而是按照高度优化的特殊程序和没有意义的 IT 可靠性。按照书呆子（*Nerd*）的观点，谁没有掌握 JOVIAL 语言，就已经失败了。

这些都成为历史，人们需要符合如今技术状态的新东西。投入运行的道路漫长，因为军事系统的采购与安装，包括"中期升级"的范围既复杂又无聊。12 个北约国家的参与并没有让这件事情简化，人们轻易设想之物，使人想起欧洲层面上的耗时费力的谈判。为了推动该事务，北约设立了一个中央协调机构，即项目办公室，简称 NAPMO。[34] 所有的北约成员国都参与了该机构，任命他们的官员向一个共同的基金支付他们准备阶段谈判达成的参与改善军备的费用。任务的分配也按照比例，每个国家准确地获得义务总量的百分比，与谈妥的、本国用于项目办公室的预算相符。

并非所有的参与国都能在同样范围内向 AWACS E-3A 提供创新的技术，这是一个属于投资者的时刻，谁能够聪明地谈判，谁就可以商定最佳的补偿交易。土耳其，您可能提供不了 AWACS 的子系统？没有问题。把您对现代化项目的金融需求转移到我们国家，我们为您买下相同金额的物品，您可以毫无问题地生产与供货，也许是数百万台手推车。

一家德国军工企业用上述方式添置了一家储酒量十分可观的葡萄酒酒窖：他们销售的坦克，买家可用葡萄酒支付。而且接下来的事情历史已经或者至少类似地演绎过了。在北约 AWACS 现代化项目中，参与者听到了令人匪夷所思的对话。（以下人名均为化名）

"您请进。"

弗洛里安·迈霍夫博士关上身后的门，趁机钻入的阳光，晃得他不得不眨眨眼。像他这样得去实验室编程的人，要在一幅沉重的天鹅绒帘幕后的昏暗之中待上几小时。

时光倒流至 1997 年，好像只是昨天。沉重的帘幕背后昏暗的角落和编程的环境，必须与别人分享。对于一家军工企业来说让人觉得不够现代化，而且这是家买得起一套雷达监控和识别系统生产线的企业。只是为了软件的设计才有人从昏暗中出来，首先手工实施所有的程序计算。每个科学家逐渐获得了他的个人计算机，尽管电子和信息技术属于德国防空股份公司和其母公司的核心业务。德国防空股份公司的姊妹公司甚至作为计算机制造商做过短暂的客座演出，几个月之后便再度宣告结束。市场上欧洲唯一的计算机制造厂商"熄火"了。

卡尔斯腾·埃豪茨博士担任一家由杰出的青年数学家和物理学家组成的具有创新能力的小型集团公司的经理。他们其中的一员以教授、哲学博士、具有大学授课资格的理学博士（Prof. Dr. phil. Dr. rer. nat. habil.），这个长头衔在欧洲物理学家的团队中引人注目，并拥有更长的著作清单。埃豪茨的集团与诸如萨尔布吕肯的德国人工智能研究所（DFKI）或者卡尔斯鲁厄大学等德国科研机构展开密切合作。最近因为美国国家安全局丑闻发酵，被迫成名。他们的数字化识别系统让美国国家安全局能够对全球监控到的电话谈话 PB（千亿字节）的内容实施翻译与分析。[35]

迈霍夫博士在一张客人座椅上就座，满怀兴趣地弯弯腰，在埃豪茨的写字台上摆着几张打印好的纸。

"今天波音公司为北约的 AWACS 侦察机制订的招标书寄到了。"埃豪茨说着，翻了翻桌上那薄薄的几页。

"我建议我们单独对识别元件报价，这是创新型产品。而且，我们是唯一专门拥有一种自动识别系统的制造厂商。"

德国防空股份公司的说客已经让人把该企业作为投标人在项目办公室

（*Program office*）做了登记。但是这次供货十分棘手。不同于过去的招标，波音公司只要求查看竞标企业不少于一页的方案或者 PPT，这次美国人要求投标人提供更多的材料。在确定合同之前，他们想要检验一台演示器，一个正在运行的软件原型。

"波音公司想要对我们的识别元件有一个概括的了解，然后向我们移交大量数据，我们才能继续进行将信号归类的工作。你觉得情况如何，我们能得到这项合同吗？"埃豪茨瞥了迈霍夫一眼，问道。

"我认为可以做。可是我们的雷达操作员（Radar Operators）尚在恩特布吕克（Erndtebrück）对识别系统进行现场试验。"迈霍夫清了清嗓子说，"我们六周之后才可以从那儿取回系统。"

自动识别系统，简称识别器，是由德国防空股份公司开发的基于软件的航空检测系统的组成部件。这也是为了避免美国"文森斯"号悲剧事件的再次发生而启动的项目，没有一家民用航空公司愿意再和战斗机有所关联。战争的负面影响如此之大，人们避之不及。大家指望从一种全自动的识别系统中获得最有效的支持，它避开紧张情绪，总可以做出正确的、可理解可重复的决定。但是这种系统首先必须经过研究与开发。以前从来没有此类部件得到使用，更不用说在操作中使用了，智能化的自治型机器诞生的时刻来到了。

"这不会奏效的。"自动化反对者突然提出异议，一台机器不可能正确自动识别一架飞机，最终会存在许多的危险。一台机器可能无法处理诸如民用飞机的偏差，飞机引导时的飞行模式，军事行动或者与规定的航空走廊不特别精确一致的飞行路线等。为了正确地给飞机分类，需要具有职业经验和评估能力的雷达专家。

但是联邦国防军的采购局不会动摇。联邦国防部总参谋部的施拉姆上校负责管理"军备计划"的预算，以及先期在新技术研究与开发领域的投资。因此上校知道几年之内许多大型的旧系统将要排队更新换代，所以利用技术使装备精良是一项不错的计划。这似乎是第一次展示这项 AWACS 战略，通过上校周密考虑的投资政策，德国防空股份公司同样能制造出这种波音公司要求的自动识别部件，而且产品已经成熟，并经过了三次现场的检验。至此它们只花掉纳税人不到 450 万马克，与当今似乎都已四分五裂的国家项目的高得吓人的费用相比，可以说是一项微小支出。在十五年前，这种无节制更罕见，做决定更深思熟虑，世界似乎更聪明。而现在德国人的时刻必定到来了。

"识别器在恩特布吕克的测试情况如何？"埃豪茨好奇地问道。

迈霍夫笑道："我们充分利用了弗莱辛地下航空武器雷达引导装置上的应用进行试验。[36]迄今为止，我们系统的识别准确性比机组成员高 5%。"

不能没有我的算法（*Nicht Ohne meinen Algorithmus*）；埃豪茨微笑了，回忆起他的团队不久前在慕尼黑北部的弗里多林（Fridolin）地堡里建造与整合这个系统的情形，那是在一项持续数周的试验中，地堡里的团队成员与识别器对抗。谁能更好、更快、更迅速地识别飞机呢？在雷达屏幕旁经验丰富、战术得当的专家还是机器？在弗赖堡附近的梅斯施泰滕（Messstetten）空中武器战斗装置上的第二次现场测试已经结束，恩特布吕克应该是识别器走向成熟的第三站，而且是最后一站。

现在北约 AWACS 侦察机，这个机会，最后几个月的有效工作应该是值得的。而且在资助方面很少能得到理解。确切地说，如果这些男人们的劳动作为生产系统纳入军事应用之中，他们会深感自豪。飞吧！识别器要飞翔，要尽人皆知，以传播的意义。

"识别器"比迈霍夫制造的任何其他系统更智能化。在施拉姆上校核准开发预算后，德国防空股份公司分四个阶段对一种人工智能实施编码，它能全自动地执行一项精细的任务，而之前这些只有人类的专家才能处理。不仅仅识别器自身，解决识别问题的寻找策略和自我学习的神经元网络也在多个革命性的步骤中形成了。狂热的基础性研究属于基础和背景，实施"识别器"的开发并非没有障碍与磕绊。一段时间状态几乎无法逾越，识别器的早期版本是一种含非确定性运行时间的寻找策略，是一种时间的保证，一个"运行时间"的保证，直到机器找到识别问题的答案。不过到底需要多久尚无法给出。导致正确解决方案的可能规则越多，机器的状态越不明朗。常常多个规则同时开火，从前的专家系统不知道怎样才能最快地给出其目标答案。通往正确答案的路径分叉树愈长，计算机就需要愈多的时间才能得出结果，直到到达循环论证，然后一劳永逸地确保寻找一个答案。

因此寻找问题的唯一正确的答案——大概是知识测验回答的问题，就像提给 IBM 专家系统的问题——与寻找多个必须同时找到的答案相比是一个近似的简单问题。对二百架飞机模拟的监控与识别意味着：二百个问题同时回答，对于每架单独的飞机，人们拥有哪些信息呢？飞机从哪里来，到哪里去；它是朋友，还是敌人；它能否装备武器，如果装备了武器，又是派什么用的呢？二百多个不同的结果推导，排除二百多棵分叉树，短的、长的，包括潜在风险的二百多种循环推理——此外还有一个问题：如何才能在合理的时间内计算出这些？这些循环推理在一个队列中依次排列，意义也不大。更何况，在 1997 年，即便最现代化的电子企业，也是处于计算机装备与容量的开始阶段。

埃豪茨周围的科学家们用自动识别器参与了每项挑战，也针对某些问题提出了单独的挑战：我们可以从非确定的运行时间得出确定的（deter-ministische）运行时间吗？我们装入一个模式识别器，识别紧急飞行模式。我们实施一项功能，与民用飞机比较飞行踪迹——对于机器来说是一个纯粹无解的任务，尤其在商业飞行非常容易晚点的前提下。我们平行

（*parallel*）计算，那么可以为许多问题找到许多的答案。"平行的规则连接"——就是到如今 2014 年私营经济领域宽阔走廊和其大数据应用上尚未被看见的一只小技术动物，较少的是因为像鼹鼠那样害羞，更确切地说是这些问题的复杂性、军方及其软件系统面对这些问题比商业化的环境不对称要高许多。

但是埃豪茨团队的科学家们在他们的任务中抓住不放，直到解决。这样一款完整的识别器不仅分四步迭代形成了，而且几乎在基础研究之外形成了新的基础技术——而且是多项人工智能。

国防部高兴不已：对于可接受的支出而言，能获得如此多的创新是一个例外。而且施拉姆上校也热切渴望带有德国识别系统的 AWACS 的现代化。有理由，而且拥有良好的前景，因为他属于项目办公室的德国工作人员，在天平上对德国项目参与 AWACS 侦察机施加他全部的影响。

"只有一个问题。"埃豪茨靠向他的沙发椅，意味深长地注视着迈霍夫，"有人不想让您出现在我们参与投标的团队中，因此我不得不派德雷斯勒和施维特菲格去西雅图参加在波音公司的第一次展示。"

迈霍夫脸色突变，"为什么?"他一字一顿道，"除了我，没人熟悉该系统，因为我的设计在里面，我的成果——他妈的，没有其他人可以担任项目主管!"

"您过来，弗洛里安。您知道报价流程如何进行。一个巨大的喧闹。得到认证的报价生成，商业程序，收入多而不费力的职位保险……您要全神贯注。"

约翰·德雷斯勒是一位德高望重的正直的老销售代表，但是迈霍夫善于与古怪的人打交道。德雷斯勒投入地照顾他在联邦国防部的关系，而且，真的，他带来了显著的销售额提升。

"我不需要营销，我需要合同!"德雷斯勒的施瓦本口音的座右铭，迈霍夫数十年后还能回忆起。但是当时迈霍夫不知道，自己职业生涯中遇到的唯一的奇特的销售人员就是此人，他有能力推销尖端技术。

"完全理解，埃豪茨博士。但施维特菲格对识别软件一窍不通，他简直是一台线材弯曲机（*Drahtbieger*）！"

迈霍夫得承认，他采用了一种恰当的尺度暗示蔑视。米歇尔·施维特菲格是较老的电气工程师，他在 20 世纪 60 年代学习电子技术——一个远离计算机的时代，人们正准备占领每一台书桌。软件编程或者建筑问题的确不在这个老同事的能力范围，而恰恰是他要在波音公司面前解释软件方案。

迈霍夫怒火中烧。只有在军队服役期间他才能够控制他天生的暴躁，不然那种不假思索的暴怒可能要了他或他战友的命。

"迈霍夫，对我来说，重要的是你可以在波音公司的后续项目中演示识别器。我知道，你生气了，其他人要代替你单独进行首次推介。不过在系统的展示上你是唯一的，我知道，识别器将会对一切做出正确的判断。"

船只沉没

"埃豪茨博士正在等您。"

克莱普斯女士是埃豪茨的女秘书，她从经理的办公室走出，邀请弗洛里安·迈霍夫。

由于亲自参与系统展示的要求遭到了拒绝，迈霍夫在几天前向人事部门递交了辞呈。也许埃豪茨现在刚刚知道此事，因为在最终限期到来之前埃豪茨博士一直没有联系迈霍夫。老人、公司成员、事业的努力、公司内部的政治权力的牌局——这些都不是迈霍夫的事，但是游戏规则、企业内部的岗位与职责已划分完毕。迈霍夫为此生气完全徒劳。专家鉴定不属于让一个人在企业内部飞黄腾达的迫切要求。此外，有人当面告诉他，他对一项领导性的协同工作太年轻，尽管他是日后企业所有大门为之而敞开的"金色池塘"的人选。

倘若这家企业到那时仍然存在。

尽管提出了辞职，迈霍夫仍然充满激情地投入工作。他的项目在波音公司首次推介的结果让他非常感兴趣。早上他在走廊上遇见了施维特菲格，此人几小时前刚刚从西雅图回来。

"情况怎样？"迈霍夫好奇地问道。

施维特菲格用尖厉的声音居高临下地说道："正如应该有的进展——当然不错啦。"

迈霍夫立刻放弃了其他的提问。在食堂里与德雷斯勒共进午餐时，他才再度问起他们对美国军工企业的访问。

"您今天跟施维特菲格交谈过？"

"当然，不过非常简短。"

"他说了些什么？"

"进展'当然不错啦'。"

德雷斯勒差一点被汤呛着了。"他参加的肯定是另一场活动。"他仅仅咳嗽了一下。

迈霍夫皱起眉头，撇撇嘴。反正他也无所谓了。他的辞呈肯定已经钉在了他人事文件的最上面。

"埃豪茨博士——迈霍夫博士到了。"

迈霍夫把办公室门推开一条缝，向克莱普斯女士道过谢，从眼角里看到德雷斯勒正耷拉着脑袋坐在待客椅上，与其说坐着，倒不如说是埋在里面。

迈霍夫想，也许发生了比我辞职更糟糕的事，他悄声走进上司的办公室，关上身后的门。

埃豪茨一声不吭地把一份传真递给他。信头上发件者的印记清晰可辨，知名的深蓝色标志，一个由地球状勾勒出的飞行器。

"我们很荣幸听了您的介绍。"迈霍夫一行一行看下去，眼睛牢牢地停留在下面的句子上：

"德国防空股份公司没能成功地让我们波音公司信服，无法成为自动识别与分类系统合适的供货商。"

迈霍夫深深地吸了一口气，坐下。

"这是什么意思，'没能成功地让波音公司信服'，我们是自动识别器唯一的制造商！"

"这就是说，他们在想，我们压根儿不具备过硬的本领，只是废话连篇。"德雷斯勒叹息道，"施维特菲格把这事完全给搞砸了。"

"那么，先生们，我们现在能做什么？"埃豪茨要阻止他两个同事不断地自怜。

房间里开始呈现一种一筹莫展的局面。

"您现在继续做好手头的工作，我打电话给施拉姆上校。"埃豪茨想稀释因失望与愤怒而窒息的空气。

两个小时之后，迈霍夫的电话响起来。

"您今天晚上有什么打算？"埃豪茨在电话另一头问道。

"不知道，没什么事情吧。"迈霍夫回答道。

"那么现在听着，你先回家，收拾行李。四小时之后，我们飞往西雅图。"

几个小时之后，埃豪茨与迈霍夫坐在西雅图的标志性建筑——太空针塔的饭店里，迄今为止晚餐非常棒。两人都得与时差抗争，但是一想到次日要介绍他们的自动识别器，争取第二次机会，可能仍旧一无所获，他们的担心与紧张就将他们的疲惫驱逐殆尽。

饭店能够俯瞰这座城市的海港和兰尼埃火山。在这里，远离日常事务和企业政治，两人第一次聊了许多。

埃豪茨放下他的葡萄酒杯，拿起刀叉。

"您没有什么想对我说的？"迈霍夫切下一块纽约特选牛排，问道。牛排几乎是生的，像奶酪一般嫩。

迈霍夫谈到了辞职，他解释说，他觉得施维特菲格对技术一窍不通，不适合管理 AWACS 项目，那家伙不止一次地证明了他的无能。毕竟没有施维特菲格的失败，就没有他们第二次前往西雅图的旅行。如今能不能获得一个有声望的新合同全要仰仗这次行程了。

埃豪茨耐心地听着迈霍夫释放他的怒气。

"我理解你。"他拉长声音说道，"尽管如此还是让我沮丧。您知道，我起码失去了五位特殊的天才。所有的人都是同一个原因。他们的业绩从来没有得到过企业的认可。"埃豪茨叹息道："这也要怪人事部，竟然对员工专业知识给出那么糟糕的评价。人事部的员工自己根本不具备专业能力，许多出色的员工他们压根儿识别不出来。"

"虽然我已提出了辞职，但我还是倾向公司获得 AWACS 合同。"迈霍夫说，"因为您的缘故，您是一个好上司。"

波音公司的报告厅类似大学的阶梯教室，成排的听众座椅在大厅里呈上升状排列，而且许多地方完全不同。大厅自身处于完全昏暗之中，炫目刺眼的光线只对准讲台。当演讲人介绍时，从台上根本无法看清哪些人出席了他的讲演，听众的情况如何，哪些人来了或者走了。

如同经历一次审讯，迈霍夫想。令人发指。

迈霍夫习惯了在他做报告时与来访者直接攀谈。但是这里不行，所以他得全神贯注地解释识别器是什么，可以为 AWACS 的现代化项目做出哪些贡献。在迈霍夫介绍期间听众发生着变化，他只知道，报告大厅的后门一再打开，留下一束光，勾画出一个深色的影子，然后再次锁上。

"感谢你非常出色的演示。"波音公司的项目主管在与埃豪茨和迈霍夫告别时说了这样的话——请注意，这些话出自一位美国的经理。如果您的介绍令人印象深刻，他才会表达这种最大程度的赞扬。对于埃豪茨和迈霍夫来说，这意味着两人都命中了目标。

德国防空股份公司得以再次参与游戏，下一轮可以开始了。

核心部分

对于诸如全自动的识别器那种示范性的大数据应用而言，人们需要海量的数据集。其中包括每种飞机型号的详细数据，包含诸如尺寸、翼展宽度或者飞行速度等技术说明。这些数据集非常巨大，此外还应该把它们按传统数据库的图表方式分类管理。

对大数据应用来说，最重要的是我们今天如何理解它们，也就是对多种不同来源传感器（Sensoren）的非结构（unstrukturiert）数据的分析。德国防空股份公司这款识别器意味着，从作为小幅图表（Plots）纵横交错的、似乎没有系统地在雷达屏幕上运动的、记录下的成百上千架飞机的航行轨迹的 PB 数据中，实时地提取、识别和自动地分类为朋友、敌人和陌生人。识别器在德国雷达导向装置上的三次场地试验中快速而准确完成的正是这项任务。即使三个操作者的机组成员（Operator Crews）中的佼佼者也不得不向机器认输。

波音公司在过去数十年内记录了无数飞机的航行轨迹或者综合性地得

出科研与测试的目标。现在识别器在西雅图首次成功地展示之后，美国人想更清楚地知道情况。仅仅用展示不能把人打发走，因此还计划了评估阶段，要求提供自动识别系统存在与真实效果的证据。该流程对所有供应商都是新内容，但是站在北约的角度完全可以理解，人们想让项目的时间与成本框架处在监控之下。

迈霍夫从西雅图返回仅仅几天之后就收到了波音公司一份庞大的数据集。人们用一台雷达对一个确定的地理区域进行了扫描，记录下了未经识别的飞行物体。这项任务是把这些数据集输入识别器系统，自动地执行识别与分类。六周之后波音公司就要飞往德国，检验识别结果的正确性，并利用此机会带来第二批陌生的数据集，在访问期间由识别器在来访者面前自动与独立地处理。六周时间——几乎等于没有时间，亦无深思熟虑的策略。不可能有报价者在六周之内造出一个实体模型——"试验模型"。这正是波音的考虑，理由在于，德国防空股份公司因此替北约的合同设想了最佳的机会。

与包含自动识别器的复杂程度的军事系统相比，如今商业领域的大数据应用只是开始阶段。现在主要的注意力集中在巨量的非结构数据的存储上，实际上几乎不到其中5％的数据得到了分析。因此在自行开发的数据库内，大数据团的存储只是多传感器数据融合的预备阶段，使原始数据改良成可使用的信息，另外做出最优化的决定。数据融合真正的杰出成就在于，不同的、完全异质的数据——文本、图片、数字、频谱范围——聚合成一种新信息：局势概要（*Lagerüberblick*）。局势概要应有助于做出一种知情的决定。我们直接回忆一下美国"文森斯"号军舰。假如人机系统能毫无瑕疵地分析局势，可能会是这个结果：一架民用飞机"空中客车"处于阿巴斯港到迪拜的航线上，唯一正确的选择应该是：停止射击（*Hold Fire*）。

今天商业大数据的应用在处理您的数据上别无二致：您的第一手数据——这是您的个人数据，您自愿交出的关于自己的数据——连同您的第二手数据，这些痕迹都是您无意识地留在互联网上，您的在线购物行为、旅行行为、取暖甚至驾驶行为，用神秘的方式和方法叠加在一起，一个控制器就能知道，比您自己还要更多地了解您——而且您自己不知道控制器知道的内容。

仅仅这样设想都令人毛骨悚然。

在数据融合中——也可能是您自己，亲爱的读者；这可能是一种投资产品，依照识别器的视角是航空飞行器——从这些不同的，"不能按同单位比较的"源头搜集一个和相同对象的数据。源头将接受传感器的观测，当您随身携带，使用上衣口袋内的探头和智能手机时，在此意义上您就成为数据融合的源头。您自己将变成源头，您的智能设备将成为传感器，互联网将成为通信接口以及您和具有任意智商的众多数据融合系统之一间的连接件。阴险之处在于，当您使用 APP 软件、电子邮件程序或者购物门户网站时，压根儿不会注意到哪些大数据机器正在利用您和您的日常生活，它们如何实施，它们有无"正确"行动。您现在再想一想"棱镜"项目和 XKeyscore 项目，当爱德华·斯诺登打破美国国家安全局的沉默时，您方才获悉，这类大数据机器关系到这里和它们的存在。

与此相反，德国防空股份公司的"识别器"为波音公司按照原型模型分析的观察数据，来自飞机定位的无线传感器，一般由许多个不同的雷达天线，从不同的视角，而且大多数延迟地从同一个物体上获得。只有一张图表在识别器屏幕上显示，一旦它出现，人们对它的了解并不比它代表一个运动中的飞行物体更多。对于自动的识别而言，这项任务听起来更直接：这些涉及哪种飞机型号（*Aircraft Type*）？一架俄制米格 MiG-29 还是美国的 F-22 或者一架民用的"空中客车"A-319？借助雷达首先观察对象的飞行速度，由此推导出第一批信息。也许比起一架 MiG-29，该对象运动过慢；或者对象的飞行速度处在一次商业飞行的上限，而且涉及一次定期航班或者包机航班，其概率因此更低。只有它真正无法排除对象种类时——在紧急情况下，一次商业飞行也可能超过其正常速度，有必要对更多其他的涉及该对象的数据展开分析，例如雷达截面积，"对象回波区"。它或大或小？一处小的回波区可能不是商业飞机——但是现在涉及一架俄制的 MiG 29 还是美国的 F-22，只有更多的数据才能在此继续提供帮助，例如来自激光扫描仪的。按照这种方法，一个数据融合系统将搜集每个被观察对象的统计论据，汇集所有的观察数据，直到最终确定结果：这是一架友善的美国 F-22。因此基本原则适用于：支配越多的数据，结果越可靠。

请您尽力实施智能的转换，设想您自己就是利益的对象。思考一下，您甘愿把哪些关于自己和您家庭的数据放在网上。在图片分享网站 Flickr 的在线相册上？在时尚 DIY 分享网站 Polyvore 添加你衣橱的内容？在脸书上表达您的爱好与倾向？在在线图书交易网上管理你情人和业务伙伴的地址，因为非常方便，只要按键就能寄出一本图书？您的郊游和旅行（定位）数据，因为您总是随身携带智能手机？把所有的电子记录存储在云中，有可能也许是您喜爱的在线书商向您提供的那种云中？或者最好是所有一切都在同样的用户标志下，这样我们马上便知道——这真是您吗？

您始终应该考虑，我们能够分析有关您和来自您的数据，那么我们就会更可靠地分析您与您的行为。如果我们讨人喜欢，以后只会发送给您含审查过信息的不讨厌的广告邮件。如果我们招人嫌，我们可以纠缠您的家庭，可以考虑如何更强势地控制您或者在经济上敲诈您。监控其实是一种控制手段。您真愿意以个人的自由为代价过上一种如同我们向您承诺的，表面的优化的生活，向持续的监控臣服吗？

我们行动了，因为迄今您几乎没有做出反抗。

宠儿的角色

人们若要准备大数据演示，六个星期的时间太短促了。此外，迈霍夫不知道，在识别器做出完美而没有缺陷的演示之前，还要跨越多少陷阱。

识别系统由四台计算机组成，其中一台充当主机。一台对受观测飞机实施分类。用户信息显示在一台单独的计算机上，同样，人们也把他们自己的计算机托付给了数据库。第四台计算机单独用于接口，关注由传感器捕获的信号与主机的整合。整合是一项真正的挑战，因为1997年在航空武器战斗执行设备和CRC中自然运行的是"计算机石器时代"的电子设备。识别器的接口计算机作为场景生成器提供服务，像一台音乐播放器之于一件音乐作品，能够"播放"由波音公司转让的数据集。但是数据不可能直接"播放"，因为波音公司提供的数据格式与接口计算机不一致，在这里必须首先进行匹配。迈霍夫思考再三，更新了他的项目计划，直到向波音公司的演示期限到来。

在迈霍夫研究小组必须与技术抗争的同时，施维特菲格作为投标小组的负责人正在为波音公司来访做准备——"这些我们能够完成！"施维特菲格这期间从公司内网下载了可供同事们使用的所有PPT演示稿。他打算由此编制他要在这次展示中使用的背景。他在演示中很少关注背景的内容，演示时的可视造型更符合他的挑选标准。他拟在演示中营造五光十色的背景，在识别元器件获得其功能之后，由迈霍夫编制的许多背景也包含在内。在施维特菲格卖力地复制PPT背景之际，他慢慢地认识到，自己低估了识别器的技术难度，关于内容的技术支持无论如何要提出来。

倘若向一个赋予识别系统形式与内容的专家求助，什么内容比较容易理解呢？这情况从未发生过，施维特菲格的内心在呐喊，他可不想接受一个三十岁年轻人的教训。作为替代，他向企业的中央研究部门请求帮助。

"我们没有能力完成。"他很快得到了答复，"我们不知道这套系统，请您求教迈霍夫。"

但是施维特菲格无法改变看法。他向外部问询，那里也没人有他需要的知识，比如迈霍夫团队在德国研究机构的支持下嵌入识别器的技术知识。随着时间的流逝，施维特菲格仍然一筹莫展。波音公司来访只剩下两天，他仍然没有与迈霍夫交谈过一句话。

又是食堂成为有效信息交流的平台。

"展示情况怎样？"德雷斯勒问道。他邀请了迈霍夫共进午餐。

"还好，时间很紧。这是个艰巨的工作，但是我们能够读取、播放和分类波音公司的数据。数据集包含了比想象中多得多的需要识别的对象，此外我们必须遵循若干规则，因为波音公司扫描了一个与我们所知完全不同的地理区域。"

"如果演示报告已经完成的话，我可以提前看看吗？"德雷斯勒继续问道。

问得突然，迈霍夫没有料到。

"什么演示报告？"迈霍夫疑惑道，"我没有受邀参加会议。我只是会在当天下午用半小时时间来演示识别器，就这些。"

"天哪！会议上涉及的技术内容，除了您还有谁能解释清楚呢？"德雷斯勒激动起来，"我去向埃豪茨解释，您现在受到了邀请。您瞧瞧，还要汇总些东西。我告诉秘书处，要支持您，直到您完成。不管多久。"

波音公司确定了日程。这家军工企业要派出四十名成员访问德国防空股份公司。经过简短的介绍环节，波音公司立刻回到正题，评论识别系统的技术方案。接下来要检验六周前转交的数据集识别结果的正确性，让计算机在午餐期间对一套崭新的陌生数据集进行识别。这样一个密集的日程，对于德国防空股份公司来说不是没有风险。

在系统展示的当天，投标人团队已经在花园小门接到了波音公司全体成员，并把他们带到会议室。当施维特菲格在走廊里见到迈霍夫时，尴尬得满脸通红。

"您在这里干什么？"施维特菲格在科学家走过时责问道。

埃豪茨听到了这句话，解释道："我邀请了迈霍夫博士参加这次会议。"

当施维特菲格开始他的技术讲解时，迈霍夫马上明白了走廊里的责问。在投影屏幕上，他可以看到自己的背景材料，一张又一张。所有材料的右下角都打着"米夏埃尔·施维特菲格"的字样。

真卑鄙，迈霍夫想，把头往后一靠。他知道马上将要发生的事情。施维特菲格为了他的报告从迈霍夫的背景材料中采用了丰富的资源，但其中被选出的许多内容却与识别元器件无关，涉及的是其他项目，结果导致整个介绍的技术方案自相矛盾，施维特菲格根本无法传递一幅识别器的坚实图像。

没过多久，第一个客人打断了施维特菲格冗长的讲话。

"对不起，我不明白。最后一张图的系统建构完全不同。您能重新解释一下吗？"

这个问题促使施维特菲格谈及他的理解，但是并没有内容与问题匹配。

波音公司没有放松："识别器难道拥有一个经典的服务器结构，或者它是一个分布式系统吗？您确定您给我们讲述的内容没有问题吗？"

施维特菲格这期间因为窘迫而变得面红耳赤，终于向迈霍夫转过身。突然从他的嘴巴里冒出一句德语：

"现在您来补充一下，迈霍夫，这毕竟是您的背景材料啊！"

突然的停顿之后是片刻的安静，直到迈霍夫拉长了声音答道："好吧，施维特菲格先生，不只是这层关系。"

剩下的时间正如波音公司希望的那样流逝。迈霍夫接受了阐释识别系统的任务，并成功地演示。他还与一个几乎达到退休年龄的美国人展开了一次讨论，老人身穿彩色条纹衬衫和灯芯绒裤子在座，如同来自美国西部农场那样朴素。

"您如何解决错误分类这个问题？"美国人问道，"您人工智能的这种神经元网络，按照自然规律并不能百分之百正确计算出所有的东西。有可能一再地出现误报（*False Positives*），然后您就会碰到问题。"

"我们会在分类之前始终评估信息源。"迈霍夫解释道，"把识别器投入使用之前，我们就查明了误报出现的概率，使用机器做结论时考虑了这个值。"

"您是在告诉我们，你嵌入了一个统计元件吗？"老先生插话道。

迈霍夫想到，某些类似的问题在一场关于人工智能的传奇性边界区域——贝氏统计的讨论中出现过。现在迈霍夫自己也冷汗直流。贝氏统计是某些适合于怪物的东西，特殊，复杂，但对大数据应用是最重要的分支领域。这个专业只在少数几所大学有人传授。为了听两学期的贝氏统计学课程，迈霍夫读大学时不得不去另外一所大学听课。

会后，大家在餐前酒会结束时相聚交谈。

"我知道，您不便表述，但是您能不能对我们的识别系统考虑的内容与您迄今在我们的竞争者那儿看到的比较一下？"迈霍夫直接问其中一个与他交谈的美国客人。波音公司在日前挑选了一个竞争者，德国国防集团。

"您认为，您处于宠儿的角色之中。"美国人暗示道。

"那位穿着灯芯绒裤的老人是谁呀？"

"他是数学教授，自 1966 年开始就在为'飞行之眼'的技术规格工作。我们称他为'AWACS 侦察机之父'。"

黑天鹅

如今德国大数据系统随同识别器加入了北约 AWACS 侦察机之中吗？问题应当有意识地公开保留。随着波音公司公布德国防空股份公司是自动识别部件的宠儿角色，波音公司把机会交给了项目办公室的德国代表。这意味着此项委托从此开始变成了德国内部的事务。然而正是此刻德国出现了一次军工领域的粗暴放弃——一只黑天鹅。[37]

诚如我们所知，"黑天鹅"是一个极其不可能的事件。没人估计到这件事，而且还是这种强加于生命、日常生活、一家企业或者项目，一种与计划进展完全不同的过程。"黑天鹅"们太多地与统计相关；它们是我们原则上低估的风险，比我们要承认的风险还要大。它们将与我们在本书的第二章相遇，涉及错误的假设，我们如何设想我们的世界，如何在智能机器中给它们编程。

迈霍夫刚刚离职，他在德国防空股份公司的客座演出结束了，开始作为竞争者对企业搞阴谋。为了把德国防空股份公司从竞标中撺出来，一家竞争对手拿出了神奇武器，在一家私营工业设备制造企业订购了一次鉴定，得出识别器与未来的北约标准协定不相符的结论。该协定要求使用贝氏统计，但这种系统没有嵌入识别器，因此不允许替 AWACS 采购。

德国防空股份公司与其强大的竞争对手德国国防集团之间的决战在项目办公室的听众面前不容长时间等待。德国防空股份公司预先考虑到，要对它的识别器进一步修改，按照贝氏统计方法实施全面改造，以满足标准的要求，让 AWACS 侦察机上的识别器采购不再有其他程序挡道。

工业设备制造企业的竞争与鉴定恰恰否认了这一点。

"专家系统永远不可能使用贝氏理论!"德国国防集团在施拉姆上校面前强调。

"请您不要乱说,您根本不知道识别器如何执行。"

德国防空股份公司最后一次聘请迈霍夫作为外聘咨询专家展开阐述:"识别器早已不是专家系统,而是按照概率论原理工作。"

"不可能是这样,识别器还在推导信息!"鉴定者和竞争者顽固地坚持。

迈霍夫想,鉴定者是测地学家,对贝氏统计不熟悉,因此才会有这样的结论。因为对于新信息的推导、推论,贝氏统计最合适。

施拉姆上校跟不上这种专业的谈话。

"到底识别器中有没有包含贝氏统计原理?"他不确定地追问。

"有,当然有。"迈霍夫答道。

"没有!"鉴定者恼怒地说道,因为他更喜欢他的主顾,定位于AWACS系统中传统的解决方案。正相反,他对德国防空股份公司的识别器不可能做进一步研究。企业没有公布程序代码,而且在程序代码上进行一种有别于官方允许的存取无异于侵权。

现在施拉姆上校做出了英明的判断。

"迈霍夫博士,您现在能支配含概率假设的识别结果吗?"这点正是贝氏统计方法的核心与优势。受观测的飞行物体 90% 的概率是一架友好的F-22。

"当然。"迈霍夫点点头证明。

"那么我们就没有问题了。"施拉姆上校结束了争论,"概率假设经受了挑战,因此我认为识别器符合标准。"

在德国防空股份公司的厂区里一只"黑天鹅"降落。当它抖动着翅膀时,一切都发生了变化。一眨眼的工夫,迈霍夫为德国国防集团赢得合同的所有努力都化作了徒劳，科学成就变成了科学家们脱粒的秸秆。按照德国联邦政府的政治意愿，德国防空股份公司和德国国防集团以及另外一家中型军工企业被并购成唯一一家欧洲的企业集团之际，两个愤怒的竞争者最后的争论变得多余。主角保留了老对手，彼此的憎恨得以延续，这个共同的公司的新名称改变不了任何东西。过去的敌意犹如旧登山绳索维持在那儿，不同的企业文化难以轻易地融合。

倘若到那时这家企业仍然存在。

迈霍夫最后一次拜访过去的同事，沿着熟悉的走廊前行。一扇办公室的门敞开着，在房间后方远远的角落里，四台计算机上下堆叠在那儿，并不引人注目。这是识别器的计算机，遭人遗忘，成为多余的电子垃圾。知识没有人理解，没有使用。这次偶然事件，没人从中学到东西。

事情悄无声息地发生了。当迈霍夫永远离开公司办公区域时，有什么东西在跟随他。这些尖端技术的知识随他离开了这块受到高度监控的区域。它离开了国家监视的环境，在这之中，诸如原子能或者控制火箭仍然大规模地受到监控。但是很快，它的效果开始在生活所有的领域展开，增值（Proliferation）并繁茂（Wucherung）。数据融合将会播下种子，应用即将产生，"自身良好，然而从中产生如此糟糕的使用……人受到了全面的监控，他以这种方式被包裹在这儿和所有其他地方的事务之中……这种完整的技术自身是好东西，丰富了人类的家庭，但是其违法的利用导致了一种非常真实的俘获，一种滥用的权力，压制和束缚了大量的人，因为恐惧勒紧它们的咽喉，封闭他们的嘴巴"。

当然，迈霍夫此刻还没有想到那些。他还不知道那封预言的信件。1983年，一个没有受过技术教育的老妇人与女友讨论安装电话机时，写给后者的信件。人权会以恐怖的方式遭到践踏。那封信以下面的话作结：

虽然我们有眼睛，却什么也看不到。

第二章

Die intellektuelle Emanzipation　›››

机器的智能革命

大数据菜谱

自从新词"大数据"几年前首先征服了信息与通信技术的专业领域以来，它向其对偶词的先驱云计算（*Cloud Computing*）提出企业的管理的利润和 IT 预算应归己所有。随着爱德华·斯诺登的爆料，大数据自 2013 年就开始引起了公众的辩论。愈来愈多的企业都在自问，哪些东西直接隐藏在大数据隐喻的背后。尽管如此，大数据仅仅是新瓶装旧酒。大数据也是营销战略家的艺术概念，指的是一个技术产品或者新商业模式的新销售市场，它们专注于大数据团的调查、提供或者利用等相关产品与服务。因此在技术产品中没有绝对地涉及破坏性的技术发展，它们企图把传统的，证明可靠的产品排挤出市场。通常，在多年研发过程中形成的完全成熟的技术，受到市场和具有预见能力的商业人士的激励，会重新整合为一种现代的产品、服务或者商业模式。因此技术进步虽然非常神速，但是有时候并非像想象的那样接踵而来。例如自 20 世纪 90 年代起，几乎用二十年之

久不知疲倦地定位了市场的所谓的软件代理者（Software-Agenten），知
道它将与代理技术一起退休。据欧盟研究创意代理链接 III 在其 2005 年总
结报告中预测，到 2040 年才有 35％的企业，其经营目的是计算机程序开
发，利用代理技术。[1] 换句话说：软件代理在二十五年之后才会成为公共
财产，至此还需要五十年才能在信息和通信技术中作为标准技术。

如今预言家显然具有弱点，因为代理技术获得了比预期更快的成功，
但似乎不是以我们生命如今流逝的速度。因此在大数据背后只隐藏着少许
新鲜的东西。在军事系统或者宇宙航行系统中，大数据二十多年来就是每
天的面包。当"文森斯"号的宙斯盾系统自身需要能够监视与跟踪卷入一
场空战的数百架飞机时，人们可以想象，该系统在上个千禧年结束时能够
实时地处理哪些数据团。

平行于第一领域——国家级机构，在 21 世纪头十年也在第二领域——
也就是在经济与工业领域的几乎每个行业中都发展了这种需求，能够更多
地了解有关自己的企业、产品、营业额和利润的百分比。拥有追求更多相
关信息的愿望，营业额和盈利增长才有可能，到那时数据挖掘（Data
Mining）得到满足，也就是在例如客户、购买行为和产品等企业手头的
原始数据中勘探并非直接可以识别的信息，之后被证明为经营的新形式，
即信息资本主义的原料。若干基本的创新在过去三四年间已经发生了。大
数据因此更多是经营的新形式定义。大数据具有非常清晰的技术层面。今
天可支配数据的纯粹数量属于此，并随着互联网的广泛使用连续不断地增
长。不仅仅是人，还有许多设备——我们还要考虑联网的汽车或者学习型
加热器——留下的数据痕迹将会被存储、管理和再发现；因此对高效率的
数据库追问，其主要注意力首先针对数据处理速度，较少关注其组织结
构。但是更重要的问题是，它形成了大数据原有的爆炸力，涉及大数据分
析技术。与军事上对大数据的应用相关，数据融合的概念由此出现。在数

据融合的核心之中生活着人工智能。不是新数据库方案，而是智能机器将决定我们的未来，当它们分析与计算我们的数据时——一切都是为了有目标地预测我们的行为，控制我们。与迄今为止具有更多的个人主义的现代社会发展相反，这些智能机器，让我们成为标准化的人，如果它们对我们实施分类，也可能错误地分类，导致误测（*False Positive*），即出现统计学上的"误测结果"。一种绝无错误的思考和没有虚构的景象，因为多年来智能机器已经在两个领域——军备与金融市场投入使用，这类问题早已出现过。

在此意义上，大数据如同一份菜谱，其作料叫作数学、算法和人工智能，在超快速的平行计算机和超级计算机上烹调。即使您对数学没有一点内心之爱也请您继续读下去；倘若您长年来与数学一道工作，也许会赞同这种科学之美。毫无疑问，数学散发着一种特有的魅力。因为除了艺术之外，数学是世界上通用的语言。数千年来，它都对我们的生活有着决定作用，只是当我们把某些对它的认知并入日常生活时，已经忘记这些结论是如何得出的。我们的日历就是一种数学统治——起码是我们生活之中的数字统治的一种知名的范例。回溯到古巴比伦和古埃及的天文学家，以及那些早期的"数学家"，其中圣奥古斯丁说过："善良的耶稣基督应当保护数学家，所有这些人习惯于做出空洞的预测，如果这些预测切合实际，那么就是这样了。因为存在着危险，数学家与魔鬼联合让精神混沌，卷入了地狱的围栏之中。"[2]

1582 年格里高利历制改革是一位知名的意大利科学家路易吉·利利奥①

---

① 路易吉·利利奥［Luigi Lilio，又名阿洛伊修斯·里利乌斯（Aloysius Lilius），约 1519—1576］，系意大利医生、天文学家、哲学家、年代学家，他与克拉乌（Christophorus Clavius）等学者在儒略历的基础上改革而来的格里高利历，后由教皇格里高利十三世于 1582 年颁布。而公元即"公历纪元"，又称"西元"。

发起的。但是当今，大数据时代的数学"有无与魔鬼结盟"将会显示出来。真实的情况是，数字语言将被每台环绕我们的微处理器理解与言说。在"物联网"中，我们把周边所有的东西变成智能机器，我们的冰箱和电动牙刷支配更大的数学能力，至少是计算作为我们大多数的能力。有多少包含大数据的数学将决定我们的生活，我们要更近距离观察，把我们的视角对准它们的方法、程序、驱动装置和人工智能。

在兴奋之前，我们免不了向近年来信息技术基础设施的发展投去一瞥。首先计算速度和数据存储上的进步令大数据成为一种大众现象。在此之前则限制在科学的应用或者高预算的国家级软件项目——军事或者警备领域。

超级数据库和超级计算机

　　"个人数据是互联网的新原油和数字世界的新货币。"欧盟消费者权益保护事务委员麦格丽娜·库涅娃（Meglena Kuneva，1957—　）早在2009年3月31日曾如此表示过。[3]到了2014年，的确没有什么突破性新内容：谁获取庞大数据量的控制权，即我们每个人在互联网留下的数字化足印，也就赢得了对我们自己的监控。数字化影子和关乎我们每个人的信息，在互联网上虽然可以找到，但是早就不依照可控的方式与方法由我们自己支配了。数字化影子跟随我们所到之处，互联网上其他的人就可以在那里谈论我们。即使不拥有Facebook账号的人，也同样适用，Facebook知道他的存在，因为在社交网络注册的Facebook用户也可以查询非用户。由于数字化影子，数据保护者早就警告过，人类要出借全部的数字化存在，如今在他们出生前的几个月他们就常常在使用这些影子了。荷兰安保公司AVG Technologies NV在十个发达国家展开的研究证明，技术在改变孩子们的生活。[4]早在 2010 年就有四分之一未出生者拥有了数字化的存在，它赶在婴儿出生之前。81％的婴儿在他们两岁之前，就过上了数字化生活。[5]随着我们在互联网存在的镜像的生成，在社交平台、相册、日志中，我们个人的数据量呈指数级增长。到 2020 年预计比 2011 年存在的数据量增长 50 倍，同时可供使用的 IT 专家的数量仅仅增长了 1.5 倍。[6]只有当数据存储容易被再次找到，能够全自动地得到分析时，国家和工业才能够利用数据洪流。今天叫卖大数据的人，因此认为迅速查询非结构数据时的新数据库技术及其效率占大多数，要求更快速的计算机和更高效信息流量的网络马上跟上。

直到 2005 年前后，关系数据库（relationale Datenbanken）还被当作数据库的标准。如今它们处在我们天天要打交道的大量软件应用的不可或缺的中心。借助关系数据库，数据库架构师们以表格的方式组织数据。图表将互相连接，在彼此之间和它们之中包含的数据之间产生这样的关系，因此名称是"关系"。数据库架构师眼前始终有一个目标：避免冗余，让数据不至于双倍地录入。这种正常化（Normalisierung）允许一个数据库始终恒定，输入没有必要在这儿或者那里同时改变，因为这样太容易出错。假如人们在一种关系数据库中寻找一种确定的输入，那么数据库就会编制一份虚拟的新图表，包含所有被查询的输入。只要数据量一目了然，编排有序，结构上以行数、图表、连接存在，这就可以快速进行。关系数据库因此像合同管理、音乐标题管理或者会计程序那样是软件应用选择的手段。它们在超大批量时碰撞数据，如同数十亿次的点击或者在线客户的网页浏览，迅速触及其界限，几乎不适合于诸如 Skype 信息、电子邮件内容、照片、数字电视播送以及一次物理实验粒子爆炸等非结构性数据。

面对发现存放在万维网某处的大量非结构性数据问题，谷歌和雅虎等搜索引擎已经及时做出了分析。在万维网早期阶段，这么设计一台搜索引擎的软硬件是一个挑战，使得互联网的使用者实际上能够在搜索时，尽管数据量大增，但是搜索本身并没有变慢。搜索引擎一般来说总有缺陷，其使用者必须知道，他们在搜索什么。您若调研一部电影，不可能既回忆起电影名称又想起主要演员的名字，取而代之您输入："西部光头"。然后等待，尤尔·伯连纳①和《七侠荡寇志》是显示的最佳匹配的搜索结果，而不是"心肌梗死风险：头发储存应激激素"的警告，您可以从中导出推荐，应该剃个光头，为了在饱受折磨的世界西部降低您统计学上的生命危险增高。为此搜索引擎要胜任其使用者对搜索清单的期待，它们正好处于变化中，愈来愈多地突变成回答引擎。可以说，谷歌在此意义上早就为大数据提供了服务。因为在 2003 年和 2004 年，谷歌高管公布了两份关于谷歌搜索引擎的技术详解：谷歌文件系统（GFS）和映射—归纳—算法（Map-Reduce-Algorithmus）。映射—归纳—算法绝对不是谷歌帝国的创新。在数字方法中，也就是在不含唯一封闭解的巨型公式计算中，数学家早就把大矩阵划分为单一模块，平行处理它们。该方法作为"聚集—散射指令"，在十年前经过谷歌的使用，成为两台平行运算中的计算机之间进行信息交流的标准。

两种谷歌的元件也利用分散化原则和平行处理，在一组所谓的"计算机集群"（Computer Cluster）上工作，其中许多计算机互相通信。在计算机集群中零星地适合于一般的互联网和非常普遍地适用于组织理论：分布式结构比中心集中式结构更坚实。如果在计算机集群中一个节点失灵，不会干扰到其他节点；遇到个别失灵时，任务不会被慢速处理。而且运行时围绕几个节点，这种计算机网络的扩展不会对剩余的计算机联盟有侵入

① 尤尔·伯连纳（Yul Brynner, 1920—1985），出生于俄国的美国演员。主演电影《七侠荡寇志》（The Magnificent Seven）。

性。个别计算机不会受变化的网络布置的影响，也不会受其他计算机进入网络或者离开其联盟的迷惑。

四五年前，在大规模平行的、同时又买得起的高性能计算机升级之前，例如为了生物信息学、金融数学或者天气预报任务的人，需要一个科学计算和数据分析的计算机联盟，但又不是能够支付上百万欧元购买和维护像硅谷的 Graphics、IBM 或者 Gray 等最高等级超级计算机的科研机构，就会选择一个商业集群（Commodity Cluster），购买众多支付得起的个人计算机，在公司内部网中连接成为一个计算机联盟。例如数据分析等计算任务可以分配到任意一台单独的计算机上，彼此平行处理分配到的任务。这种商业集群能够完成既定目标，但是也有限制，像总是保留着拐杖。在科学的大规模平行计算机的效率和维护友好性方面，其构建模式包含了上千台平行工作的计算机，计算机联盟用市场上可买到的包括一两台程序处理器的个人计算机远远不够。

后来情况大大地缓和，每个想要大量计算的人都买得起超级计算机。买得起用于科学计算的处理器才是几年前的事，迄今为止仅仅用作显卡的主要组成部分。在这种图形处理器（Graphical Processing Unit，简称 GPU）中涉及特殊程序处理器，可以大规模执行平行运算，但是更多的它们可能不行。众所周知的操作系统或者办公软件用中央处理器（Central Processing Unit，简称 CPU）就能完成，它可按照顺序完成任务。

"内含双核"是一条宣传用语，您也许可以回忆起它几年前的电视广告。一个 CPU 上有两个核心处理器是快速运行的完美典范，让我们长时间地感到幸福。英特尔公司的四核（Quadcore）——在一台个人电脑上拥有四个核心处理器——在 21 世纪初尚属最豪华级别。但是一台计算机运用 3000 多个图形处理器甚至也能让计算极快。人们不必耗费 112 年等待一种确定的金融数学计算的结果，他的好奇心几天之后就可以得到满足。[7]

类似做法也适用于德国气象台的天气预报。在位于奥芬巴赫的官方气象计算中心经过大约 4.5 小时的计算之后，未来七天的全球气象预报就摆在眼前了。这种强大的平行运算会消耗大量能源，同时，计算机的热量也会上升，它们全负荷地运行如同一台加速的发动机在嘶吼。

回到 2003 年和 2004 年，当时谷歌在发动机罩下一瞥，公布了这个知名搜索引擎的系统核心细节。经过雅虎设计师道格·卡明斯（Doug Cunnings）的着手研究，他识别了两种谷歌用于促进数据量指数级增长的爆炸性技术，由此完成了一项使用不同的关联技术处理庞大数据量的软件工程（大数据平台），名为 Hadoop。[8] 这期间作为一家知名的软件工程促进机构——Apache 软件基金会免费软件许可能够获得这种 Hadoop 分布式文件系统（*Distributed File System*，简称 HDFS)①，如同谷歌文件系统那样服务于一种计算机集群，能够在许多台不同的计算机上存储和再度调阅十亿字节（GB）和兆兆字节（TB）的数据。HDFS 专门为商业上购买得起、物美价廉的个人计算机而开发。不存在对相关存储数据量的限制，游离于硬件物理上最终的存储容量之外。另外，Hadoop 还能组织与关系数据库不同的大量数据。图表拥有的栏目数目可以变化，专业上互相连接的栏目将被分组和共同存储。尽管如此，Hadoop 拥有像关系数据库那样类似的数据模型，随同图表和一致性工作。

面向栏目的数据库与此区别。它们不再逐行掌握同类型数据，而是分栏存储。我们假设，您需要记录一个月跨度的美国预先选销选购市场的所有价格——这大约有 1600 亿个单价[9]——与每种价格制定一道，存储诸如路透社和彭博社等信息服务商的文字和相关联的附加信息。如此，您就可

---

① Hadoop Distributed File System（HDFS）：Apache Hadoop 项目的一个子项目，是一个高度容错的分布式文件系统，设计在低成本硬件上运行。HDFS 提供高吞吐量应用程序数据访问功能，适合带有大型数据集的应用程序。

能迅速地摘录出当月某天的所有价格，这就是意义，您在此之前把所有的数据在唯一的栏目中覆盖，您的请求在所有输入之后，对于确定的日期，只有这个栏目可以看清。比起费力搜寻价格和相关的价值，多行之外的文本要快得多。

一个漂亮地说明用于数据分析的"映射—归纳—算法"功能的案例来自计算机巨头 IBM。[10]罗马帝国进行人口普查时，会把普查那座城市居民人数的任务分派给帝国每座城市的一名官员。返回罗马后，计数者要公布他们单独的统计结果。罗马的人口普查办公室汇集了来自各城市的单一结果，从而获得了帝国所有居民的总数。这样罗马帝国所属城市的居民数目得以"描摹"下来。地图（映射）——分派的这些官员，他们彼此平行地收集他们单一的结果，并在罗马的中心汇集这些单一结论；汇集（归纳）——通过他们组成一个总数，获得问题的答案，帝国总共统治了多少臣民。或者更抽象地说，每个大于 1 的自然数，人们都可以理解为是由多个 1 组成的归纳。我们使用数字 7，它由 1+1+1+1+1+1+1 归纳得出，其总数恰恰为 7。在数值方法中，7 不再比一张示意图（Schmea）更多，一种还原算法也无法更多预期——尽管人内心承载着一种永恒的、内在的对神秘主义的渴望，始终追求着数字更深沉的内容：一周七天、七大世界奇迹、昴星团、七臂烛台、七宗罪。

显然，在这里，人与智能计算机的区别将更久地存在下去。神秘主义、形而上学的意义、精神的力量、理智、感觉、良知和责任是只有人类所特有，是不可能期待计算机也拥有的要素，尽管人们一再尝试，让计算机模仿人类行为。计算机只是在快速、平行完成的任务方面已经超越我们，尤其当它们按照古罗马人那样行动时。倘若有人按顺序把古罗马唯一一名官员派到帝国各座城市，他们虽然能得到同样的人口普查结果，只是不能用相同的速度。古罗马人——他们出人意料地触及了大数据令人激动的部分：数学及其模型以及数据融合的算法，通过形势分析，进行测量与计算。因为罗马"人口普查办公室"认识的东西是算法。如果算法是一个明确的、经过调整的步骤解决任务，那么几乎我们做的一切就是一个算法，自亚历山大港的欧几里得（Euklid von Alexandria）以来就是如此。

"Dixit Algorismi"，算法如是说。[11]

数字魔术师的艺术

倘若一个数学家想表现不友好，他可以强调，在海量数据存储的数据库章节中仅仅涉及数据沉没。当他把他那部分贡献给大数据时，他要明确与此保持距离。他看到他的任务在于，能够借助算法分析那些沉没的数据，从而确保替未来做出知情的决定。对于像公安局这类国家机构，此项决定可能意味着，如果算法"表示"怀疑，那么就要引入调查程序对付嫌疑犯。

一个股票交易商在股价上涨之前，决定购买一种确定的生物技术股票，因为算法可从历史的股票价格走势中重构私密的信息，并向他保证：这一只股票价格将会上涨。数学家的任务是，开发算法，把数据分析转变成一种前瞻性的行动机器，而不是只在统计上利用数据，展示充当管理信息系统的彩色图表的评估结果，他们应当帮助用户做出更好的决定。不，还要牵扯到更多：人类的决定现在自然应当由一台机器做出。智能机器应该接受人的行为。大数据真正的目标是自动化，从原始数据中自动地萃取信息与知识，推导信息的产出——推理（*Inferenz*）。那些隐蔽地包含在现有数据量中的信息和知识，人类第一眼无法识别，而且涉及更多的内容：智能机器的自治（*die Autonomie intelligenter Maschinen*）。因为一台机器首先一次性确定，什么是基于一种可靠的、统计上有说服力的数据形式的优化决定，不仅小步迈向这种含有相应调整决定的自动执行和监控，而且不会产生预期的影响。

在确定的任务中对人类具有压倒性优势的智能机器已经存在很久，且运行可靠，在技术发展的历史上为我们所熟知。在 20 世纪就有几波人工智能的浪潮。1997 年，IBM 公司的深蓝（Deep Blue）超级计算机下出了天才般的几招，在只下出九步的最短棋局中成功地把国际象棋特级大师加里·卡斯帕罗夫将死。曾经在 2000 年战胜过加里·卡斯帕罗夫的俄罗斯国际象棋特级大师克拉姆尼克，也没有好到哪里去，2006 年 11 月 23 日，在与德国国际象棋计算机深弗里茨（Deep Fritz）的较量中，后者以 4∶2 赢得了比赛。

国际象棋只是一个拥有 64 个方格的棋盘和 32 枚棋子的有限问题。其计算能力能够极快地覆盖上千次的棋局，模拟未来上百万步的棋，今天在国际象棋方面计算机可能战无不胜。西洋双陆棋的构成难度更大，它不同于国际象棋，是一种含有偶然成分的游戏，因为在玩西洋双陆棋时要掷骰子。尽管复杂性提高，杰拉尔德·特索罗（Tesauro）发明的电子西洋双陆棋棋手在与人类的对战中也未曾尝过败绩。那些计算机通过简单的计算就可更快获得结论：所有地方，都是人类经验受到挑战和终将发生变革的场所。机器现在对我们拥有绝对的优势。

在大数据时代，巨大的数据量是让机器长出双腿的动力，借用的意义非凡。然而首先表示尊敬：其他领域的科学家，尤其是物理学家和统计学家，要像数学家那样为数据分析和数据融合做出贡献，没有感觉受到歧视，我们从现在开始利用数据科学家（*Data Scientist*），科学的程序员这个概念。作为定量分析家（*Quantitative Analyst*，简称 *Quant*），这类数据科学家运用数值方法工作，在金融领域早已众所周知。然而数据融合的工具和方法仍然相同，完全不受限于在何种领域应用。在工具箱中可以找到局部的差分公式、贝氏统计、随机漫步、蒙特卡洛方法（统计模拟法）或者马尔可夫决策过程（*Markov Decision Process*），所有的方法都是数学的分支领域。

在美国，人们这段时间认识到，一种不断增长的知识缺口已经开启，具有深度分析专业知识（*deep analytical know how*）的人才的缺口迅速扩大，尤其是统计和机器学习方面的专家。机器学习，这展示了人工智能的局部领域，像优化那样指的是相同的东西。美国企业利用欧洲的懒惰，吸引了大量专业人员，并延揽欧洲大数据创业企业前往硅谷。按照麦肯锡全球研究所的报告，到 2018 年，对这些专业人员的需求仅美国就占了40％～50％。[12]

而在德国，美国在线销售巨头亚马逊就曾在市场上招聘机器学习方面的专家。2013 年 12 月，美国的 Facebook 公司宣布组建人工智能团队。[13]仅仅几天之后，谷歌公司就公布并购了美国机器人公司波士顿动力（Boston Dynamics），该公司是战争机器人的供货商，向五角大楼供货的最明显的人工智能的形式。[14]这些的确让人感到忧虑。熟悉尖端技术的人都能够识别这种战略：通过更多的知识实现市场的增益，表面上是更好地利用互联网使用者的个人数据，以期与他们共同实现营业额和盈利的显著增长。此外，对谷歌的行为会使大家追问：未来的战争对手是否将不再打着国家的旗号，而是以诸如有限责任公司之名吗？他们是否将不再认得地理的界线，因为他们不是传统意义上的主权国家实体，而是全球性的"超级国家"吗？毕竟，按照使用人数来说，我们现在总是说"Facebook"已经是第三大国家了。

"技术是一件商品，你不必制造它，你可以购买它。"十年前在美国任何一家软件企业几乎可以听到这样的话。此类描述聚焦在我们自新千年伊始就观察到的要点上：一波欧洲从全球假定的廉价之地，例如印度、俄罗斯或者某些东欧国家外包技术的浪潮。技术是大宗商品，美国经理让我们相信，可以放弃自己的开发，购买更好的。而且欧洲人也相信了这点，尤其是德国国家级的机构。如美国军工制造商诺斯洛普·格鲁门公司（Northrop Grumann）制造的飞行中侦察无人机"欧洲鹰"，不久前被视为联邦国防军技术上的面子工程。在 2013 年春季这个项目刚启动时，军队就按照侏儒怪的原则嘲笑道："今天我梦想，明天我购买，后天我赢得战争。"[15]

可能存在若干不错的理由不进行无人机的采购，但是策略上中断这类规模的项目意味着一个国家的技术悲剧，它让德国退步。不值一提的是联邦国防军必须借重的侦察系统，暂时不会被一种现代化系统所取代。原本最好是自己开发而非购买。随着首次建立 EADS①，欧洲唯一一次成功地组建了一家技术集团，起码还可以用其"空中客车"与美国的波音公司一较高下。

俄罗斯和中国在这些方面的表现就要聪明得多。2007 年，中国开发了自己的计算机操作系统麒麟 OS，首先用于政府计算机，还有人人网，"中国的 Facebook"。早在 21 世纪头十年我们还在思考，如何非理性和非

---

① EADS，欧洲宇航防务集团（European Aeronautic Defense and Space Company）的简称，也被译为"欧洲航空防务及航天公司"，是欧洲的大型航空航天工业公司，是一个由法宇航、德国 Dornier 和 DASA、西班牙 CASA 组成的联合体。至 2004 年，EADS 雇员超过 11 万人，分布在世界的 70 个地方。EADS 公司是继波音公司之后世界上第二大航空航天公司，也是欧洲排名仅次于 BAE 系统公司的武器制造商，主要从事军民用飞机、导弹、航天火箭和相关系统的开发。

经济地仿造一款像微软公司的"Windows"那样成熟的计算机操作系统。如今在西方毫无阻拦的监控时代，人们可能会摇摇头，并且推测：中国始终感觉被美国暗中侦察。现代计算机时代的核心再开发因此也可以变成深思熟虑的预防措施。欧洲应该做得更好，例如在搜索引擎和计算机操作系统等核心技术的开发上应该有类似的作为。相对于美国，眼下欧洲的技术如此落后，基本无法超越美国。或许人们还可以思考，越过技术再开发，立刻进入未来的版本。若干非洲国家已经演示过了，在不存在计算机联网的有线网络基础设施的地方，他们直截了当地进入了使用无线技术的阶段。

随着购买国外技术和自行开发能力转移到更廉价的生产地，短短的几年内也会让德国自然科学家的威望逐渐消失。早在20世纪90年代有人就已看出，一个贬值（Devaluation）的时代开始了，"贬值"与压价相关，这是作为来自门槛国家更低廉的报价合乎逻辑的结果。今天，德国企业经过十五年的外包之后，走上了这条相同的小道，为数据融合寻找尽可能廉价的劳动力，与此同时，数据科学家常常被安排给错误的工作。德国企业不熟悉这些人才，或者说，他们在这里的工作安排完全有别于美国公司，压根儿没有能辨别他们的需求。不少的德国数据科学家失业或者抱怨没有尊严的编程工作，无法表达他们的理性之美。如果德国企业相信，成功的数据分析已经得到满足，当有人把他们托付给实习生或者即将毕业的大学生，他们起码在这一点上必须说：您迷路了。优秀的数据科学家在21世纪第二个十年较为成熟的行业环境里也很少能找到。只有少数几个年轻的高校毕业生能与一个有经验的数据科学家匹敌。因为数据融合是与科学相同的艺术，一个数据科学家如同一瓶上好的威士忌，储存越久，酒质越好。当一个有经验的数据科学家仰望他的数据星空时，他能够观察到各处的闪亮。就算没有更多的数值，他也可以立刻感觉到哪些数据互相影响，人们可以对这些状态做出一种认知盈利的描述。在不同工业领域的职业经验对于数据科学家和其委托人具有同样不可估量的优势，因为只有数据科学家具备来自工业、科学或者企业管理方面的操作性知识，才可得出最佳的分析结果。他全部的职业重心是那个他的模型可以汲取的源泉，而且他将从数据流中赢得新认知，从而实现一种有意义的数据融合。

　　一种额外情况会导致这样的假设：数据融合是一种容易标准化的过程，是对标准算法不断增长的可支配性的分析，一种完全值得期待的全球知识的民主化的影响，并且尝试去引导非自然科学家的复杂的过程。但是数据分析和人工智能借助在金融领域不起作用的拖曳与拖放软件（Drag-and-Drop）。在那里，人们愿意在广泛的基础上使用进行行情预测的神经网络，低估了其复杂性，然后简单说明如下："神经网络不管用。"如果数据科学家对此没有明确的设想，对他的原始数据期待哪些答案，哪些技术产生最佳的影响，毫无疑问，这些技术辅助手段是完全无效的。只有方法和算法允诺他最优化的结果，他才会挑选和阐明它们，但是我们首先还要搞清楚一个中心概念：算法到底是什么？

不过是一种算法

　　实用主义者会相当简单地说：算法只是一种计算方法。当我们读小学做加减法、开平方时，就掌握了计算方法。因此计算方法让人明确，它与数学及其公式、变量和公理密不可分。近几代小学生获得了经验，计算不仅可用大脑，如果使用计算器，还可以自动计算。由此出发迈向个人计算机利用的一步不再遥远，大家在这点上并无异议，并且一致认为：算法就是一种计算机程序，或者说一种由处理器执行的、明确界定的计算步骤的顺序。因此我们可以保持原样——尽管这个概念背后还隐藏了更多的东西，因为每种计算方法其实都是基于一种数学假设，一种抽象的描述或者理论，不只是一再全新地体现一种计算途径的重复正确的结果。

那些想象出计算方法的数学家，长期被贬低为"算法学家"。当一个理论数学家在形式上证明无解的数学定理或者为推导新原理而绞尽脑汁时，可能会指着一个同事说"那人是算法学家"，这无异于一句骂人的粗话——就像说这人是研究数学中低级（niedere）艺术的人。如今情况发生了变化，正是算法学家，让理论数学成为"失业的"（brotlose）艺术，因为 20 世纪初伟大的数学成就已经完成。两种类型的数学家的区别在于行为方式，他们如何接近一个问题。假如您在一个坐标系中画一条抛物线，给两种类型的人布置习题，寻找抛物线的最小值，也就是极值；在抛物线的最小值上，抛物线既不上升，也没有下降，这个极值的上升也就是零。理论数学家解这个问题，首先是通过为抛物线找到函数方程，然后形成其导数，找出其极值，计算抛物线的斜率。[16]算法学家更强有力地解决同一个习题，尝试以务实的方法得出同样的结果，也就是近似（approximieren）。他会在这条抛物线旁画出许多条切线，尽量长久地来回试验，直到切线不再呈现或者几乎没有斜率。他也许会对此表示满意。具有说服力的是，理论家或许会轻蔑地说，这是建筑的马虎。重要的不是美，算法学家反诘道，它必须发挥作用。

计算方法，即计算机程序，以最短的步骤得出结论是最美的。在 1964—1965 年间一个俄罗斯裔的美国物理学家雷·索罗莫洛夫（Ray Solomonoff）和俄罗斯数学家安德里·柯尔莫哥洛夫（Andrei Kolmogorow）都取得了一项发现，当他们为计算寻找方法时，往往需要用最少的步骤得出结论。他们的发现作为算法复杂性理论或者最小描述长度（Minimum Description Length，简称 MDL）被载入史册。他们可以编写计算机程序，该程序又可再度编写一种最短程序长度的计算机程序，解决一定的问题。这听起来是冒险，而且实际上也只有几个算法学家践行了来源于俄罗斯数学家的认识。但是假如有人使用了一种程序，该程序可以产生其他计算机程序，这些程序又可以解决众多的问题，就是美好的。而且从此出发，距离在大数据中发挥重要作用的人工智能已不再遥远。

如果那样分析数据，让一种判定推荐或者直接的机器行为指令在形式分析的基础上在用户处实施，一台机器就需要昂贵的技术基础，为分析、数据融合和决策机制执行自身的计算核心（Berechnungskern）。在许多领域，例如在对冲基金行业及其交易所，在军事领域或者搜索引擎提供商谷歌那里，计算核心是得到最佳保护的运营机密。人们为什么要竭力为计算核心保密，这里以谷歌为例做出最佳说明。假如一种产品与服务在搜索查询的第一批结果中没有出现，可能会对供应商造成经济上的不利后果。谷歌对其搜索算法，即包括许多变量的排名运算算法法则严格保密，因为如果他人认识到如何可以详细得出搜索结果的黑名单，便可以打开操纵与对策的方便大门。[17] 因此了解一种计算核心方案的人，知道机器怎样运行，就可以智胜它。这点在金融服务领域也为人熟知，该领域像谷歌一样承担着类似的严格保密任务。谁熟悉一种交易算法如何工作，要么能够对其进行重构，要么能够对其实施删除，例如其可以借助非法的高频交易的提前交易（Front Running），即总是比交易算法快一步。各种情况下，一种计算核心就是金子——这指向钱，非常多的钱，以及价值。在参与竞争的经济环境中，一种计算核心因此赶不上持续的后续发展，谷歌就是这种情况，其搜索算法自 1998 年第一次实施起，一再得到修正。[18] 人们一定知道，数据融合不是随同机器执行的一劳永逸的过程。世界变化迅速，数据量与数据内容呈指数级增长。基础设施也不断发展完善，导致一种变化，引起现有的所有数据量的统计特性发生改变，造成非平稳过程（Nichtstationalität）的现象。不仅人，而且机器都要能对付现实的动力。当它们是适应性的

（adaptive）时，才能如此。它们自己也必须经受持续的适应与改进，以期跟上其动态环境的步伐。人们可以通过两条途径实现这种适应能力：要么数据科学家一再重新让一个数据融合的模型变量与自身变化的环境相适应，要么机器自身能够学习，知道何时和怎样接受其参数。在本章这里再次让人联想起，大数据之中到底涉及哪些内容：人工智能。学习的机器是优化者，而且它们属于包含许多不同方法与表达方式的人工智能的宇宙。

适时地执行数据分析，正如在德国企业初步得到的尝试，仅仅是逐点的，在科学上很少能够持久。信息学专业的大学生在一家全球化经济企业实习时要分析销售产品的数据，为了做出 2014 年 9 月营业额的预测，还考虑了 2013 年、2012 年、2011 年三年的 9 月份的历史营业额，这更不合情理，因为这些数据有可能是从今天不再买得到的商品得出的。就像您必须做出明天的天气预报，不会去查询一年前的天气如何，而是从今天的天气推断到明天，再到后天天气。您自然明白这点，您也可能会认为这将冤枉工业。其实类似的失礼常常出现，运用高度可疑的分析结果，因此提出问题：大数据如何具有可靠性，一台类似的机器，其直接的操作手册怎样才正确或者有意义——尤其是涉及比纯粹销售数字更多的内容时。人自己将成为计算、预测和监控的对象吗？比我们更确切地搞错，世界不断增长的量化与测量意味着还要一无是处吗？

模型是有局限性的

在一种数据融合算法提供期待的质量结果与准确度之前，尚有一段漫漫长路，而且结果开始很少会符合预期。因此不能认为一种计算方法实际上导致错误的计算机结果；尽管具体查明，分析结果基本能避免用户对数据融合的期望。或者分析结果，特别作为预测考虑时，并没有与现实近似地取得一致。泰迪·肯尼迪是美国一个知名的参议员，在乘坐飞机取登机牌时曾经五次受阻，因为他出现在一份美国国家安全局的名单上。[19] 常识告诉我们可能哪些地方出错了。美国国家安全局的确比我们所有的人都知道得更多，也许他们对肯尼迪只是做了错误的分类。

让我们再次返回天气预报的例子。为了预测，您可能会这样做，拿起中世纪晚期提出的百年历法：天气每隔七年重复。在 2014 年 10 月 18 日，您认为这是一个能与 2007 年相比的年份，根据那年秋天做相应的预测。虽然您可获得一种预测结果，如果准确推断，您无疑是幸运的。但幸运并非始终垂青您，而且这天的天气可能与预期截然不同。偏差的原因在于您为预测而挑选的系统，其预测与现实存在较大的偏差。您要理解如何预测天气，通过采用 2014 年到 2007 年之间的变化影响，从而确立一种与百年历法的关系。一个数据科学家采取的行动非常相似。但是随着当今的数据量分析，一个数据科学家踏入了陌生的疆土。只是他最近才看见要面对非结构数据的洪流，数据形成一种高度复杂的现实，他的第一个问题应该是这样：我想从这种数据分析预见哪些认知？哪些内容我需要更好地理解？他因此描述了一个问题，他想运用一台尚不存在的机器解答，除非描述的问题已一次性得到了解决。因此数据科学家的第一个困难是找到一种合适的系统，也就是开发一个模型——一种由变量和公式组成的系统——它踏上了获取更多知识与认知的道路，通过命名事实特征，描写其交互影响，彼此连接一切。挑战不仅在于发现哪些变量，在交互影响的游戏中彼此结合，得以实现这种认知获取。预期的认知自身再次成为一种变量——因为人们先验地对此什么都不知道，不然也不想对此继续学习——一种无法观察的变量，一种隐藏的变量（latent Variable）。因此一个模型由可观察变量组成，由于无法直接观察隐藏的变量，我们对此并不想知道太多。对，我们现在已经在一块厚木板上钻孔；一个例子让考虑内容清晰：您想知道一只确定的股票价值如何。股价（*Aktienpreis*）只能继续帮助您一点：它肯定不符合股票价值（*Aktienwert*），因为有价证券可能被高估或者低估。您能够观察股价，然而观察不到股值：它是一个隐藏的变量，不能直接识别。但是作为概念存在，可从各种不同的观察中推导：何种价格可以实施股票交易，市场表现出多大的需求或者这种题材股显示了哪些波动性。

能够熟悉，并且接近实际地描述一个模型的变量，这样的奢华很少会提供给研究者。在认知获得之前，常常面临精神的贫困和对模型变量内在构造的无知。有数据科学家认为一种变量的重要性是通往更多认知的途径，但并没有直接了解变量在个别情况下如何表现，他会把它作为偶然变量（*Zufallvariable*）考虑。之后他虽然没有描述变量的内在动能，因为他知之不多，但是起码给出了它的值阈。假设一个变量描述一个正六面体，那么其值阈就位于 1 和 6 之间，1、3、4 像 2、5、6 那样以相同的概率出现。出现相同的频率意味着均匀分布（*Gleichverteilung*）。您一定想克制打哈欠吗？一切都正好让您感觉极其抽象与理论化，但是均匀分布的假设可能是一个错误，它让您陷入财政的崩溃之中，您掷骰子赌钱，用的骰子是您对手准备的。

类似的危险是正态分布（*Normalverteilung*）。不同于均匀分布，所有的结果都以同样大的概率出现，正态分布的事件围绕一个聚点累积。这个聚点所处的位置，是一个合法的问题。那么有人假设一只股票的价格，他将在明天"用某种方式"公布一个今天的价格。您图解式地设想两种分布方式：您掷骰子结果的均匀分布，摆在一个坐标系中，除了一条水平线，什么都没有得出——笔直，具体，良好——，自身没有任何信息。因为对于所有六个数字来说完全一样。1、2、3、4、5、6，出现的概率始终为六分之一。假如结果比极值区域内左右相距甚远的聚点更频繁地出现在一个聚点周围时，曲线将是另外的情形。明天像平时那样没有特别事件发生的概率也许远远大于中乐透彩票头奖的概率。如果您不玩彩票，明天成为亿万富翁的概率，几乎等于零。因为正态分布事件对称地分布在一个聚点周围，就像教堂挂钟的剪影那样涂抹在坐标系上，有人面对正态分布马上想到"钟形曲线"。当您面对这点时将再次感到眼皮沉重：正态分布拥有的世界，正如我们对它的认识，从 2008 年 9 月起的经济上可以看到深渊。正态分布不是我们技术进步和善的证人，它是一个诱惑人的积极同谋。也许不是每个数据科学家，但却是银行、工业和国家领域的门外汉，此人打着手势，说："灾难事件在一百个例子中只出现一次，九十九次都是好的。偶然一次算不了什么。"

数据科学家会对这种草率不解地摇摇头。我们假设，一架飞机坠落在新柏林机场的万湖航线不远的核反应堆上，发生概率为 0.0001%。[20]充当同意修建机场说客的人会满怀信心地通报："风险极小，完全可以忽略。只有百万架飞机中的一架会在核反应堆上坠毁。"那种灾难何时准确发生我们不知道。也许是明年，也许是后年。而且由此确定：即使剩余的风险极其微小，也还是会百分之百准确无误地出现——可能在任何时候。

通常，一种标准范围以我们对风险的假设为基础，其中系统是可靠的。然而最频繁的情况也许是什么都不会发生，只要德国首都机场投入运营，您就有可能不会遇到任何事故而享受航空旅行。然而事实是：我们常常不知道，风险到底有多高。也许只有 0.0001%。没关系，赞同机场修建的说客自鸣得意，这总归微不足道。数据科学家的看法更具批判力：风险比预测的要高四倍。在他的语言里把这种现象视为厚尾（*Heavy Tail*），这种"厚尾现象"，在正态分布情况下出现在钟形曲线外的附近，当曲线从那儿往上拐弯时，因为极端的结果比假设更频繁地出现，然后通常不再符合一条对称的钟形，而是向左或向右倾斜的。正态分布显然低估了这种风险，随之就可能会发生灾难性事件。[21]有人希望不多，但是最后获得比他喜爱的要多。而且当那种特别罕见的不幸事故出现时，其成本甚为巨大，乃至几乎无法用数字估量。正如倘若福岛核电站四台反应堆大概有三台同时出现核泄漏呢？如今这个风险已经显示，成本极其巨大。不单是经济成本极其昂贵，这几乎是数字上难以估量的代价，要由过去的福岛居民支付——他们不得不离开家乡，再也无法返回故里。

但是为什么正态分布尽管有其内部潜伏的危险，却仍旧让人喜爱并频繁使用呢？在建模时，数据科学家常常潜入统计任务的深处，利用历史数据，从以往的现象积累中得出未来的出现概率。因此经典的、最频繁的原理可以在统计中实验性地计算频繁程度。您扔出一枚硬币，常常会出现头像面或者数字面。您用一枚做记号的硬币，数字在上面有 60% 的概率出现。因此您赌数字赢。你十次扔出硬币，但是瞧：十次是头像面朝上。您哪里做错了吗？也许您没有马上意识到问题在哪儿：投得不够多。您做记号的硬币的统计结果——60：40——可能在一万次投掷中能可靠地显示，然而在十次投掷中却不是这样；如果是这样，那么您就可以说是幸运的。显然，大量的数据——大数据在大数据量的使用意义上——提供更多的、因此也是更可靠的计算结果，统计学家称之为大数定律，谈论的是数据统计的重要意义。十次投掷统计上不重要，但一万次投掷却是如此。如果存在足够大的数据量可以计数，人们只能对现象做出可接受的陈述。古典的统计学家在他迈出意味深长的一步估计之前，也会从一定量的数据中得出结果：数出的结果如何分布呢？他很少能非常确定。也许他可以识别一个聚点，假设聚点周围是这种对称的钟形曲线的正态分布，因为他知道其形状在中长期还会非常频繁地出现。此刻大数据科学家美化他的模型，从现在开始，它可以相当多地避开实际——带着这个著名的问题，对风险的出现特别低估。然而美化是舒适的，因为正态分布的形状符合解析公式，它据此可以得到计算；它在数据科学家的模型中表现不错，因为它能够轻易地嵌入他们公式体系中的所有公式之中。

模型，统计——一直到人工智能，不总是还有下一步吗？统计是某种东西，它收集、计算和展示结果，从人口普查直到经济。

有别于我们一再期待的，世界它如何围绕我们，不是决定论的或者离散的，而是高度复杂的，一种经典统计学不再能把握的特性。但是另一个统计学的分支领域可以为我们的生活复杂性建构技术的上层建筑。它是统计学，但是又与之有矛盾：一个得到广泛讨论的特殊学科和人工智能最重要的从属学科，由于其极为昂贵和复杂的计算被视为更为困难的学科。尊敬的托马斯·贝叶斯（Thomas Bayes，1701—1761）是长老会的长老，人们把概率论的基本成就记入了他的名下。[22] 贝氏统计学，为了简短，只采用他的名字。尽管关于这位令人尊敬者在哪里习得了数学知识我们知道的并不多，但信件给出了答案：1720 年，他在爱丁堡大学学习数学专业，作为不熟悉专业的大学生——他被视为当时最有天分的希腊语学生，特别需要对此进修。[23] 我们对他的传记知之甚少，所以不能宣称数学是他的爱好。有别于传统的统计学，贝氏统计学没有致力于计数试验，而是提出假说，如同可以信赖的——"有说服力的"——一个事件。为此，这种假说考虑了主观的假设，先验知识和经验，然而又并不排除古典统计学的计数，这意味着这种方法允许与古典统计学的结合。

古典统计学家对此很是厌恶。他轻蔑地思考，一个贝氏统计学家应该掌握哪些"先验知识"？这些"先验知识"从哪里来？为何贝氏科学家最初对其变量的分布不感兴趣？简直是欺骗，这个频率论者这样认为，为何贝氏科学家只得出荒谬的观点，依据"其生活经验"，顺手简单地确定其变量的密度函数，就像他刚刚认为函数是可信的？

这个数学家——他好像要成为魔术师和可疑的炼金术士时，认真地怀疑过。您知道小帽子游戏吗？不是这个您肯定会受到欺骗的游戏，而是统计学家的严肃游戏。对于这个简单游戏，主要涉及信息的利用——您回忆一下，在做决定之前，数据融合或者进入位置分析的信息。

一个公正的游戏大师会请求您从 A、B、C 三顶帽子中选一个，您认为哪顶帽子下面藏着一只小金属球。您选择了 C。这位大师将从剩下的两个帽子中揭开一个，比如说 B，打开后发现下面并没有金属球，然后他会问您是否确定自己的选择。恰恰在这点上贝氏统计学家会坚决地向您提出下面的建议："您现在无论如何要选择帽子 A！球位于帽子 A 下面的概率是 C 的两倍之高——三分之二。"

"不可能！"您现在大声喊，因为您直觉上根本不这样认为。但事实是，当您应用以下贝氏公式时：

$$P\,(A\mid B) = \frac{P\,(B\mid A)\,P\,(A)}{P\,(B)}$$

有人会谨慎地宣布，这种游戏可有许多解，分别按照您选择的统计方法。

最初金属球位于小帽子 A、B、C 下的概率各为三分之一。如果您选择了 C，大师揭开小帽子 B，那么游戏中还剩下两顶小帽子，A 和 C，获胜的概率按 50/50 的变化——当您没有像古典统计学考虑额外的信息时，起码还是直观的。但是在游戏中能够获得更多。因为大师揭开小帽子 B 的决定，对您来说是一次手指的指示：大师只能揭开一顶帽子，他由此知道，金属球并没有在下面。这正好是您的先验知识：大师知道，金属球在哪里。他知道，马上传达给您：球不在帽子 B 下面。

"我们假设一下。"贝氏"咒语"——公式的第一行如是说。我们假设一下，金属球在 A 下面。

"在此条件下"，接着是"咒语"的第二行，在此条件下，假如金属球位于 A 之下，那么大师掀开 B 的概率也许是 100%：$P\,(大师\,B\mid A) = 1$。

因为藏有金属球的小帽子 A 他也许不会打开，不然游戏便提早结束了。

在此条件下，假如金属球位于您的小帽子 C 下面，那么大师掀开小帽子 B 的概率，在 50/50 的前提下较少，因为也许可以在 A 或者 B：P（大师 B｜C）＝1/2 之间任意选择。把您与数字相关的理解代入贝氏公式，这会导致意想不到的结果，小帽子 A 拥有 2/3 获胜的概率：

$$P（A｜B）=\frac{P（B｜A）P（A）}{P（B）}=\frac{1\cdot\frac{1}{3}}{\frac{1}{2}}=\frac{2}{3}$$

而 C 也许是空签，因此您应当改变决定。没有保证，但起码有较高的获胜概率。

什么东西引起了您的注意？这里用了大量篇幅解释，而数学的描述语言用了不到一行就可以总结。

运用推导信息，那种"先验知识"可以做出更好的决定。这是我们从小帽子游戏中应该汲取的教训——此外也可以从我们在第一章就遇到的沙漠侏儒的故事中汲取。在大数据中包含了大量的推导可能。

宗教哲学家理查德·斯文伯恩（Richard Swinburne，1934— ）运用贝氏统计法，计算上帝存在有多大的概率。同样的思考，物理学家史蒂芬·昂温（Stephen Unwin，1956— ）也提出过，[24] 也使用了贝氏统计法。他的思考从假说开始，上帝是否存在的起始概率为 50/50——在贝氏统计法中也叫"先验概率"。如果此概率 50/50 均匀地分布，那么伴随着这种对称具有最大的熵，它一点也不包含信息。就是在这儿，他相信的度上，史蒂芬·昂温让他的主观方面发生了作用。一个经过证明的无神论者有可能从另外一个起始概率出发。

理查德·斯文伯恩为了论证上帝存在概率，在其贝氏模型考虑的推定论据是"复杂的物理宇宙的存在"，宇宙中可识别的秩序，具有意识天赋的物质存在，一方面是人与动物需求之间的协调，另一方面是环境事实，这种可能奇迹的存在和基本的自然常数的精确调整。[25] 另外，个人宗教经验如同祈祷请求或者天意所为可能变成模型的变量。那么大数据科学家给他的模型逐渐配备了不同尺寸，利用了理论思考的先验知识、数据和经验，来确定它们的先验概率，计算其模型的其他变量。因为与传统的统计模型相反，在贝氏模型中，每个变量都配有一个所谓的"密度函数"。这种概率密度函数（*Probability Density Function*）描述了基本假设和这种变量的先验知识。变量的计算，大数据科学家获得认识时对此感兴趣，但是不再像古典原理那样通过计数和分布假设，而是通过其密度函数的计算。在贝氏模型中根本不会得出理想化的假设。放弃对先验知识的编码，每个条件或者"事实"，允许朝每个方向推论。在这个条件下，治愈奇迹出现了，上帝存在的概率上升了很多。史蒂芬·昂温此外还计算了一个67％的"赞同上帝（pro Gott）"的值。[26] 上帝存在的概率为三分之二——这可比您现在想到的要高许多。当您带着这种盈利概率的交易算法走向股市时，就会把它与资本投资战略相融合。你会前途无量，财运亨通。

尽管在贝氏模型中有许多主观假设——起码要敏感地对先验概率做出反映；10/90 或者 75/25 改变上帝是否存在的结果，达到概率为 18％ 或者 86％[27]——这种方法在数学上非常令人信服。还有的事实是，北约国家在他们的关于类似军事装备（STANAGs）的标准化协议（*Standardization Agreements*）中明确要求用贝氏原理实施位置分析，可以推断这种原理极为有效。假如您任何时候都能提交一份北约军事位置的分析报价，那么就不愿考虑建议某些与贝氏原理不同的内容。运用古典统计法您也许会未达到军方的要求。但是保持公平意味着承认贝氏统计法不是每种情况都是数据分析的首选。人们对变量的先验概率知之甚少的地方，就不会喜欢它。那么古典统计法的手段和测试方法的运用是更好的，经过检验，数据是否正态分布，这种测试最终都无法描述真正的数据分布。在任何情况下适合于：每种模型，类似于哪些方法，像数据科学家自己开发才是好的。

模型结束之处，算法开始之时

不知何时数据科学家实现了第一个目标，而且描述了一个模型，不再愿意更长久地对他最急迫的提问相应地反驳。但是若干障碍必须跨过：粉笔写满公式的黑板如何成为一个计算机程序呢？而且这类程序是那么智能化，能够预见未来，为了比我们人类做出更好的决定吗？"用昨日的答案解决不了明日的问题。"阿尔伯特·爱因斯坦曾经说过。[28]事实并非如此——爱因斯坦说过这句话和此话有无在内容上涉及都不真实。因此对大数据来说牵涉到的，正是从众多过去的数据推断未来，对未来如何发展，尽可能施加影响。显然，这里控制、操纵、监控的思想已浮出水面。在若干案例中，这种意图停留在社会利益中：如果气候模型揭示，一定的人类行为对下世纪的气候变化造成不利影响，社会团体就可以在政治上有所作为，每个个人也可以直接为此工作，强力地阻止损害气候的行为。在注视私营企业利用大数据时将极少具有理想色彩：非常清楚，这里的前提在于把透明的消费者变成受操控的购买者，为了赐福经济，为了营业额、盈利和企业价值的提升，购买者应该更多地消费。因为不同于气候研究者及其模型，使用例如火山爆发、太阳辐射或者二氧化碳排放等记录的通用数据，许多商业企业优选提取我们的个人数据，利用他们的监控尝试直接插手我们的自主，在大多数和最没有危险的案例中"仅仅"插手我们的消费自主，但是没有人会持续抵抗这种诱惑；最终，机会造成了盗窃，谁能行，谁就将控制我们的消费行为之外更多的东西。

我们首先不回答计算机程序或者计算方法的问题。如果大数据科学家定义其模型的变量，那么下一步就将决定如何计算变量——借此画一个圆，我们可以再次返回算法。第一步：开发一个变量组成的模型，该模型可以解决一定的问题。第二步：考虑行为指令——算法，应该如何计算该模型的变量。

您也许认为这是一种儿童游戏，一切只是实践的转换问题，因为借助该模型，认知树已经被发现。完全错了，因为不仅是大数据科学家可以咬唯一的苹果，为了离开他迄今还在进行哲学思考的天堂。他一定要做出决定，在哪条路上，他启程前往现实，他的模型借助这条路计算当代与未来。在这条路上，他自己发生突变，数学家在此由艺术家变成算法学家，那种数学家类型、那种文艺欣赏者的少数类型，因为更确切地说暴力是个性特征。而且这件事遇到的困难是：模型与算法可以融合，边界常常处于流动中。在证券交易算法的美国式表述中，这种融合漂亮地得到表述：在德语区就是"Algo"（算法），在美国叫作"The Mode"（模型）。显而易见，模型的个别变量配备了一种计算方法，尤其当人们为一个公式体系寻找一个完美、通用的解时。然后对此问题尽可能长时间地转述，运用推导原则，直到所有的变量得出有关它们结构关系的陈述，并且这种潜在变量、认知或者假设的问题直接作为解出现。您回忆一下，也许就是理论数学家的行为：构成导数和找到理论上普遍适用的解。当数据科学家更严格地接受自律，保留在最初假设内部时，解才发挥作用。虽然这有可能，并导致一个漂亮的解，然而这类解常常缺乏现实的联系或者实践的重要性。

对于这点，让我们再次短时返回正态分布：对称的正态分布通常以一个模型的众多数量为基础，导致的结果是，假如正态分布实际上真正地符合变量，那么一个模型只是直接地复述真实情况。更戏剧化的表述为：如果不是这种情况，有人可能高兴地利用所有能想到的测试方法和算法核算——这些结果实际上一点也不具有说服力，与事实没有任何关系。

无法直接复述现实模型的例子比比皆是；其中各种由现代的投资组合理论得出的案例就是失灵的，尽管人们几乎不愿相信这些理论被授予了诺贝尔经济学奖。设计了解释商品货物过渡时价格形成的模型之人，起码应该能够用他的模型完整地说明历史的价格。如果模型和历史真实之间的差异出现，那么就是轻率地宣布这种差异不存在，一切不符合模型的东西不是经济的交易，而是纯粹的投机。值得思考的还有这种情况，模型无法全面或者正确解释价格形成。相信这种模型，可能会导致错误评估真实的经济状况，对经济产生灾难性的后果。因此纽约大学库兰特研究所副教授纳西姆·塔勒布（Nassim Taleb，1960— ）2007 年就曾经敦促未来不应该把诺贝尔奖授予经济学。[29,30] 从 2008 年银行业的地震看来，他的意见是正确的。即使研究人员例如罗伯特·莫顿（Robert Merton，1944— ）与迈伦·斯科尔斯（Myron Scholes，1941— ）、费舍尔·布莱克（Fischer Black，1938—1995）因为期权定价理论共同获得了 1997 年度的诺贝尔经济学奖桂冠，如今面对他们当时的观点也令人沉思。可惜他们的思考未被听见，尤其在数学的门外汉之中。一种模型获得诺贝尔奖，该理论在成百上千所经济类学校和大学传授，今天在无数的金融企业投入实践应用，作为致命的论据发挥着作用，人们对此只能沉默。这些结果本来应该在一百万年里才出现一次。显然，经常过度的出现并没有让这些拥有数学判断力的人觉得奇怪。事实上，它们出现的概率被强烈地低估了。

再次返回一个模型中的导数。模型中的问题再描述常常不起作用，因为事实上对变量系统的结构的关系所知甚少；或者那种关系如此复杂，一个形式导数也帮助不了我们。当一个方程组因此开放，可能有很多解时，接近过程道路的结果和近似于解的算法学家会再次受到追问：如果这是模型和算法之间额定的断裂点，允许模型与算法之间确定界限吗？我们最好选择一个逻辑划界。数据融合的第一个逻辑块是该模型，描述可观察的与潜在变量之间的一般关系；我们用现存的数据量给该模型"充电"，借助位置分析获得了真实状态的描述。在军事领域可能这是敌人的位置；在敌人雷达竖立的地方，在坦克开到的地方，哪些飞机在跟踪产生区（*Track Production Area*）和"受监控航空区"内运动，敌人的位置大概怎样继续发展？在股票交易中也许是认知，DAX 股指处于上行趋势，经过推论市场也许过热。因此这种第二逻辑区块是算法，它对此利用了模型的位置分析，计算一种通告的决定。它使用模型，评判变量，考虑评估变量中的不可靠性，试图在位置分析的基础上做出优化的决定。算法，按照分界，也许是优化者（*Optimierer*）。

预测，不只是回顾

我们期待大数据，一款智能机器，它给我们决策提供支持或者告诉我们直接的行为准则。运用一种模型，我们便能立即确定实施位置分析。"今天天气炎热，明天气温再次升高的概率大。"这是一条信息，有人虽然可以用它开始工作，但是给数据融合的用户一个明确的指导才符合期待："明天会更热。花一天时间去度假，去游泳吧。"作为计算的结果，算法基于形势分析实施了计算。这里轻易描述的内容是数据融合的中心函数：与未来的预测相比，它涉及的没有更少的内涵。如今只有历史的，而且是消失的数据量在大数据中存在。运用这些数据量，数据科学家给他的模型"充电"，由此获得一种对有关过去（*Vergangenheit*）的非常不错的解释。因此适用于所有的模型：它们首先为过去推导信息。如果一个大数据科学家不断地改进他的模型，始终与他的历史数据量互相影响，他最终能够并应该走得更远，没有瑕疵地阐释过去。现在，这对认知的获得的确是方便的。特别是当人们根本不知道若干变量，它们最终怎样准确表现时，如何从完美理解的过去推导到未来呢？再次回到我们熟悉的天气预报。天气预报的准确率，按照德国气象台的说法为90％，没有其他领域预报的命中率那么高。对气温与风力的预报特别准确，但是非常困难的是预测降水，因为降水是一个包含众多参数的复杂变量，这些参数共同作用，作为单一数量几乎无法正确预测。此外，未来预测还要与其他的特别难题做斗争。

　　一个模型试图描摹真实的片段，但是我们的事实不是固定的量值，而是高动态的，我们的世界不停地发生变化，旧概念有局限性，有时需要完全崭新的定义。如果几十年前家庭还是由丈夫、妻子和共同的孩子们组成的，那么今天的家庭实际上意味着所有的一切：两个丈夫或者两个妻子，一个非婚生的大杂烩家庭。变量"家庭"在过去的定义不同于当代的。相对主义不仅是人的问题，而且是机器的问题——一个自身的问题，概念模糊了，其意义随时代发生变化。倘若这些意义变化熟悉且渐进发生，这些未必算问题，也就是可以领会的缓慢，就像对家庭概念而言确实是合适的。但是某些东西，当阐释实时发生变化，我们却没有意识到这种变化，除非我们分析事后的事实，并确定某些内容已经不再是不久前的那样了。在非静态（*Nichtstationrität*）之中关系到我们生活的上述奇特性。

　　这种现象也出现在货币市场。一种预测的样本在货币价格的变化中可在当年导致做出采购决定，也许下一年具有明确的相互意义。在货币价格中对样本寻找发挥作用，因此非常有限。太多的白色迷醉，几乎不存在有用的信号。欧洲央行关于利率变化的表态，如今预示欧元的升值，有可能同样的表态在下一年会导致欧元贬值，这始终取决于欧洲范围内目前所处的哪些经济体的心理状态——危机，经过处理的危机是否好转——哪些被广泛关注的实时新闻，拥有最真实的词义。总的来说：从来没人能完全地确保预测。

　　用数据科学家的科学工具，这些不可靠的预测至少可以更可靠地设定，也就是大量模拟可能的场景。这儿有一个工具是蒙特卡洛方法。这种模拟结果是预测充当随机（累积）概率，它具有偏差。再说说天气预报，您熟悉这种偏差。德国电视一台（ARD）向您展示了未来一周的气温趋势。在一张图表上，平均温度由白色线条代表，在白色线条周围您看到一块位于下方的灰色区域，波动频带宽度（*Schwankungsbandbreite*）。说明很简单：未来一周大量不同的天气场景建议，温度将平均地沿白线运动。温度可能是真实的，但也可能位于上方或者下方。这是未来一周较低概率的场景，但它们不是非现实的。在人们可能对天气预报提出的所有反对意见中，它始终有其隐患，特别（数据科学家高喊："当然啦!"）对准确的预报来说。但总之预测的精确性与 20 世纪八九十年代相比已经得到了显著的提高。模型得到了改进，计算机的运算速度更快，可供使用的数据也更多。若要气候模型回答人类是否对气候变化负责，类似的东西也适合于当前的气候模型。今天有人认为，由于地球变暖造成的极端气候事件的增加最终应该追溯到人类活动，因为仅仅诸如火山爆发、太阳辐射或者地球水资源变化等自然界的气候事件尚无法解释地球变暖。气候专家的计算模型为本世纪计算出 1℃ 到 6℃ 之间的变暖。这是一个非常大的波动频带宽度；但是，当我们回顾近年来历史上真实的气候变化，其中魔鬼旋风和世纪洪水作为地球有限性遭到毁灭的预兆出现了，6℃ 方向的发展似乎在这期间更有可能。[31]

我们由此结束对模型的长期观察、计算与限制，从而确认：模型只是给出关于过去的正确答复，如果运用非常多的数据对其核算时，可以做出有意义的预测。几年前还表现为问题，如今用大数据都能最终解决。少量的数据不拥有统计上的重要意义。在少量的数据中可能偶尔记录了真实的影响，偏差值在实际中只是非常少地出现，对认知获得并不发挥作用。运用大数据时受偏差值捉弄的风险就没有那么高了。因此在涉及公民与消费者时，数据采集第一次经历了不受丝毫限制，从而再度导致与模型相关的反馈效果：关于我们和世界的可以使用的数据越多，那么模型就越能精细化，越能精确描述，直到它们对我们做出更好的解释和更好的"理解"，最终比我们自己知道的更快，诸如我们将来希望，行动或者思考的内容恰好就在这里，鸿沟在我们"新""旧"生活之间开启。

在旧生活中，机器是人类的支持者，的确伴随着工业化的各种熟悉的问题。在新生活之中，智能机器将要超越人类许多能力。而且恰好从此开始的危险正在威胁我们人类，模型及其算法在此长出了独裁的萌芽。尽管这种独裁没有面目与名字——除此之外，这条著名的、垄断的和私人的数据抓取和若干想要用帝国手段在全球贯彻其世界理念的意图清晰可见，我们社会的未来将由精英和他们在数学和物理方面的知识决定。这并不新鲜，因为在古希腊时代能够与不少于一万的数字打交道的人就拥有特权，一般的民众只能数到四或者五。但是倘若机器能够比我们自己知道和预测的更多、更好、更快，我们未来还能够在何处体现出我们人类的独立自主呢？当智能机器君临世界时，利用互联网、云、移动设备和无线网络作为中间件（Middleware），作为数据互相交流的"连接件"，倘若它们不间断地无处不在地收集新数据，为了对它们分析之后回到我们这儿，并且说"你做这个，做那个"，我们人类的独立还剩下什么？我们在上百万年的演化进程中获得的智慧空间里还能置身何处？我们的本能和历史文化知识的空间呢？未来我们也许都没有能力拔掉那些机器的插座，以摆脱它们的影响；因为随着替代能源领域的进步，机器将愈来愈独立于电网，机器能自主地利用太阳能满足其能源的需求。这种比我们更有优势的机器范式变化早已发生了，社会上所有的人，尤其是职业人士都感觉到了：实际上在经济领域破裂已经出现。传统的东西已经失灵了，许多业务领域也无人问津。涉及各行各业，从国家到国际运行的企业直到教堂。面对大数据，每个人都被迫寻找新的商业模式，也许能重新发明，为了投入新时代而并非永远走向毁灭。

人工智能的推进剂

"这里是纽约约克敦海茨的 T. J. 沃森（T. J. Watson）研究中心，欢迎收看《危险边缘》!"2011 年 2 月 14 日，上百万美国人坐在电视机前观看他们喜爱的益智问答游戏节目，这一期及其后几期是该节目在数十年的播放历史上情况最奇特的。不仅是因为这档节目没有通过位于美国加利福尼亚州的索尼影视公司，而是从美国技术巨头国际商用机器公司（IBM）的研究实验室直接播送，更重要的原因是，1984 年就开始主持《危险边缘》节目的阿历克斯·特雷比克（Alex Trebek）这回邀请了两名纪录保持者：肯·詹宁斯（Ken Jennings，一个华盛顿电脑专家，到那时为止，他连续获得了《危险边缘》节目的 74 场胜利，赢得了 250 万美元的奖金，他第 75 次登场时连胜势头才告终止，输给了一个女士）和布拉德·拉特（Brad Rutter，演员和节目主持人，打破了他竞争者的奖金纪录，赢得了总数多达 350 万美元的奖金，被视为《危险边缘》节目不可战胜的冠军）。

但是，那天成为明星的是一个首次参与的新人，而实际上它并不是《危险边缘》节目的新手。它的名字叫沃森（Watson），4 岁，重数百公斤——由 10 个支架，90 台平行计算机，近 3000 个处理核和一个高速网络同时安装在一台平衡仪上。它的知识范围至少包括全部维基百科和《大英百科全书》，此外还有各种不同的词典和报纸的内容。肯·詹宁斯事后说，它的智能给人感觉就像它自己的。[32] 尽管在沃森的认知中只涉及软件，其中有用于分布式计算的 Hadoop 和一个能够提出假说与评估的模型。在这里汇集的零部件，我们在前面介绍过，可以对抗较大的整体。

大数据，具体地说就是人工智能、智能机器，我们愈来愈多地被它们包围。智能汽车便属于其中，它们不允许您为了倒车、停车而松开安全带，尽管您系着安全带几乎没办法转身；要么假如我们允许，智能汽车可在没有驾驶员开车时在城市道路上行驶。同样还有"自我学习"的取暖设备控制器，它具有适应性能，适应房屋动能，房屋主人不必操作暖气的恒温器，因为房屋主人的智能手机与恒温器通过合作就可以完成这项工作。独自填装的冰箱、智能穿戴设备、聪明的罐头自动售货机——我们日趋被机器包围，被那些监护我们的无所不知者包围，通过它们真正地或者想象地优化我们的生活。

真正的技术革命既不是收集与永远存储庞大的数据，也不是愈来愈快的计算处理器或者新数据库架构。真正的革命是 21 世纪的人工智能，我们必须对此深入研究，因为它已经不可阻挡地朝我们走来。但是，到底什么是智能？为此，现代的大脑研究者和神经元科学家给出了他们的解答。在技术信息领域，这个定义在数十年之中发生着变化。英国数学家阿兰·图灵（Alan Turing，1912—1954）被视为人工智能——包括计算机科学和算法系统化之父。他之所以有这样的成就，一定程度是因为他是数学家；到现在，数学家还被视为难以理解的生物，毕竟他们很少能发表人们能够理解的演说。著名作家约翰·沃尔夫冈·冯·歌德（Johann Wolfgang von Goethe，1749—1832）也对数学家挖苦，同时他还充当法语的批评者，他说："数学家就是一类法国人：有人与他们交谈，他们就把这些译成他们的语言，然后内容立即成为另外的东西了。"[33]无疑，图灵是同性恋者，在他生活的时代，这种行为是犯罪。当时对这个数学家的残酷"疗法"是注射雌性荷尔蒙，而不是他自身的古怪行为，致使他四十一岁时就自杀身亡。直至发展到这种地步，语言不仅对歌德，而且对图灵具有决定性意义。图灵与英国和波兰的秘密分析师在 1942 年底一块儿成功地解码了德国编码器 Enigma 的编码。英国人对德国潜水艇的无线电信编码的解码不仅被视为第二次世界大战的转折点，也被当作现代电子作战和信号智能（*Signal Intelligence*，简称 SIGINT）侦察方法的诞生时刻。[34] 1943 年，这场潜艇战德国最终战败，而德国海军对潜艇战的转折感到惊异。对无线电解码工作可以解释，阿兰·图灵把语言视为人工智能的标志。自然的唯物主义——理性主义的观点在这里也做出了贡献，正如笛卡儿（1596—1650）首次构想与描述的：自然是机械的，没有独立的智能摆脱得了它。时至今日，还有研究者跟踪这种唯物主义自然观。

在大数据领域，正好是那些地方，人类被数量化和得到优化，企业通过智能手机调查员工的睡眠、饮食或健身状况，以期对在职人员的工作能力量化，并传递给雇主。互联网巨头雅虎公司规定，15％最糟糕的、最没创造力的员工将被解雇，该规定得到了董事玛丽莎·迈尔（Marissa Meier）的支持，她曾经为了评估员工引入了一套饱受争议的内部记分系统。[35]通过应用大数据，例如英国软件公司 Soma Analytics 对员工睡眠状态实施监控，使他们能够更有效地识别这 15％的"低贡献者"（Minderleister）。也许在某天出现糟糕的状况，是因为他们的雇主认为他们随时甚至在深夜机动地能够联系。能够联系还可以添加到不受干扰的监护病房。希望尚存，工会在私人全面监控的时代非常迅速地表现出敏感性，动员他们的成员。

人工智能的图灵试验可以追溯到阿兰·图灵：一个人类的测试员通过键盘与两个他看不见的对话伙伴交流，其中一个是人，另一个是机器。当测试员无法区分两人之中哪个是真实的人时，机器被视为智能化的。图灵确定了智能化概念的两大特征："人"和"语言"。人工智能应该模仿人类，作为一种普遍问题的解决者，拥有通用的知识，能够给出跨专业的回答。这种对智能的早期理解今天看来已经过时，尽管它通过对不同学科的定义——生物学、人类学、心理学——好像变得模糊不清。

亲爱的读者，您拥有一只宠物吗？您会同意动物也拥有智能吗？一只家猫早晨跳到您床上，伸出爪子，它的鼻子就像蜂鸣器在工作。它学习了如何让您从沉睡中惊醒。如果它坚持，继续与您玩蜂鸣器游戏，您可能就会勉强起床，填满猫食盘，打开窗户。这只宠物没有那么愚蠢。一个喜欢宠物的主人，也许甚至不及他的宠物机灵。但是我们不要不加考虑地否定它，最好模仿它，对动物之爱获胜了，还有聪明行为的幽默和目标明确的动物策略。因为策略构成了智能。当一个生物具有判断关系的能力，估价自然的其他部分对行动的反应，今天它就被视为智能的。因此智能研究有别于笛卡儿当时确信的，即自然界的智能是固有的，甚至植物或者细胞也可以实现计划性的成就，拥有无声的运动行为的交际能力。[36]对技术专家而言，以下人类学对智能的定义最为合适：智能是学习、处理信息和解决问题的能力。这一切一台计算机无疑都能完成，通常比人类完成得更好。当今人工智能研究已经摆脱了完全模仿人类。通过图灵试验的机器是 Cleverbot。[37,38]您与 Cleverbot 开始聊天，并且自己确定您的人机交谈能够演绎得很风趣，使您愿意花上比一分钟更久的时间参与其中。

当然，图灵借助语言理解确定智能的最初想法不该草率地搁置一边。

人类任何时候都期待计算机明白他们的语言，但是这没有那么简单，尤其是涉及公开问题的理解。处理一个查询问题，查询数据和信息汇集相对来说简单，但是给出《危险边缘》的答案，人们必须"利用其理解意义上的认知行为，解决一个棘手的问题"，这显然更为困难。IBM用沃森取得了巨大的成就——离开搜索引擎趋向答复机器，到那类显示一些意识的机器。但是智能如何进入机器呢？

"人工智能是一个充满方法的口袋。"算法学家轻松地解释道，"我们从统计学家那儿偷窃，利用随机学家，从最上面包装些东西——在这儿再来一点优化，到那边做些逻辑上的推论。"我们观察过模型、算法和大数据量，它们都是创造人工智能的必要前提。假如几乎没有可能区分模型与算法，就会在此面对下一步智能的挑战：因为模型和算法都有可能是人工智能，数据科学家为他们的模型定期利用统计学，而且人工智能的许多方法是统计学性质或者具有统计学的类似物。人们可以宣称走得太远，人工智能的研究者"拖走了"统计学，占为己有，因此两个学科有许多共同之处。一个统计学家几乎不愿意承认这点。同时一个人工智能的开发者感觉优越，因为统计学对他来说除了"数豌豆"外什么都不是。但是有必要的地方，他可以运用随机方法把统计学送入"真正"的数学之中，在一个模型中建构数学关系，借助统计学的手段把它们参数化。就这样，两个学科的合作者相处不好，它们之间早就爆发了信仰之战。但是人工智能的计算核心吸收了各种各样的方法。与象征性的人工智能相符的模型，试图描摹真实性，就像它本身那样。正如人们在寻找错误和诊断时应用传统的专家系统是一个不错的例子。它们给问题提供答案，而并没有给答案明确编程。确切点是他们从规则中推导出来的："美国海军拥有战舰，提康德罗加级军舰是美国海军一艘巡洋舰。"推导可以是："如果（IF）美国'文森斯'号是巡洋舰，而且（AND）巡洋舰是（IS）提康德罗加级，那么

（THEN）美国'文森斯'号就是美国海军军舰。"

当沃森从其知识基础中推导答案，它也属于这类人工智能的类型。在参加完《危险边缘》节目之后，它作为测试参加者的前进便停止了。从此以后它被反复地使用，例如用于医学诊断系统，为疾病找到最佳的诊断方法，或者充当人造的投资经理，对每日质性的、织物状的数据流适时地解释，做出更好的投资决定。

像这种亚符号性（subsymbolisch）的人工智能，神经元网络便属于此类，在有机计算（organic computing）概念下出名，以另一种方式行动。作为对人脑认知的示范，人们绝对不可断言它已经卸载了程序。它的智能更确切地说是随着个人的发展而形成的，这种过程，我们称为学习，通过该过程，我们的大脑自己编程。对于学习来说利用了大脑特殊的结构，我称之为神经元的细胞及其触点、触突。人工智能的神经元网络发挥着类似的作用。它们不是像数据库那样存储数据，而是对数据进行编码作为其神经元确定的激活状态，当其激活状态越过一个确定的界限值时，它就开始"点火"。在大脑里，这些通过化学过程发生，而在大数据科学家的神经元网络中是通过数值，专业术语是加载（Gewichtung）。真实世界的效果将在神经元网络中作为它神经的确定活性来体现，如同符号性的人工智能，哪些网络的节点何时应当被激活的规则尚不存在，放弃学习神经元网络而是通过积极的培训实现触点的激活。它们最有意义投入使用的地方，只有少许关于变量的知识，例如对于股票价格走势的预测，对图像处理或者语言识别的时间顺序的分析。对一部经典作品的阅读，是将文本递交给神经元网络，用它来进行。因此与小孩子完全没有可比性。经过神经元网络积极的"阅读训练"将会给受训的网络展示一种全新的陌生文本。而且实际上这个网络能够阅读陌生的文本，因为它把已知熟悉的文本中例子与新文本做了比较。网络得到了概括化，专业人员称之为"概括能力"。

神经元网络如今以许多可能的形式存在，其中回归的神经网络，最接近人类的大脑。在有人输入数据的传统神经元网络到达一种确定的静止激活状态时，就可以与快速摄影比较，回归的神经网络可以"回忆"。它们产生的信息输出，不是基于来自现实世界新数据的输入，而是基于它们过去了解与看见的东西。回归神经网络让它们自己的信息输出返回进入数据输入，可与蝴蝶结相比较。

最具异国风采的是一种具有"长时的短期记忆"（*Long Short-Term Memory*，简称 LSTM）的网络，这种唯一的回归神经网络，的确能够可靠地发挥作用。它的发明者是德国科学家泽普·霍赫赖特（Sepp Hochreiter，1967—　）和尤尔根·施密特胡贝（Jürgen Schmidhuber，1963—　），两人在机器学习研究上处于领先地位。的确，德国研究者在人工智能的开发上成绩卓著。第三个同盟者，格哈德·魏斯（Gerhard Weiß）是欧洲分布式人工智能或者多代理的知名人物，我们对此将做更详细的观察。事实上，三人之中没有一人在德国研究和教学。国外提供了研究与创新的肥沃土壤，通常是为了接受教育？三名科学家在统计意义上并不重要，然而不由得产生如下问题：他们是发展趋势的指示器吗？如果出色的德国大脑离开德国，为了在国外教书，这个问题肯定是得到许可的。

学习（*Lernen*）这个概念正好落下。如果使用一个优化的方法找到神经元网络触点的活性，对真实世界的作用编码，就会有人谈到机器学习（*Machine Learning*），学习的机器。学习也就意味着始终的优化。而且优化意味着寻找，在神经元网络下寻找世界确定状态的最合适的神经元活性。恰恰是在这一点上显示了神经元网络的一个弱点，虽然有经验的数据科学家能够克服，但是一个对数据科学陌生的神经元网络用户却不能立即完成，正如他们常常在金融领域遇到的那样：过度专门化。一个数据科学家，当他给他的学习机器输入数据时发现，首先要对其阐释过去，但是他最多对此抱有历史的兴趣。也就是神经元网络能够对一种效果最佳的可能触点活性进行编码——应该强调，一种历史上出现过的效果，因为可靠的数据只为过去而存在——但是当这种效果在现实世界中仅仅偏离了一点点历史，神经元网络连带其结果和假设评价就可能距离现实非常遥远。这点与概括能力岂不是相悖吗？在过度特别化和普遍化中直接寻找平衡是与神经元网络打交道的真正艺术。其内部的力学是内在非线性的，在其中充满着混乱。在它们的公式中，数字的边际偏差可能导致它们在信息输出时产生巨大的差异。正因为如此，有许多门外汉打手势表示拒绝，一个神经元网络也许不会发挥作用。"懂得。"数据科学家反诘道，使了个眼色。

此外，沃森参加《危险边缘》节目获胜了。不过它也有一次失误。问题的范畴叫作美国的城市，题目是："它最大的机场是用第二次世界大战的英雄命名的，第二大机场是用第二次世界大战的战役命名的。"这样看起来，加拿大的多伦多成了美国的一个城市。得承认，沃森吃不准。在沃森赢得 36681 美元奖金的当下——詹宁斯和拉特每次赢得 2400 美元和5400 美元——沃森应该为它的回答赌一把。詹宁斯和拉特孤注一掷，给出了答案："芝加哥。"沃森呢？它为多伦多这个答案赌 947 美元，并用五个粗粗的问号等待答案。若认为句法策略就是一切，那么你就可能犯错，其创造者也是臆造出来的。《危险边缘》知识竞赛不仅以机器的胜利结束，而且在观众认可的笑声中达到了最大的娱乐。

"满满一麻袋方法"

我们必须基于这样的看法，在数据量爆炸性增长的同时还得面对智能机器的快速增长。可怕的是我们始终没有意识到这些。不是所有的智能机器都以机器人的面貌迎面走来或者通过一个虚拟形象显示，在背后实际上隐藏着智能软件。这种不可视的原因在于，人与机器之间的接口明显模糊。20世纪90年代必须在写字台旁落座，用过个人电脑的人会非常清楚：离开写字台的人，有潜力从事计算机之外的其他事务。这种现象自从智能手机出现之后完全改变了，从此以后每个时刻都把我们与大量机器相连，媒介正是互联网和便携式小型设备。眼镜也取得了很大发展，谷歌眼镜便是代表，我们在解放双手的情况下得到这个数字化伴侣的指导——或者说"被捆绑"——度过一生。同样之物也适用于人工智能，作为可穿戴之物（Wearables）很快就会直接地安装在我们身体上。您大概没有兴趣穿一件当您撒谎时它的颜色会发生变化的T恤衫吧？

　　其他的可穿戴之物以小型测量仪器的形式出现，例如今天被自我量化运动所利用的那些机械—物质的体象的挂件（对于这点，笛卡儿再次朝我们点头，尽管有许多自然科学的新认知仍然没有得到克服），受雇于移动的监护病房，每天您为了一种优化的健康与之联网。在各种量化中容易忘记健康是非线性的，定期的健身项目和详细的营养计划在个案中不一定会产生延长寿命的效果。听从于小型监控设备的人，同时也强调，他是自由的，自由的概念一定要严肃地追问。

　　我们期待每台智能机表明其对周边环境的觉察，并灵活地做出回应。在人工智能中，程序员的这类行为不会清楚地被卸载程序，而且既不针对传统、基于规则，也不针对亚符号性的人工智能。智能机器识别的内容，通过其自身的推导执行。有些类似的机器取得了惊人的能力，正如沃森或者西洋双陆棋程序（TD-Gammon）。西洋双陆棋程序与沃森有某些共同之处：开发人员。沃森开发团队由 15 名 IBM 的研究人员组成，其中有一个杰拉尔德·特索罗（Gerald Tesauro），他早在 1992 年就在 IBM 的研发中心编制了西洋双陆棋软件，此软件并不拥有丝毫关于该游戏策略与幸运的知识——以上是共同性。不同之处在于，不同于快速测试的参与者，人工制造的西洋双陆棋棋手并没有明确地按此目的被研发成西洋双陆棋大师。但是这期间西洋双陆棋程序早就书写了历史，世界级的选手在比赛中使用了由机器研发的步骤。因此发展了这种能力，机器利用它成为了冠军，比人们要研究一台学习机器的表现，对其行动的反应，也就是从它的环境获取的反馈（Feedback）更具有偶然性。有人采用其中的两台机器，原型机和克隆机，让两台机器彼此对弈。在它们掌握了西洋双陆棋游戏之前，这两台西洋双陆棋机器根本不强大，只能领会含糊的意见，只关系到一场棋局。它们如何准确地下棋并赢得棋局是它们要学习的内容。因此从试验和错误之中的学习得以顺利进行，两台机器做对手时首先采用偶然的步骤，但是随着时间流逝越来越智能化，直到它们在其 2.1 版，经历了 150 万次的棋局之后，两台机器都达到了一个水平，连人类的顶尖高手都无法企及。

首先我们熟悉监督学习（*supervised learning*）的方法，一种"指导学习"，这点可从我们饲养的宠物那里认识到。狗，跟我们说狗的语言，当它们表现期望时，必须放大这种声音，从而获得它们最喜爱的狗粮。机器对我们讲机器的语言，当它们要表现出"正确"时，必须放大这种声音，从而获得一种奖励（*Reward*）和报酬。它没有特别的胃口，因为只涉及一个数字，例如"1＝干得正确"或者"－1＝这是错误的"。因为有别于狗，我们可以在它出现错误行为时对其进行惩罚。当然，机器学习的目标可能会非常复杂。那么数据科学家对错误的行为比正确的行为惩罚可能更严厉，从而教会机器具备风险意识行为。机器将会尽可能尝试避免一切对它造成惩罚的措施。它会特别有意识地评估其行动，当它确信其行动得到语气上的胜利时，才会积极活动。要想关注一台学习中的机器，由此授予它宠物之名不太恰当。动物的相似性显而易见，而且的确非常值得着迷地观察，如何从完全无知逐渐成为专家，并且该专业最优秀的人物几乎都难以与之匹敌。

您下西洋双陆棋时，哪一步正确或者错误？当您必须做决断时，都不知道哪一步最好。常常在若干时间之后才显现出前一步在战略上是聪明的还是愚蠢的。西洋双陆棋：这个首字母缩略词 TD-Gammon 代表时间差异学习（*Time Difference Learning*），一种机器智能的高复杂的特殊形式。

停一停——至少我们不想成为对人工智能毫无批评的门徒。智能机器在数学门外汉的世界里对想让大数据产出更多的营业额与利润的国家、工业和经济界来说，还是某种奇特的新武器，应该可以对准所有的一切。但是如果人工智能不是某些——确切地说——智慧之石。

我们回忆一下算法学家的陈述："人工智能是满满一麻袋方法。"完全正确，尤其因为人工智能不是某些企业乐见的可计划的商业模式。滥用人工智能的例子过去和现在在金融领域都可以找到，近十年来该领域在电子交易中使用了算法，即 *Algo Shop*，一种算法的有价证券交易商店，其中自我学习中的交易算法能够像神奇之手那样影响金融界的表现。然而人工智能很少能够计划。这意味着，它未来的表现是无法规划的。虽然人们可以提出统计学的假设，预测它在未来日常生活中可能的表现，推论其可能的形态——因为人们熟悉其历史数据。但是这种状况是否在将来得到验证，强烈地依赖人们将要面对的未知的新数据——它们可能与历史数据相差很大。不假思索地把历史表现投影到未来，并把其商业模式建构在之上的人，最好不要相信。

人们运用一台智能机器会有若干问题。在传统编程的软件之中，一个程序员坚持要对每个单独的程序步骤以及全部程序备选路径，像它们大约在程序错误时可能出现的情况明确编码。如果缺少"IF—THEN—ELSE"这类指令，程序中这点一般不会发生任何事情，而且程序可以报告一个错误或者简单地不予评论而结束。事实上，传统的程序也许会非常复杂，如果它们准备提供许多功能，功能之间又出现交互影响，就得在编程前深思熟虑。但是最后如果有人正好熟悉其程序，在交付用户之前，就可以对其展开很好的测试。运用白盒测试（*White Box Tests*）让程序的所有得到明确描述的路径运行，确定程序是否表现得像详细排列那样。但是在人工智能上有趣的是，因为不是数据科学家决定哪些单独程序步骤必须经历计算过程，从而获得一个结果，只要他利用人工智能的方法箱，那么正好是它，对程序步骤独自编码。因此人工智能出其不意地显露了无法确定的行为；虽然人们可以假设下一步行为，但是的确不可能。人工智能难以测试，因为它在没有程序员明确的刺激时可以在路径和导线中运行，它事先并没有对此清晰思考过。是否由此在考虑预测质量的前提下达到更好的结果，正如人们期待人工智能的使用那样，还真不能决定。所以以下两种陈述切合实际：第一，许多门外汉谈到的人工智能是作为一只黑盒子（*Black Box*），人们不知道里面到底发生了什么事情，为什么；第二，是否一个人工智能系统优于一个经验丰富的人，需要中期给予支持——力求替换，也许是一个合适的选词——依赖于建造该系统的数据科学家的能力。数据的科学虽然建立在专业知识基础上，但是我们也已提过，数学家、物理学家、数据科学家是艺术家，而人工智能的创造不仅仅与技能，同时也与艺术相关。不过，如果人工智能聪明地执行，那么它就可能超过人类，而且是在它自己完全专业的领域。在此期间，人工智能常常证明这点，似乎人们还可以更久地轻视它。

买下一条小狗的人，无疑在与一只智能动物打交道，但是它表现好不好，随着时间的流逝才能显现出来。倘若它得到了良好的训练，很快就会成为主人的骄傲。假如并非如此，也可能使主人陷入绝望。人工智能也会有类似的表现。一家投资公司，使用了股票交易的人工智能机器，不能马上说人工智能机器对预期的使用目标有用或者没用。也许可以粗略地说：人工智能是否适合使用，没有人能最后肯定。至少一家企业，虽然使用了人工智能，但是不能编程，所以只能少量或者无法说明其方法论和操作模式。当人工智能在应用领域长久运行时，它怎样真正合适或者"好用"才会显现。人工智能不能马上等于人工智能，因为存在着显著的质量差异，然而在功能性方面更小。对于人类雇员的类推法，直接说一个申请工作的人适合或不适合某个岗位都有些不合道德。而且工作岗位之人的能力只有在一定时间后才能显现。以一个顾客行为的预测系统为例，要经过一段时间运行，智能机器才能离开其培训的环境，面对真实情况。也就是说，面对适时数据之后，这家企业才能形成有根据的看法，其智能机器的预测精度真正有多高。

　　有人可以提出反对意见，为了在城市里驾驶汽车，人们不必理解汽车的齿轮箱或者现代化的电子设备如何运转。这些相同的方法也适用于复杂的智能机器。人们必须相信人工智能做出了它承诺的东西。这无疑是正确的。富有天赋的数据科学家出色完成了其工作，大家的确可以相信人工智能的质量，因为只有这样，人工智能才能提供优化的结果，它们可以测量、领会，也许还可以重复。虽然可能存在着巨大的质量差别，门外汉几乎无法识别。但是在大数据时代可以回忆专业人员的需求与可使用性之间的缺口多么巨大。例如德国卡尔斯鲁厄的数据分析企业 Blue Yonder 为了他们的预测软件开发，不是招聘诸如信息工程专业的大学生，而是聘用获得博士学位的数学家和物理学家，只有少数几家德国企业会选择这种专业的毕业生。[39]

　　顺便说一下专业性：数学专业的女性比例缓慢接近 50％。虽然在统计学专业已经超过这个数值，但是她们在经济数学和技术数学专业人数较少，2006 年仅仅超过 25％。[40]

　　同时在女性大学生中辍学的比例相对来说较高。女性大学毕业生几乎都进不了数据科学家的技术任务分配中。数学与人工智能的姻缘一如既往地保留在纯粹的男性领域。

合作成就的智能

人工智能体现的形式可谓多种多样。机器人可以接受家政或照顾老人的工作，智能的游戏计算机就是容易识别的人工智能形式。随同"沃森"介绍一种专家系统，借用神经网络推出的一款学习机器。然而一种最初非常欧洲化的分布式人工智能（*die verteilte künstliche Intelligent*）的方案，既引人入胜又有工作效率，这就是多代理。

"代理"（Agenten）这个概念，会让人想到一种计算机程序。但是"代理"在信息技术上是具有十分确定特性的软件流程。它们拥有传感器，用来观察周边的世界，觉察变化，形成一种认知；他们把它用在发牢骚上，为了独立自主地对环境变化做出反应，做出决定，达到目标；而执行器，它们可以用来实施其决定。但是它们最重要的特性是交际和协作：多代理间彼此磋商合作，共同解决一个问题。智能处在参与的代理合作之中，因此多代理允许以下格言写在旗帜上："合作比算法更强大"（Interaction is more powerful than algorithm)。这当然不排除其组织机构的每个单独代理配置任何高度个人化的智能。由此推断，一套多代理系统能在极端情况下执行专家系统和学习机器之间的合作。一种重量级的系统是否有意义，都取决于它要完成的任务。

但是正常状况下，并非集体之中的单独的个体具有特别高的智能。为此，自然界认为正是那项生存策略的各种例子随时可用，在个体中共同完成复杂的任务，个别生物对此不具备能力。一只角马独自寻找食物或者在天敌面前寻求保护可能很快就会失败，但是在兽群里其生存的概率提高了数倍；鲱鱼、鸟类或者蚂蚁只有成群结队才能得以生存。集群行为自然不等于智能。这几乎是马后炮，正是能够作为个体而不是群居得以生存的人类提供了真正非智能的，诸多绝对危险的集群行为的例子。

一群行人在红灯前面等待，不知何时规则被打破，第一个行人在红灯亮起时横穿马路。第二个、第三个紧随其后。到最后一群人都敢做这种危险的穿越，这个过程常常不必等太久。

在飞机场冒险性则较低：人们从飞机上下来，跟着所有前往出口的乘客，而并不是特别有意识地注意通往出口的指示牌。集群行为有些与此相关，正如信息留在了集体之中——只有少数人使用可靠的信息，知道出口的位置，大多数人使用这些信息，并没有必要成为信息的拥有者。

可见集群行为的规则尚未完全得以深入的研究。克雷格·雷诺兹（Craig Reynolds）1986 年用软件 Boids——这个名称是一名纽约女子修改英文单词 Birds 时弄巧成拙——效仿鸟类的集群行为，对其中三点做了定义。[41] 规则是衔接，凝聚（Cohesion，社会凝聚力），分离（Separation，保持距离）和对准，定位（Alignment，运动方向）。这意味着你总是朝围绕你的小组的中心运动。但是没有人靠你太近，就像所有其他人朝一个方向前进。如果集体的所有人都遵守三个简单规则，聪明的解决问题是可能的——前提是，5％～10％的个体拥有必要的信息，知晓大厅的出口或者饲料槽处在哪个位置。[42]

"5％～10％，这是一个通过实验获得的值，对刺鱼的集群行为和对人的集群行为一样重要。"集群研究者，鱼类生态学教授延斯·克劳泽（Jens Krause，1965—　）在柏林洪堡大学如是说。他相信甚至只有两条规则就足够了：保持运动，保留在群体之中。群体是否应用这些简单的规则显示期待的行为，2007 年 3 月 11 日，研究者在 WDR（西德意志广播电视台）播送的节目 Quarks & Co. 借一次试验做了测试。[43]三百名志愿者汇集在一个大厅里，要求遵循同样的两条规则。志愿者所不知道的是：其中若干人具有特殊的任务，把集体引向大厅一个确定点。这种"特殊的力量"准确地朝这一点行进，集体没有任何反抗地跟随。集群研究者从大规模的人群聚集推断少数得到通报的维持秩序者，能够防止类似 2010 年 7 月 24 日杜伊斯堡"爱的大游行"发生的踩踏悲剧。

集群中的个体感觉社会彼此吸引是可靠的。在多代理系统中，每个代理都熟悉他自己确定的任务，正如在一个蜜蜂与蚂蚁的国度就是这种情况，系统的设计者会尽力追求，尽可能轻量级地执行一个单独的软件代理，把智能转移到个体合作上。听起来非常抽象，用一个更不对胃口的案例也许可以不错地展示，因为对于集群智能在军事上早就有人研究过。

无人机最近在无人驾驶航空器（*Unmanned Aerial Vehicles*，简称 UAV）概念下，为民众所熟悉。这个概念容易误导，因为人们怎会无意识地联想到"无人驾驶"和"自主飞行"。自主的无人机今天很少投入使用，因此常用的军事名称为远程控制飞行系统（*Remotely Piloted Aircraft Systems*）更精确。但这类系统向来都是独立工作，不受人的影响规划就能找到通往其使用地点的路径，识别和抵消（*neutralisieren*）目标——又一种来自军事领域的概念。带有杀人任务的智能机器是一个电影脚本，人类已经惊恐万分地靠近了。[44]单个的无人机外貌导致观众之中胃部不适，当人们想象，独立的无人机未来在猎人—杀手—战斗同盟中合作时，才会感到真不舒服。在"欧洲鹰"考虑作为无人驾驶平台进行远程报告侦察后，2013 年春季，德国国防部启动了一个项目，让联邦德国考虑采购外国两种无人机类型，侦察无人机和战斗无人机。在"猎人"与"杀手"的无人机体系中，外观上、大小和任务上截然不同，但是在一份现代化的网络中心战斗方案中，按军方的观点，两者——假设结成同盟——应当具有完美的意义。两架不同类型的无人机之间的任务分配将会提高效率：在猎人—杀手—战斗同盟中，安装了侦察传感器的猎人无人机由多架武装杀手无人机陪伴。在猎人专门参与挑选目标，评估，为了尽人皆知地确定抵消这个目标价值多大的同时，杀手无人机仅仅拥有附近区域传感器识别目标，因此与侦察无人机不同，它拥有非常特别的武器。当软件设计师要把两架飞机整合成一个智能化集体时，多代理系统设计立刻产生了。同盟之中每架无人机由一个软件代理代表，通过无线通信与其"同伴"联络。以后投入使用，猎人无人机向"它的"杀手无人机询问拍卖框架内成功的目标分类和"目标清单"的结构，谁准备消除最优先的目标。在拍卖中，每架杀手无人机权衡，通过其通信的代理、"目标价值"及其对一个国家、民族或者军队的潜在危险，相对于它自己的投入成本来代表。很容易计算出每次射击的成本，激光制导炸弹（又名"掩体粉碎机——Bunkerbrecher"）要比一款轻型武器，例如地狱火导弹①贵得多。不是所有的杀手无人机"没有反射"地对由猎人提出的分级目标叫价。装备会注意这个目标，最合适的杀手无人机在等待拍板；猎手无人机将给它指示目标，与此同时，

———————————

① 地狱火导弹（Hellfire-Rakete，又译"海尔法"导弹），是美国 20 世纪 70 年代研制，80 年代为阿帕奇武装直升机装备的一种远程反坦克导弹。

它自己继续飞越目标区，在适时变化的威胁情况下更新目标清单。若杀手无人机成功地排除了它的目标，会获得奖金形式的报酬。

如此糟糕的电影脚本尚不存在，并没有涉及描述一种特别残酷的计算机游戏。可怕的事实是：这点正是我们将来不远的事实，它超过了我们最不愉快的噩梦。无人机群尚未投入使用，但这只是时间问题。[45]然而之前必须解决"意识与避免"防撞保护问题。没有"意识与避免"，那么无论军用和民用方面，有效地使用无人机几乎都是不可能的。按照人工智能的观点，在一个战斗同盟效果达到最优需要通过与各方多样的合作配合，并非只借助任何一个远程计算中心的超级计算的中央优化程序的计算。

分布式人工智能的其他应用案例几乎不计其数，当然也是民用性质，从我们的供水智能管理到优化的港口管理，以及城市内部的交通控制，多代理和基础设施的大项目已经成功联姻，到处都可以控制。但是我们对自己的系统运用自如了吗？NSA（美国国家安全局），斯诺登事件之后的谣言，他们对自己的系统都没有正确理解，这就没有什么奇怪了，因为人工智能是黑盒子。人们可以分析它，但是极为复杂，代价也极为昂贵。集群系统不是明确的编程，而是在交互作用时彼此动态地产生，形成一个"紧急系统"，这将更不清楚，更有风险。

您的智能手机在物联网上连接您家里暖气的恒温器，您正在下班的路上设置，到家时升到舒适的温度。之前您的恒温器处理了所有涉及您房屋的能源动力的日常数据，为了让您房间达到最佳的湿度，与测量太阳光照与电子紫外线的测光仪展开通信，还与您的家猫脖环上的芯片进行了协调，以避免您不在家时小动物挨冻——每只小动物都在与一个软件——代理竞争。当您不在家时，它要降低能耗，但是又不能太快，因为四条腿的动物可能会着凉……您现在不说，您不想总在做房屋技术之梦。它实际上的诱人之处在于优化方案。但是如果它运行不完美呢？如果模型表现不好，发生了意外之事，使人工智能错误地计算了我们，我们变成了误报，一个我们再也无法消除的烙印。当紧急系统中，机器之间的交互作用上升为没有计划的、未知的事件，我们的经济开始动摇了吗？在金融领域有一张蓝图，它已经为我们做出了榜样，我们必须对此做出预测：盲目地相信数学，过度的算法军事竞赛，难以相信的灾难事件的出现，自己委派的金融精英的独裁。

第三章

Big Data, Big Money »» 大数据，大钱

经济危机

　　2008 年 9 月的第二个星期终于结束了。自周五开始气温急降 20 多摄氏度。地球另一边的美国纽约华尔街开始下雨。回顾历史，人们可能会把这种秋季气温的骤降理解为凶兆。几小时后全球的金融市场将发生动荡。这是一种相互关联吗？绝对不是。户外温度和证券价格两种测量值都如此迅猛地下降是一种偶然。两个结果在统计上没有关系。

　　9 月 15 日，这个秋天的星期一早晨与以往并没有什么不同。通往城市方向的高速公路堵塞，汽车排成长龙，像一条怪物蜿蜒爬行，保险杠挨着保险杠，只不过天空有些异样。弗洛里安·迈霍夫开车前往办公室的途中，不安，过度疲劳。他眼中阴云密布，整个周末都在忧心忡忡地跟踪着新闻，他知道历史性的一周已悄然流逝。交通开始慢慢顺畅起来，迈霍夫打开了汽车电台。

　　"现在是八点整，新闻播报时间。"播音员说道，"下面是内容提要，华尔街地震！雷曼兄弟破产。美洲银行接管美林证券。"

迈霍夫说不出什么紧迫的事情正在办公室等待他。自从他十年前离开军工企业之后，便跳槽到金融行业。他本来没有打算改变，但改变却是不期而遇的结果之一，通过个别人物的生命线一再延伸，倘若他们牢牢抓住了机会。起因并非没有吸引力：伦敦的一次会议，让迈霍夫的人生轨迹永远朝另一个方向发展。

1998 年，迈霍夫把一个由十名科学家组成的团队整合在自己身边，前往伦敦参加一个主题为"选项的评估"的会议。当时他意识中可没有诸如"股票选择"这类金融应用的案例。作为开发部的负责人，他对选项评估完全表现出另外的兴趣。一个技术部门靠新技术和产品的研究与开发生存。一旦获得许多这类项目，等同于一项投资组合。为了竞争企业的研发预算，他们提出问题，哪些项目可能最有指望，哪些技术预计最值钱，哪些开发项目具有成功的最佳前景。这类评估只能建立在一个富有创意的方法上，因此每个研究项目如同创新选项需要考虑未来的营业额与盈利。一个项目的优化同样依赖于选项的价值。迈霍夫正是因为这样才满怀期待地订购了飞往伦敦的机票。他想知道有没有新的科学认知用于这些选项评估的建模。

当迈霍夫步入会议大厅时，观众的混杂令他吃惊。他期待的自然科学家的聚集之处，却挤满了银行家和保险家，他们的观察对象只有少许具有或者没有专业知识。但是在引导性的开幕式和第一个报告之后，迈霍夫慢慢感觉到愉快。到了上午晚些时候，这些数学世界熟悉的概念坠落了。当迈霍夫终于感兴趣地弯下身时，绝大部分听众无形地在专业上被抛得远远的。

那个坐在下面，头发稀疏，后脑勺垂下深色鬈发小个子的报告让迈霍夫着迷。

"我利用了这个数学方程，调研诸如跨时的投资与消费决策等普遍性问题。"[1] 美国人向听众们解释。迈霍夫神情紧张地聆听这些阐述，陷入回忆。

"这位先生虽然谈到股票的投资决策，"迈霍夫想，"但他的问题却是军事上的识别与分类。与他在这儿的建议相比，我们运用数学方法在军事领域从另一条途径解决了。"

迈霍夫中午休息时坐在了美国人桌子对面，向他详细地介绍了另一条解决的途径。两人在白色的餐巾纸上一阵涂鸦，速写了一个公式。

"我可以把军工领域的模型运用到投资方面吗?"迈霍夫问这个美国人。

"当然，这可能起作用。"罗伯特·C. 莫顿（Robert Carhart Merton）答道，此人在三年之内爬上经济科学家之中最高的学术奥林匹斯山，又经历了最深的坠落。1997 年莫顿被授予诺贝尔经济学奖，一年之后他的投资公司长期资本管理（LTCM）申报了一家对冲基金到那时为止最惊人的破产程序。这位诺贝尔经济学奖获得者的基金投资破产，损失了相当于美国国防预算的赌注。在 1998 年，也就是十年之前，私人金融市场活动家利用国家资产拯救了面临危险的破产，美国发钞银行不得不对这些崩溃的对冲基金给予金融支持，阻止美国整个金融体系的多米诺骨牌效应和崩溃。谁要是能够严肃地断言 2008 年该多好，历史难道没有警告过他吗?

"这会起作用的。"罗伯特·C. 莫顿重复道，"您试一试吧。"

迈霍夫把汽车暖气调得更高时，手机响起来。他看了一下显示屏，是另一个大洲打来的电话——来自纽约。他举起手机，听到电话另一端他的华尔街客户多么不安。

"我们这几小时都在试图接通你的电话!"声音从一台免提电话中传来，是约翰·哈里斯（Jon Harris）[2]，这个情绪激动的先生系一家位于美

国的货币基金公司的交易主管。迈霍夫为该机构的投资商开发了一款交易
算法。在这之前，这家货币交易商仍然采用手工交易，并未使用算法，他
们运用一种聪明的资本投资策略把基金财产的最大份额划拨到超级保守的
投资中，只有小部分放在了高风险的货币交易中[3]。为了全面提高盈利，
迈霍夫一直在观察他们领域里的创新型发展。迈霍夫喜欢这些交易商，他
们是该领域的专业选手，令迈霍夫印象深刻的是，尽管如此他们仍然保持
着严肃与礼貌。迈霍夫在军工企业经历的多是政治阴谋诡计和进攻性的关
系，对这群人是陌生的。但这里，尽管人们的声音大多沙哑，在一个精疲
力竭的交易日结束之后，交易商们都是可靠的伙伴，与他们的银行经理截
然相反。

现在迈霍夫等待哈里斯的指令，由于华尔街最近的摈弃可以排除他的
用户算法。但是他误会了。

"我们必须马上更换主要经纪人（*Prime Broker*）。所有的业务马上从
AIG 脱钩。AIG 已经破产了。"

美国国际集团（简称 AIG），系全球最大的保险集团之一。美国金融
监管机构没有注意与阻止这家保险企业建立公司内部的投资银行，提供与
银行相同的服务，其中包括主要经纪服务（*Prime Broker Service*）。哈里
斯把基金资产的一部分存在了 AIG 的交易账户上，设置了信贷线，一条
杠杆。当哈里斯与世界大银行交换货币时，保密的或者算法上的，要把盈
亏计入 AIG 的交易账户上。它是 AIG 授权的基金交易。

迈霍夫不知所措。上个周末可没有提及 AIG 在走下坡路。上星期五
美国高盛集团前总裁亨利·汉克·保尔森——2006 年曾被乔治·W. 布什
任命为美国财政部长——只召集了华尔街最大的投资银行代表前往联邦储
备银行。这并没有预示糟糕的消息。因为雷曼兄弟已经陷入一场金融危
机，这家投资银行面临破产。保尔森的观点是各家投资银行应取得一致，

由谁来接管雷曼——排除国家救助的可能。华尔街弥漫着世界末日的氛围，全球正在直播爆炸性新闻。

2008 年之前的几年，雷曼兄弟做了很大一笔投机赌博。用信贷购买了美国大量土地，希望可以发展为建筑用地，建设房地产，进行销售与出租，为银行和他们的客户牟取丰厚的利润。对于愈来愈高的利润前景而言，抵押设施的风险也愈来愈高，雷曼董事长的要求早就掷地有声。没问题，雷曼的银行家则在考虑，华尔街数学家的冒险模型足以保证抵御所有高损失的风险。摩根士丹利的工程师蒂尔·古迪曼（Till Guldimann）早在 20 世纪 80 年代就是一个名为"风险值"（Value-at-Risk，简称 VaR）的模型早期建设者之一。此后其他风险模型添加进来，其中有一些颇为知名。相信数学及其风险的量化是纯粹没有边际的，直到 2007 年之前，雷曼的计划似乎真正得到发展。当年是雷曼创纪录的一年，它的股票涨到 84 美元。银行显示 40 亿美元的盈利。雷曼，华尔街的重量级机构，已经变得强大起来——大家想到。

但是 2007 年开始美国房地产市场开始走下坡路，2008 年最终像纸牌屋那样轰然倒塌，雷曼的赌博失败了。由于投资于造成损耗的美国房地产，每美元的自有资本面对的都是 44 美元的信贷。在达到历史纪录之后不久，银行从成功的顶峰坠入其生存的最深和最后的阶段。

对，历史一再重复。

美林证券，美洲银行，甚至还有英国的巴克莱银行，试图在美国市场站稳脚跟，都已遵照财政部长的要求，最快抵达纽约的货币发行银行。除了拯救雷曼兄弟之外并不会涉及其他议题。几家银行开始依次审查文书。因为雷曼兄弟的破产大概会导致连锁反应。对此，人们并非马上拒绝接收，而且很快便清楚了，美洲银行和巴克莱银行作为潜在的买主令人怀疑。

　　但是有一家银行坚持自己的战略，就是美林证券，担心雷曼的衰落可能让它自己也坠入深渊。像雷曼兄弟一样，这家银行也参与了糟糕的房地产赌博，其股票也下跌了 25％ 之多，要么必须进行更多的折旧，要么提高其自有资本。如果美洲银行表明的购买兴趣在于一家真正崩溃的投资银行，如同雷曼兄弟，那么收购美林证券岂不是有利可图的买卖？美林证券与美洲银行相约在纽约发钞行之外展开一场正式的会谈。最后交易达成：美洲银行用 500 亿美元购买美林证券。有兴趣购买雷曼兄弟的美洲银行退出了竞争。

　　一个忙乱的周末悄然流逝。星期天，亨利·保尔森开始告知欧洲信贷机构和管理机构，其中包括德意志银行和德国银行管理机构面临威胁的困境。作为雷曼兄弟唯一潜在购买者的英国巴克莱银行还是令人怀疑，但是这期间该银行获得了其他欧洲机构对其购买意向的支持。德意志银行其间宣布准备了数十亿美元。几乎在最后一个月要达成一致的同时，英国管理机构介入了：得到美化的雷曼兄弟资产负债表和破产投资银行的巨大金融窟窿要求一份高达 700 亿美元的国家责任担保，由美国国家提供。因为时间所剩不多，只能选择最后一个解决方案。几小时之内，美国当地时间下午，亚洲市场将开始新的交易周，要求他们毫不迟疑地对曼哈顿最近的变故做出反应。但是亨利·保尔森拒绝为雷曼的债务充当保证人。

　　"英国政府也拒绝了巴克莱接管雷曼兄弟。"当事态清晰时，美国政府最后发表了官方声明：试图收购雷曼兄弟的交易彻底失败了。巴克莱和世界留下了公开的问题。亨利·保尔森应该是自由的金融市场的捍卫者和美国纳税百万以上者的保护人吗？只过了几天就昭然若揭，保护美国纳税人他兴趣不大，因为财政部长动用了美国国家资产拯救了破产的 AIG，睫毛都不眨一下。一个对美国财政部长反复无常的行为更好的解释似乎是一种难以言说的利益之争。高盛集团，保尔森过去的雇主是雷曼兄弟的眼中刺，因为雷曼是高盛集团最大的竞争对手。相反，AIG 是高盛集团的借款者，AIG 的破产可能会导致高盛集团走下坡路。扫除一个竞争对手，拯救一个客户，从"高盛集团的员工"的观点来看这是一桩完美的交易，正确对待他们的声誉，聪明异常，但是不讲道德。起码在高盛集团众人可以松口气了。

星期天晚上八点，纽约的天空漆黑一片。雷曼兄弟大厦则灯火通明，从未如此繁忙过。员工用纸箱搬运着他们不值钱的玩意儿离开大厦。凌晨两点对于雷曼兄弟——它的股份拥有者、投资者和债主，一切都过去了。雷曼提出无偿还支付能力申请，但是真正的风暴才刚刚开始。

"我们必须马上把我们的投资资本从 AIG 抽出，汇到另外一家银行。你一定要负责把我们的算法与新银行关联整合！"哈里斯在世界的另一头坚持道。

"等等，不可能那么快啊！"迈霍夫抗议道。2008 年，企业与银行的电子联系尚无普遍的标准，金融信息交换协议（*Financial Information eXchange Protocol*，简称 FIX）作为统一的通信接口刚刚使用，与专有的、非标的银行接口的电子连接可能持续数周，完全别提测试，它应该排除算法在银行触发灾难——行情暴跌或者闪电暴跌（*Flash Crash*）时。

哈里斯毫不理会："只给你三天时间。你好好考虑一下。"

那个值得纪念的 9 月的星期一晚上，欧元兑美元略有上涨，但是全球股市跌去了 7000 亿美元市值。当迈霍夫的交易算法在美国基金那里静静地发出嘀嗒声时，他与他的团队又加了夜班，与为了在最短时间内让这个算法迁入欧洲银行而忙碌的同一时间，道琼斯经历了"9·11"恐怖袭击之后最大的暴跌。

货币市场的安静是虚假的，因为面对全球的混乱，货币不会免疫。伴随着两周的迟疑，欧元的过山车之旅开始了，每日经受二百点、三百点的损失，只是灾难之年 2008 的结束以一个类似的巨大跳跃才再次返回危机周末的价格水平。[4]"强有力"是唯一的特征。交易商现在仍然想要盯住这点。所有市场的统计特点，正如它们在雷曼破产前的价格波动中存在，自从那个值得纪念的周末开始便遭废弃。自动的交易算法，准确地利用了价格曲线的统计，从现在起再也不可能像危机前那样起作用，它们只对一件东西还是好的：为了算法——坟墓。危机前的算法（*Pre-Crisis-Algo*），和平之中的安宁，R. I. P.。

被逐出家园者的新故乡

我们时代超常规的金融化（Finanzialisierung）连带其失控的金融市场，起码从技术角度来看与军事领域的大数据技术、它们基于系统的监控方法以及它们借助数学方法从原始数据推导出影响到贸易的信息的方式和方法密切相关。如果我们想知道，大数据对公民社会可能产生哪些影响，值得向近十年来的金融行业投去更贴近的一瞥。对闪电暴跌的回忆马上朝我们袭来，或者通过大脑实施长年的市场操控，我们知道：这并不意味着善举。如果近年来金融危机与大数据存在某些关系，它们是为此存在的草案，我们对如今在日常生活中所期待的内容，应该以最快的速度思考，我们防御危险和风险预防可能呈现何种状态。因为我们所有的人习惯于漫不经心地与一个完全无序的市场大数据打交道。危险已经临近，值得现在采取行动。

我们欧盟正过着一种充满活力的生活。过去我们作为经济联盟一道成长，地理上我们已经延伸到欧洲边界，伴随着差点越出边界的趋势。政治上我们欧洲增加了愈来愈多的权利。分歧，几乎还有分裂，近年来才得以讨论。统一的货币对于经济实力差异巨大的不少国家的消极影响，民族的金融政治权利交付给一个欧洲的救护伞，一个欧洲国家担保另一个欧洲国家的债务。

然而统一的愿望占据优势，而且是 20 世纪 90 年代的政治意愿，德国的军工企业与一个强大的伙伴法国可以在更广泛的欧洲同心协力地凝聚在一起。德国的重新统一和华沙条约集团的崩溃要做一件剩余事情，必须重新审视军事战略，他们未来如何定位自己和他们的军队，他们想要排除哪些新的威胁。

20 多年前，德国军工企业在新产品开发方面的势头良好，在国际军事项目，也就是在北约层面上，竞争企业，其中包括西门子股份公司防卫电子集团，戴姆勒—奔驰防空股份公司，比 DASA①，莱茵金属公司或者弗里德里希哈芬的多尼尔工厂（Dornier-Werke）供货名气更大。当涉及招标和签署有利可图的防务合同时，这些企业完全不是和平地对抗。但是从 2000 年 7 月 10 日开始，一切都结束了。一家名称为"欧洲航空防务和空间集团（EADS)"的人为组建的欧洲集团，如今的"空中客车防务和空间公司"问世了。应当把德国的 DASA，法国宇航马特拉公司（Aero-spatiale-MATRA）和西班牙航空航天公司（CASA）的防务与航空的业务整合在一个屋檐下。当大合并潮开始，强大的中型企业合并到超级强大的 EADS 之际，在国际上成功的德国企业也难以幸免。西门子股份公司的电子防务公司总部位于隶属慕尼黑科技三角区的下施利斯海姆（Unter-

---

① DASA，成立于 1989 年，名称为德国航空宇航集团（Deutschen Aerospace AG），简称 DASA，1995 年被戴姆勒并购，隶属德国戴姆勒航空集团，2000 年后并入欧洲航空防务和空间集团（EADS），又叫欧洲宇航防务集团。

schliessheim）成为了 EADS 的子公司，位于博登湖畔的伊姆施塔特（Im-menstaad）的多尼尔工厂成为 Cassidian 公司，属于 EADS 集团的整合商业部门。EADS 几年内取得了向德国提供防务装备近乎垄断的地位。可以轻松地设想，垄断企业不会始终提供合理的价格或者顶尖的服务。这是事物的本质：垄断企业对其客户的支配地位，人们不会不加以利用；而且政治上意愿，会更好。

企业文化的差异不可能轻松消除，而且旧日的敌意可能有持久的生命力。若干大有希望的自然科学家，为军工企业设计了智能机器及其算法，远景上，在未来必须与他们过去的死敌合作，这样发展下去会导致他们在新成立的集团直接辞职。这种智囊流失（Brain Drain），专家的外流，对于一家企业的知识转换影响重大，可以说，其商业模式依靠的就是专家们开发的顶尖技术，由此从属于一家企业无法放弃的和最有价值的部分在此将愈加清晰：在一家严重依赖于其员工的知识与技能的企业中，人是属于企业能够提供的最有价值的珍宝。所以"人力资源管理"是一个基本消失的概念。对于一家企业，知识员工属于核心，一个员工永远不可能只是成为一种资源。更确切地说，作为人，他可以期待他的工作得到最大限度的认可，不仅仅以酬劳的方式体现。知识员工同样希望少受管理（geman-agt）：他们期待领先于企业文化，其中上司要像交响乐团的指挥那样能把许多单独的声音汇集成一个和谐的整体。

可以想象，交响乐文化在此不合适，对技术人员和科学家富有创造的力量帮助不大。创新常常在非常小的团队发生，来自微小的或者个别的团队。高昂的通信成本和韧性的自我管理在集团文化中无法促进创新。毫不奇怪，时至今日，德国军工企业发生深刻变化之后的十五年，基于两个原因——智囊流失和对创新充满敌意的内在行业结构——没有出现引起轰动的全新的技术发展。相反，随着兼并、重组与整合，德国在此期间已经丧失了大部分雷达技术，卖给了英国，而且对于急需的侦察技术，例如数据融合、侦测信号的自动识别或者传感器发出信号（*Sensor Cueing*）、自动的"传感器控制"，这方面许多技术上可行的知识干脆蒸发掉了。我们今天所见，与十五年前相比并没有更多的创新。因为创造性，如同涉及聪明科学家的聪明脑瓜，他们寻找一种新的活动领域，在其中可像军事领域那样使用其好战的系统。而且他们终于发现：数学家成为金融市场的活动家，作为"Quant"，作为与数字玩游戏的"量化分析师"，在金融行业站稳了脚跟。

股市是一种让数学家和物理学家感到熟悉的游戏，因为在投机时发生的一切就像战争中的非合作。专家知识系统抱以希望的是权力和控制。离开了这种纯粹尊贵的区域，毫无控制地流入一个行业，它既不友好也不特别智慧，正如我们所知道的，由于贪婪、肆无忌惮和高犯罪动能等恶习而出众。

斯特凡·施密特当时对机载预警机系统（AWACS）现代化所说的一席话也适合于股市："如果军队拥有信息优势，就能百战百胜。"用一个交易商的表述可把这句引语略作修改：如果交易商不仅适时地拥有原始的市场数据，而且适时地支配知情人的私人信息，那么他就能够做好赚钱的买卖。知情人的私人信息（*Privatinformation*），也就是证券交易应用商所希望的，要么借助对股票行情、公司信息、"意见"和数据融合的监控实施重构（*rekonstruieren*），像知情人进行似乎合法的交易，要么必须比其他掌握有关交易重要信息的交易商更快速（*schneller*）。两种情况，人们借助证券交易商可获得高额的盈利，而且这一切应该得到证实。但前提是在计算机和网络基础设施——在数据科学家的数学算法的专门知识中的巨大投资，他们已经在军事工业的类似战斗任务中积累了经验。

量化分析师们的方案和经验，在金融行业与他们在军事工业的实施的内容别无二致，所以会受到华尔街的银行家们欢迎。甚至在银行家现在使用的语言当中，深入地讨论：如何充分地掌握军用术语。

"关系到消灭我们的敌人，战胜所有挡住我们去路的人。在他们死去之前，我们掏出他们的心脏，吃掉。"

这些强有力的语汇不是来自一名战士，而是理查德·迪克·福尔特（Richard Dick Fuld），被称为"大猩猩"的证券交易商，后来长期担任雷曼兄弟的投资银行总裁，人类历史上迄今最大的破产案的肇事者。其间虽然没有在芝加哥商品交易所（CME）旁边建立情报作战中心（*Combat Information Center*）或者作战和通信中心（*Combat and Reporting Center*），但是却设置了全球指挥中心（*Global Command Center*）。[5]

所谓交易算法（*Algorithmic Trading*）的胜利进程和建立在其基础上的数学模型，经过近十年来的技术发展得到了激励。从此，机器将比人更频繁地挣钱。愈来愈快，效率更好的高性能计算机，存储容量的小型化，所以金融工具数据的可支配性不断增长，在交易场所网络的铺设使得复杂性不断提高，速度不断增长的新金融数学模型的开发日益迅捷。同样的尺度，如同电子"金鹅"的数量那样，金融算法不断增长，对它们的热情也在增长之中，但是交易商和机构投资者的实际依赖性在个别情况下可能也在增长。

"我们的生死与我们算法的有利可图相伴。"瑞士信贷第一波士顿分行的负责高级执行服务的全球总裁理查德·巴拉卡斯（Richard Balarkas）在 2005 年就这么说过，"技术越好，我们的客户就能赚更多的钱。"[6]

我们今天可以感受到这种发展成果，证券成交量愈来愈脱离实体经济。如果人们从前考虑过用数学解读（*erklären*）市场，如今已经过渡到借助数学按照愿望来塑造（*formen*）市场。通过操纵市场，发现价格结构中的供需信号，构建超越时间的游戏策略，玩不合作的投资游戏，有意识地欺骗交易伙伴，以期获胜，也就是在"事件"、交易日或者交易周结束时盈利。十五年来，军事领域之外的算法军备竞赛就是投资业的现实。

全球迷途：经济金融化与诺贝尔经济学奖

　　从历史上来看，技术进步对社会具有决定性的意义，总是导致巨大的亢奋，社会的变迁，新商业模式的出现，但投机的泡沫自蒸汽机发明以来就没有什么变化。从 20 世纪 80 年代后期，像微软和苹果等企业开始了全球性的进军，在这一进程中，他们的创建者和早期员工，拥有的股权已经使其成为了亿万富翁，所有的人都着迷地关注那些成功的美国故事：老套地从车库开始，在市值数十亿的企业董事阶段结束。人们开始苦思冥想：为了赚钱放弃工作，可能更有利可图，特别简单地把钱投向一家企业，少许等待，直到企业市值上升到足够高度，就可以用原始投资的倍数（Multiple）套现。钱还可以生钱——这曾经是——现在仍然是金融市场资本主义的伟大诺言。

在实体资本主义^①（Realkapitalismus）之中，银行向企业提供信贷，让这些企业用借来的钱投资生产物资，升值，让经济增长整体获益的东西，随着经济金融化开始统治金融系统全部。人们优先考虑金融赌博，而放弃实体经济。1990 年全世界所有的金融交易相当于实体经济的全球各国国内生产总值的 15 倍，到 2007 年美国不动产危机开始之际，上升到 70 倍。⁷ 仅仅衍生商品的交易，其中用于担保不足的信贷的信用的违约互换，在 2008 年金融地震之前大约达到了全球国内生产总值高度——一个不健康、危险的比例，这表明市场上的有价证券大大多于实际的债权。经济金融化得到了许多因素的推动：在美国前总统罗纳德·里根和英国前首相玛格丽特·撒切尔夫人当政期间，对银行与股市放松了监管，银行投机在 1929 年世界经济危机之后首次得以放任自由；⁸互联网在全球的推广；自从各国中央银行推动量化宽松政策，市场上数量不受限制的钱通过数学家和物理学家，在 20 世纪 90 年代开始，给"金融化学"赋予一道严肃的科学色彩。这些量化分析师（Quants）的主要任务就是不断地为金融经济提供新的复杂金融产品。投资将始终更数学化，更技术化，更快速，更能量化，所以人们相信能预测可控的风险。数学模型和算法开始支配投机买卖。有时没有约束的奇迹适合于数学，但是银行家和经理人常常既不理解运用金融数学模型实施的精神努力，也不理解从中推演出的模型自身。尽

---

① 有经济学家这样区别金融资本主义和实体资本主义。

金融资本主义对企业及其生产和员工毫无兴趣，他们只想攫取更多的钱财。用钱可以生出更多的钱。金融资本主义特别非社会性。他们常常（无意识地）对准工人。在美国，我们看到更多的金融资本主义。在这里，资本比起劳动更多地参与了该国的生产率。剪刀差打开，这是资本与劳动不对等的剪刀差。

在实体资本主义中，投资者对企业感兴趣。他们向企业投资，使得企业能够向生产资料（机器等）和员工投资，实现实际的增长。在实体资本主义中，工人也参与该国的经济增长，因为投资通过工资和奖金的形式流向他们，那么他们也能够参与消费，因此他们幸福感与日俱增。

因此某些经济学家说：实体资本主义长久地促进繁荣，金融资本主义逐步引起危机。——作者自注

管如此还是适合的，自数学及其模型晃动了金融市场的节杖以来，人们还是确实地感觉到了。1997年数学家和经济学家罗伯特·莫顿、迈伦·斯科尔斯、费舍尔·布莱克因为他们评估股票的模型获得诺贝尔经济学奖桂冠，瑞典帝国银行和诺贝尔奖委员会对这种可靠的感觉也做出了贡献。经济学家挑选出一个受欢迎的股票，建立一个反映股票价格特性的统计模型，在其模型假设的基础上计算股票期权的公平价格可能有多高，从而平衡股票价值增长的风险。这些方法得以在芝加哥证券交易所实施，迈伦·斯科尔斯在那儿被任命为监事会成员，如果涉及风险评估，应当完全相信数学。

1994年诺贝尔经济学奖还授予了患精神分裂症的数学家约翰·福布斯·纳什（John Forbes Nash，1924—　），因为其拓展了博弈论。每当当地银行的代表来到小学生跟前，向他们讲解投资时，人们就向他们传授"证券市场博弈"。面对这些，当今高度装备的证券市场早已不是我们能够想象的，"证券市场博弈"是靠不住的。证券市场不是游戏场。私人投资者对股市的看法早已被机械的平行世界所取代，在其中只是计算机与计算机交易。它们的交易活动与实体经济不再有什么关联。证券交易商在其计算机屏幕上监控股市行情，发出一个电子任务的图景已经不合时宜，尽管我们确定，为了起码初步地理解一段时间内非常抽象的事件，更正确的是应该思考一个巨大计算中心内闪光的LED灯。每次闪烁都是电子交易合同的串联，从一台机器向另一台机器传递，以更短的时间，一眨眼的工夫实施。人们由此传授我们年轻一代的投资表明，经济金融化的观点多么广泛地传播开来。因此已经掌握金融手段的人，才能从经济金融化中获利。谁用钱投资，谁才能从钱中生出更多的钱。然而谁依靠必须为他的生活费用工作，谁就是经济金融化的失败者。谁仍然在劳动，谁就是新"穷人"。

谁把股市理解为游戏，谁就有高概率履行数据科学家的职业。故事就像人们猜测的那样，直截了当成为约翰·纳什非合作游戏的竞技场。蓄意发出的错误信息，误导"对手"的买卖兴趣，促使他采取一种轻信行动，有目的地散布电子"谎言"，为了在"游戏"中像大数据科学家建模那样取得金融的优势。量化分析师们首先在这里开始，为了尽可能有创意地、可获利地交易有价证券。首先他们观察"电子合同书"（Order Book）的市场深度，合同书与一种金融工具的原始价格数据相反，需要更多和额外查看供需。因为在合同书中供需适时地对立。此外对一种有价证券的实时价格交易商可以从合同书中识别，一种金融工具的最高报价处于何种价格水平，对该价格发出了多少报价。与刚刚交易完毕的实时市场价格联系，交易商可以预测金融工具的价格在短期内朝哪个方向发展，相应地做出预测。如果交易商从合同书中得出结论，理论还没有到不错的程度。因为这儿正是投机与欺骗的空间，同时也适用于博弈论非合作性博弈（游戏）。因为利用合同书实施交易的人很快就会想到，按照自己的投资策略欺骗其他的市场参与者可能会获利。想卖空（shorten）股票者，期待一个高销售价格。为了让价格走高，机智的量化分析师们使出诡计，对速度提出要求：一种算法假装想要以高价购进这种有价证券，向合同书中报出了相应的报价。市场乐于见到这种询价，吸引其他的投资者，在自己过高的报价上被另一个市场参与者接受之前算法适时地撤回购买命令。在屏幕上还可以看到购买命令的地方，突然清空了，购买的报价消失了。作为替代，在合同书中一个算法的销售报价在闪烁。当其他的交易商接受了这个新报价时，人们就可以把股票以更高的价格卖空，这些类似的欺骗策略的源头也是军事领域。对此，各所大学以对手有意识的谎言（Intentional Lying of Counterparties）为题进行研究。市场事件的谎言——已经有数学模型能够计算在一个谎言里藏匿了多少利润。[9]

监管机构要求股市平台采取预防措施，识别与通报这类市场投机，使之能够被预知。[10]因此约翰·纳什的非合作的博弈论，在股市的纯粹形式无法使用，因为他的模型涉及两个框架，实体股市无法实现：它的博弈结构从屈指可数的博弈者出发，所有的人都跟踪相同的目标。更为重要的是：纳什的博弈者总是理性地考虑全面的信息。两种假设不适合现代化的电子交易场所，也不适合一个投资者与唯一的对手方（counterparty）发生关联的地方，银行与其客户之间的机构性货币交易中常常是这类情况。银行作为做市商（Primärhändler）确定货币价格，银行也是实施买卖的唯一合同伙伴。但是做市商总比客户信息多，如果涉及利用大数据分析技术对"私人信息"进行重构，还要更多。

不同于约翰·纳什的经典博弈，在现代化的中央交易场所聚集了上千的投资者，使用完全不同的策略。一个投资者具有长期的投资目标，另一个投资者做短线交易。第三个投资者想要减少风险，出让他的有价证券。第四个投资者正好相反，要购入股票，准备接受风险；资本从拥有者那儿流动到准备接受者那儿。[11]后者构成了市场的理性，有些科学家强调。但是市场的理性是一个被超越的神话。

"我们能知道何时依靠非理性的思考，导致过度估价有价证券吗？"美国联邦储备委员会前主席艾伦·格林斯潘（1926— ）在 1996 年表达的一个观点已为人熟知，是再次对约翰·梅纳德·凯恩斯（John Maynard Keynes，1883—1946）1930 年观点的总结：市场首先是由我们爱钱和用钱盈利的本能所支配[12]。

人们已开始怀疑理性市场的理论，实际上资本市场的非理性行为已经得到证实，正如网络公司泡沫破碎那样。

2000 年 3 月 20 日，金融类刊物《巴伦周刊》刊出一篇文章，列出了51 家互联网公司，预言它们在十二个月之内将耗尽资金。这篇文章的信息是互联网上收集的，尤其是来自这些企业的年报，他们递交给美国股市监管机构公布。记者们的调研工作虽然不是大数据融合，但是产生的结果是相同的：寻找与汇集分布在某地的原始企业数据，为读者提供重要的信息。公司数据不再以这种方式介绍，集体歇斯底里之后的震惊，其中人们为不断上升的股市行情的幻象一搏，[13]无法长久地等待。突然，每个人都在新兴市场和互联网的充满希望的商业模式中投资，有着着魔的风险。网络公司的泡沫在最短时间破裂了，德国的新市场是德意志证券交易所1997年为了尚无盈利、只有若干营业额的大有指望的高科技企业而设立的，仅仅过了六年就解体了。许多在互联网领域赌博的投资者承担了全部损失。

然而理性的市场假设正是科学家们开发金融模型时采用的窍门。理性的市场假设在此跟踪类似的目的，如同变量的正态分布的假设。当人们不知道克服困难，不能在细节上了解和建模投资者的行为时，同样假设市场表现为理性的，而且人们与其模型再近了一步。模型同样是拐杖，不再小心翼翼。在模型一再被使用的地方，无论是风险预测还是分析与预测公民及消费者，总是反映了一部分真实，因此并不全面。它们不会提出更多的需求，它们是模型，并加以保留。由此物理世界比社会的世界容易观察。社会行为驱动什么呢？问题表明，在社会问题上潜在的变量的数字特别巨大，即使最好的数据科学家也无法由纯粹的观察得出一种确定的社会行为。天气比金融市场的特征更容易预测，后者不是理性的，而是由社会因素和心理确定的。行为经济学（*Behavioral Economy*）准确地考虑了那些心理因素。但是"软性"因素，大约如同投资者跟随一群人，或者肚子里做出投资决定，与坚实的、数量化的因素相比，是一个投资产品价格体现的因素，很少能在数学上建模。

当然，非合作的博弈论，类似于散布风险的金融数学模型将导致对市场事件产生更深刻的认识，从而更好解释市场的功能。如果我们不仅仅观察股市这种单一的金融场所，而是更强地概括，那么我们就会认识到纳什的非合作博弈就是两种系统的战斗。其中一个系统几乎获胜了：金融市场解除管制的盎格鲁-美利坚式的涡轮资本主义，甚至摧毁了共产主义。它的目标效应建立在自私的经济人（*Homo oeconomicus*）基础上，获取最大利润，而且不考虑损失。过去几年里，涡轮资本主义转向对付社会市场经济，后者如今处在垂死的状态。我们的莱茵资本主义——用数学语言表述——帕雷托最优（*Paretooptimum*），是一种最优，关心所有市场经济的参与者的平衡。资本只允许膨胀到触及工作或者私人财产的权利边缘，不能超过。与之相反，涡轮资本主义只认识利益效应：利润最大化，直到血流成河。在体制的鏖战中，社会市场经济已经孤独地垫在下面，因为其盈利优化始终处在涡轮资本主义的下方，它将成为肉食动物的牺牲品。不再有什么逻辑，因为更强的体制总是获胜，毕竟它是最优化的。

数学会成为肮脏的科学吗?

物理学被视为肮脏的科学,因为它释放了毁灭性的力量,比如原子弹。长期以来数学作为所有科学之中最纯净的科学与之相对立,但是今天这种纯净的特征还能保持吗? 因为量化分析师们已经转向,有意识地发挥着影响,并按照他们的意志塑造股市的价格波动。一种金融市场的现代化的星球改造(*Terra forming*)开始使用数学及其算法和智能机器。同时,这也意味着已经提及的金融市场与实体经济的脱钩。专家统治随之而来,这不但可理解为拥有市场上真正出现的科学专业知识,而且通过装置,按照他们的自由裁量塑造。坚持为退休金节省的私人投资者无论如何都会吃亏,因为说不准他只是市场上的比赛用球,不再是队员了。

英国女王 2008 年 11 月访问伦敦金融学校时曾提问,为什么科学家没有预见银行地震的到来。[14] 半年之后她收到了经济学家蒂姆·贝斯利(Tim Besley)和彼得·亨尼西(Peter Hennessy)教授的回答,他们的答复概括如下：

> 我们没有能力预测那个危机的时机、规模和严重程度，并抢在它到来之前采取行动。这有许多的原因，尤其是许多的聪明之徒在国内和国际上集体拒绝，似乎这事关对整个经济体系的系统化风险的理解。[15]

迟早会出现问题，多少份额必须归咎于参与全球金融危机的金融数学模型，如同它们到那时为止在评估投资风险时得到考虑那样。大数据@华尔街是导致——起码是促使全球金融地震的新冒险技术（*Risikotechnologie*）吗？

随着冒险的抵押得到书面确认，它依赖的中子弹以后也被称作"中子贷款"——投资人沃伦·巴菲特早在 2003 年就警告过，金融衍生工具是大规模杀伤性武器[16]——有人相信，隶属的美国抵押的贷款违约风险已经"排除"，不再会发挥决定性作用。美国保险商美国国际保险集团（AIG）是有毒的抵押信贷的再包装与"稀释"的大师。保险公司用中子贷款做抵押，获得了高达数千亿美元的担保债务凭证（*Collateralized Debt Obligation*，简称 *CDOs*），再与其他可出租的金融商品汇集在一起，用它们绝对可以赚到钱，比方说信用卡贷款。运用书面确认可再度形成新的有价证券。中子贷款便消失在所有其他的信贷后面，人们以为风险很有可能被冲淡。恰恰没有一种风险模型计算出出人意料的结果，拥有自己房屋的美国梦有可能被巨大的爆炸击碎。当美国不动产价格开始停滞时，替房屋所有者中最穷的美国人设好的陷阱突然闭合，他们从此再也无法履行金融的还款义务。当模型中的正态分布连带其不再可忽略的概率由此得出美国不动产市场可能会整体虚脱时，一个变量的厚尾（*Heavy Tail*）被低估了。而且，如今人们事后知道这点，就有了不再使用包含新有价证券的足够经验。翻译成数据科学家的语言意味着，人们没有从较长的交易时间段得出足够的数据以供使用，人们用它可对模型实施"充电"，以便掌握那些金融衍生工具统计上的表现。因为也适合于金融数学模型：数据愈多，科学认知也愈可靠。少许数据，也就不存在统计重要性的问题，将导致完全的错误期待和彻底没有任何的见解。因此对现代的大数据信徒重要的方面在于，尽可能吞并我们的大量数据。我们用非常多的数据才能按照词的真实含义更好地计算。

随着他们模型中的弱点既显示出金融产品的阿喀琉斯之踵，又表现出数学的极限，因此科学家和金融企业会继续留下来，大家不再会离开他们曾经用数学开辟的道路。人们甚至还会继续走下去，并且强调"我们需要更多的数学"。但是问题依然存在。数据科学家虽然学习他们的经验，所以他们的模型比先前的更好。但困难是由另外非科学的方面造成的：银行经理和其他金融市场的参与者，他们不懂数学模型，非常希望得到预期的盈利，排斥风险，对数据科学家最明确的警告置若罔闻。假如一个银行经理不明白风险如何测量与测定，他喜欢倾向于相信根本不存在任何风险（es bestünden überhaupt keine Risiken）。再加上银行和保险公司拒绝透露哪些模型和算法以何种方式投入使用。确实，能够获利的"金鹅"将始终保存得到妥善保护的企业机密，但是对风险实际的存在却毫无把握，把它们做成了全球经济的潜在炸弹。另外，监管机构也是部分问题，他们虽然不是不作为，但是过于迟缓，犹豫，他们在不理解金融数学的模型与算法前提下错误地监管。在模型释放进入运行时的环境（Runtime Environment）之前，只有更仔细地对其进行测试，或者为了质量保证遵守业务流程的规定，既不可让金融市场的数学限制消失，也不阻碍这些我们先验的不熟悉的交互作用，它们通过大量使用模型出现在金融交易场所。如果我们转向高频交易时，马上更贴近地对此展开研究。

大数据金融 2.0

金融行业好像不满足于从不公平的资本市场榨取钱财的数据分析系统原有的高端性能，打算在大数据第二波的商业化浪潮中提取我们的个人数据。金融企业知道，在个人数据中隐藏着信息，可以借此继续将利润最大化。我们已经记录下向个别消费者宣示的第一步行动，如同对待一只成熟的柠檬，插手其自治与未来，使其发展的机会受到强有力的限制。这里星球改造得以继续，并产生了巨大的差异，无论人们监控、分析和操纵的是股票的行情或者一个人。全球金融市场的星球改造隐藏着高风险，使用在人身上，是一种对他的自治的侵犯。因此并非智能机器或者技术导致这个问题。以利润最大化的名义，所有羞耻的界限在银行和其他大数据分析的获益者的身上失守。

世纪之交，德国南部有一个州的刑事侦查局跟踪过一个新项目，借助新式的数据分析系统对分配给不同警察检查的、尚未联网的数据库加以充分利用，验证不同的假设。例如："毒品交易中心由 A 城市转移到 B 城市"，利用的方法之一是网络分析（*Netzwerkanalyse*）。虽然可以首先参考用于网络分析的结构化数据，但是在警察系统中却关系到新型的数据融合的先驱。除了量化的数据之外，还考虑了任意的文本和频繁的传真。人们在不同的警察检查数据库上提取，对其中的刑事罪犯、犯罪行为和犯罪前科进行分析：X 先生受到过拘留吗？如果是，为什么？谁是 X 先生，他和谁是亲戚或者朋友关系？有人在"组织化犯罪行为"科提出类似问题，并对分散在联邦州的各不相同的数据分析评估。此外确定，谁是谁，并不始终平常，尤其当不涉及德国人的姓名时，姓名的写法都可能差异极大。毕竟该系统确定，毒品交易真得推迟了，并非空间上的，而是从一个族群转移到另一个族群，从中可以确定，根据名字被识别的人物。但是警官们有一个完全不同的问题：当原始数据在其数据库失效时，将会发生什么。然后有人必须把它们从警察办公场所的数据库中删除。那么，需要把新获得的信息"X 先生属于毒品交易的幕后策划者小组"继续存储吗？人们做出了相反的决定。如果与个人相关的数据过时，比如删除其前科，那么每种以此为基础的其他信息也必须删除。如果原始数据基础变得对他有利，X 先生未来也不会出现在毒贩名单上。数据删除系统在项目结束时成为了整个系统最昂贵的部分。

尽管没人愿意在一个警察系统中被重新找到，与一家银行的网络分析相比也许是一个更小的弊端。在国家机构中访问个别公民的私人空间要依法执行，目前存在数据保存期限的规定或者删除规定。但是在一家私人银行情况又会是怎样呢？其数据分析涉及没有法律约束的空间。没有东西得到处理和存储，我们与谁通过互联网相连，我们从事哪些活动或者我们拥有哪些优先权，简单和诱人。当诸如 Facebook 这类公司开展其商业模式时，也许把用户的私人数据卖给第三方，完全违背社交网络确保的用户数据不公开原则。这些让若干 Facebook 的用户感觉太离谱了。众所周知，2014 年，美国发起了对社交网络的集体诉讼，指控它们违背了私人电子交流的不伤害权利。[17] "Facebook 系统化地伤害了消费者在私人领域的权利，因为它传阅私人用户的信息，而没有得到用户的同意。"指控如是说。广告说，Facebook 的私人空间是史无前例的，这本来就是一个谎言吗？申诉者继续说，从对私人信息的监听得出的认识变卖给第三者。属于对私人用户数据感兴趣的获益者还有银行，可以通过用户的活动了解他们客户的朋友群和家庭成员，比如用以下问题打听：您有太太和孩子吗？一幢房子吗？或者您要去度假吗？当银行用这些数据计算预测出您的家政金融需求的规模，那么这种举动也许对你算是小恶心，您也许会认为银行给您的信贷额度的前瞻性报价非常符合实际。当银行机器评估分析您的私人数据之后确定的内容使您不再具有良好的信誉呢？您的金融需求、投资愿望的预测，这些是奖章的一面；预告，人们何时更喜欢与您这位客户告别，这是事物不利的一面。您随后能够买得起这辆前往工作地的汽车吗？或承受得起搬到居住在您工作地更近地方的费用吗？而且您自己的企业前景如何？您在金融上站稳脚跟了吗？银行想要的东西是您期待东西的预期，为了增加您自己的盈利和防止您的信贷风险，银行也许与您都赞同这些。

　　未来一家银行的预测应该决定我们个人发展的机会，这似乎并不是一个令人不安的设想。设想一下，如果银行预言不准确，我们的未来会发生什么——您会想起错误编程的糟糕软件或者是其不透明的问题——可能更令人不安。而且信息删除以及您生活的重新计算该怎么办呢？如果它得不到持续更新，某个时间就会发生错误，因为您的生活在不断变化之中，而且今天能与您实际生活发生关联的信息可能到明天就会过时，因此也就不是真实的。但是一家银行在持续保护您的原始数据用于大数据分析时应该具有哪些兴趣呢？没有，因为持续更新原始数据的基础用于大数据分析既费力又昂贵。而且谁有权利修正或者删除直接与您相关的信息呢？在您本人不知晓和同意的情况下，您的数据继续传递给哪个人，眼下没有人知道。毕竟销售数据或者与个人相关的信息是一个合算的商业模式，即使之前它们遭到了偷窃，自德国金融机构大量购入税务光碟发生争论，我们事后肯定清楚那是什么东西。

有关您生活的信息交到第三者手中完全可靠吗？肯定不。最近数据盗窃的案件发生在沃达丰，而且涉及上百万次侵入邮箱账号，把用户的个人信息占为己有。您的虚拟替身可以在网上随意冲浪。也许它已不是您的替身，更确切地说是一具僵尸，海德先生（Mr. Hyde）。您既无法控制它，也不知道结论，从其臆想的性格特征、偏好和倾向以及行为中抽取其他的东西。但是其结果不会契合它，而是您自己。您不再能获得信贷额度，因为这个虚拟的活死人大概负债累累；您的医疗保险总额也将提高，因为替身能够推断您也许会患遗传疾病。不是您能掌控您的生活、现状和未来，这些将会更多地由您的虚拟替身决定，智能机器已经从搜集到的有关您的数据——其中有许多是您自己自愿和轻信地提供的信息计算得出了。

眼下的情况甚至是这样，利用您的未来的企业比您的数据得到了更好的保护。2014年1月28日德国联邦法院判决，德国信用保障机构（Schufa）①的评分流程比分析过的授信人数据更有保存价值，这是大数据商业模式的磨盘之水。但是从未来立场来看，这项判决骇人听闻，且对处理今后若干年内向我们走来的大数据保护难题帮助甚微。[18]

---

① 德国信用保障机构（Schutzgemeinschaft für allgemeine Kreditsicherung，简称 Schufa），Schufa 数据库中拥有德国 6630 万自然人以及 430 万企业法人的信用记录。数据库内的各种信用信息，包括个人基本信息、住址、银行账户信息、租房记录、犯罪及个人不良记录等。与此相对应，机构获得信用信息的来源也是方方面面，包括银行、金融机构、网络运营商、保险公司，甚至在特定情况下，个人也可成为信用评分的提供者。

大数据@华尔街

不损害个人隐私权，大利润照样可行。然而通过大数据金融提取大量公开可使用的批量信息，例如股市行情、基础数据或者新闻，却隐藏着另外一种方式的系统化危险。虽然对我们个人而言不是直接的，但却直接影响到全球资本市场和我们国家的经济稳定，尤其大数据与联网的证券市场上的大速度（*Big Speed*）相连的地方。金融市场的大速度甚至害怕机构交易商，这些人多年来每天习惯与大数据技术打交道。因此较为大型的多样算法不仅有可能，而且稳定地对金融系统造成影响。单作①（Monokulturen）在工业领域同样也弊大于利。

一家投资公司向一个数学家提出通常的任务，从确定的投资期限——也许三个月也许为一年——的有价证券之中计算出证券组合的最优化排列。他考虑着委托人的风险—利润—轮廓："损失不能超过全部投资额的10％！"现代的证券组合理论的认识权衡，"使产品多样化，减少证券组合风险"，所有的市场参与者依此理性交易的新古典主义经济学如此考虑，最终向基金经理介绍其模型。

"让我们假设。"他开始解释，"个别有价证券的价格未来如何发展，我们没有有关的其他信息。"

这个数学家指出他模型中有价证券的变量以及当今价格的正态分布。他感到自豪。他的方法既漂亮又科学，与现代的投资组合理论一致，推导出一个优化的投资组合的完整的解。他也不必指责任何东西，尤其无须指责他的投资组合升值是隐藏在其数据中的信息优势（*Informationsvor-*

① 单作：在同一块土地上始终种植同一种作物。又译"单一种植"。

sprung）的结果里。他选择了一个古典的、学院派的方法——但是在现实中真能持久吗？或者他直接跳到那地方时间太短，此处尚无法完全解释许多现实的观察，因此他确实"错"了？在经典的金融数学模型的彼岸是大数据，它要改变投资者的投资方式与方法，这种未来已经开始了。

"让我们假设"是数据科学家典型的初始状况。但是他的模型的假设不必反映现实，一个特征，正如我们所见，一般黏附在模型上。作为现实的替代，在金融市场存在非常合理的信息优势，使用它们意味着运用金融工具可比其他投资者获得更多利润或者完全盈利。市场既非理性也非有效的观点将激怒 1970 年提出的效率市场假说的代表。就是在今天，适时的信息时代，那些追随者团体也会提出论证金融市场的参与者完全没有可能优先使用信息。有关金融工具的信息迅速传遍了全球，它们几乎同时为参与者所采用，相同的公平交易条件即将实现。

现在不是这种情况。[19]因为我们的数据科学家尚未假设信息优势，但并不意味着这就不存在了。若干金融市场的参与者比其他人更无关紧要，他们知道，允许他们预见有价证券的行情——一种知识，人们喜欢称为"私人信息"——能够由智能机器从行情变化中重构。但是并非每个金融市场参与者都使用智能机器，特别是私人投资者和散户就不可能使用。这类系统巨大、昂贵，具有危险性，鉴于它们的速度或者最苛求的分析方法，更多、更好的技术意味着始终具有优势地位。谁在市场上揭开私人信息，他便获得了一种可靠的决策优势。其他不同于我们的科学家假设，大数据@华尔街知道私人信息存在于市场，便会自问：人们如何才能提早发现这些信息，几乎充当内部之人交易，由此获取利润呢？

私人信息是获得利润的关键

原料交易商的行为老派，但至少有效，他们彼此熟悉，直接互相交换信息，也就是所谓的心灵与心灵的交谈。[20]棉花交易商，每年在国际棉花协会（ICA）相聚，能够预估他们的棉花在不远的将来会达到何种价格。最有可能精准预报的是涉及原料的交易，正如采用其他金融工具的交易，例外是高频交易，它首先需要定位，然后才提出问题。在原料交易之中基于信息优势做出可获利的交易决定，不是由于游戏时幸运或者错误的设想就能够打开市场。交易商无法解释他们如何获利，在原料交易中通常是可疑的。投机的交易商生意上不会持久。

为了在交易决定之前做出形势分析，大米、小麦、大豆或者糖的农产品原料交易商大约五年前就开始使用大数据分析，参考气象数据和自己的气候模型。对一定种植区的天气预报越精确，对农作物的生长和产量的预估就越好，其未来价格的投射就越精准。此外还有分析利用卫星图像，交易商可以尽量地放大地球表面，直到每平方米的种植面积都可以调查和计算出其土壤的性能。对此可靠的预测将有可能预期多少产量。大数据分析的数据融合技术更美妙的应用几乎难以想象。

对交易至关重要的信息从哪里来搅动，通常是存疑的。交易商的行为无把握的地方，如果根本没有被超越，起码也达到内部人交易的极限。有一个原料交易世界的案例：2010 年俄罗斯发生了干旱，俄罗斯政府宣布小麦出口禁令，并明确保证向俄罗斯民众提供基本的粮食。国际原料交易商，位于瑞士巴尔的嘉能可国际股份公司，与弗拉基米尔·普京圈子周围的俄罗斯政府代表保持着良好关系，提前获悉了禁运消息，豪赌小麦价格会上涨，当小麦价格由于俄罗斯停止出口在全球上涨了 30％时，他们获得巨大利润后退出其位。当时正值嘉能可公司在伦敦证交所公开招股之际，他们承认，其俄罗斯的分公司已经向俄罗斯政府建议禁运，几天之后得到政府遵循。[21]正是这种内部交易，也许甚至允许人们投机，与腐败相关。道德的考虑？失实的报道——一个涡轮资本主义（*Turbokapitalis-*

mus）的可靠的征兆。

为了评估价格走势而被交易商利用的数据流与日俱增。不仅适时的价位、基础数据或者政治和经济的热点"故事"都会影响交易与投资的决定。大型机构投资商，例如黑石责任有限公司在全球各地开设了办事处，在当地雇用成百上千的分析师，提出他们对投资的机遇及其风险的评估。黑石公司的超级计算机阿拉丁（Aladdin）掌握着分析师的观点。运用坚实的数字、金融工具和经济指数的量化数据，汇集了数据融合和短期或者长期概率的足够数据。如果出现地震、风暴、恐怖袭击事件，阿拉丁就能在几秒钟内计算一项投资风险有多高。如果人的因素损害到超级计算机的量化计算，这里从量化分析中将产生投资——伏都教。如果贝氏统计准则得以遵循，机器绝对不可能学习一个人类分析师如何可靠，如何信赖他的输入。如果它们不能持久或者非常不稳定，时间越长，人工智能机器的风险与投资分析就越不会"注意听"分析师。这听上去如同"奇迹"，系最高水平的数据融合。

一款阿拉丁神灯（Aladdin Light）应该马上可以提供给私人投资者使用。它的名字是沃伦（Warren），借用传奇般的投资者沃伦·巴菲特。这种系统能够在数秒之内回答涉及交易的关键问题，比如："如果非洲不存在干旱期，那么当地叛乱对咖啡种植将会产生何种影响呢？"沃伦相信其对大数据时代的非结构数据回答，地理政治与气象学一样。正是这种创新，将继续决定未来金融市场上算法的军备竞赛。美国新兴企业 Kensho技术有限责任公司①能够通过广告为沃伦争取到上千万美元的启动资金。[22]在欧洲不可能吗？理论上虽然不行，实际上却可以。在大西洋此岸既不缺

---

① Kensho 技术有限责任公司，目前正在研发一种针对专业投资者的大规模数据处理分析平台。该平台将能取代现有的各大投行分析师们的工作，可以快速、大量地进行各种数据处理工作，并且能够实时地回答投资者所提出的复杂的金融问题。

少创新技术，也不缺少专业知识或者企业。缺少的东西是钱和投资人的冒险意愿。如果一家技术企业的创新商业模式已经取得了关键的数量，拥有能带来营业额的长期客户，它才有获取欧洲风险资本的机会。相反，在美国是另一种做法。创新性的主意首先获得经济上的装备，然后在两到三年时间内就可以找到其商业模式。这是一条更容易的创新资本的入口，因此大西洋彼岸的西方国家——美国，在技术上已经远远地领先于我们。由于大西洋彼岸更大的创新爱好和更高的风险准备，美国与欧洲间的技术缺口已经大大地裂开了。

知道更多：与生物技术股票合法的内部交易

个别市场参与者的私人信息在市场上虽然存在，但是并未直接引起市场参与者的注意。更确切地说，这些信息深深地隐藏在公开的、可供使用的海量的市场数据中。人们必须像大海捞针那样在市场里寻找私人信息，对它们进行识别、提炼与重构——一宗包含辛辣点的数据融合的经典应用案例。常常是企业员工，他们比其他市场参与者早就更多地了解企业。比如一个股票公开上市的"红色"生物技术企业的研究者，当他了解到他的企业有一款革命性药物将得到药监局的批准时，为了从企业价值的升值中获利，他去购买了雇主的股票。[23] 准确地说，这涉及内部交易，如同嘉能可公司向他承认了公司与俄罗斯的小麦交易。然而恰恰是大数据能够把一项非法的内部交易洗白成合法的交易。

人们业已达成一致，要评估生物技术的股票，仅仅依靠基础数据是不可能的。许多这样的企业没有营业额，与传统的工业企业存在显著的区别，但研究业绩非常巨大，足以将其成本推到超常的高度。在美国，纳斯达克技术股票市场上有 800 多家生物技术和健康保健的公司上市，其研发业绩在1982至2007年间占了38％，按企业资产衡量，与所有工业企业平均只有3％的研发强度相反。[24]由于生物企业强大的创新能力，市场价格遵循另外的标准作为企业经济的数据；例如它会评估这类企业雇用了多少个明星研究者。[25]美国联邦州例如加利福尼亚州、马萨诸塞州或者华盛顿州资助研究行动，尽可能吸引更多的最初研究者，被视为高开发频率，成功产品和生物技术企业经济成就的担保者。[26]而且一款新药是否能得到许可决定着一只生物技术股票的价格。在许可之路上，生物技术股票的价格可以迅速升高或者急速跌入无底的深渊。

"苦杏素、病毒和阿雷纳（Arena）等制药企业的股票，在他们的药品得到美国药监局的批准之后，价格得到了显著的增长。自此之后人们投资这类项目应当更为谨慎。"一个市场观察者抱着"内线的兴趣"对四只生物技术股票如此评论道。[27]对于经济金融化的代表而言，假如一台智能机器能够预期价格朝哪个方向运动，那么这就是一项值得做的交易。

"评估一只股票潜力的有效方法是观察机构投资者和内线投资人的投资行为。在生物技术项目中，这些发挥了最有效的作用。"一名投资专业人士写道。[28]这首先涉及监控价格的波动，谁能够比机器更完美无缺地监控股票行情的特征呢？如今仅仅监控股票行情还不足以识别一种盈利的投资机遇，证明一种假说可行，要把我们再次交还给数据科学家及其模型：在机构投资者或者知情人购买生物技术股票之后，价格出现了大幅度攀升，因为他们比其他的市场参与者知道得更多，而且这些私人信息在股票价格上涨之前的股市行情中表现出来。

我们得再度与一种潜在的变量打交道；因为每当我们仅观察一只生物技术股票的走势时，还无法直接观察这些投资活动。我们必须另外推断私人信息，选择一种复杂的、机械式学习方法，它能够识别股票走势潜在的变量。在此使用了一种智能机器的有趣方法：解释清楚（*Explaining A-*

way）。如果机器确信，一个提高的价格波动性应该追溯到一个另外的事件，而不是一家机构投资者的股票购买上——比如一家企业的通告或者一种整个行业的宏观经济方面上升的波动性——然后它才会考虑到这点。最后机器要弄清楚概率，做出形势分析："我拥有 83％的概率在时间点 t 观察到机构投资的活跃"，而且"受监控的股票价格将以 67％的概率平均上涨 n 点"。

仅仅公开的、量化的"大市场数据"依照这种方法就可真正很好地证实我们数据科学家的假说。

但是最后一步应该这样迈出：通过控制策略（*Kontrollstrategie*）对受监控的生物技术股票实施投资控制。控制策略没有控制或者操纵股票行情，就像其名称阐释那样。控制策略自动控制与优化的内容是对受监控股票有利的投资决定（*Investmententscheidung*）。控制策略是人工智能，在适时的形势分析基础上计算，哪个时间点应该有多少企业的股票购买或者脱手。运用算法投资决策使他们的受益者实施黄金般的交易。它几乎让内线交易合法化，全自动、方便、高伸缩性，因为它的智能机器是可以克隆的，能够轻易地监控整个行业。

货币市场的微观结构

在全球货币市场，信息重构发挥作用有些不同于生物技术题材股票，因为货币市场由其他的市场通过若干特征显现。由于一方面是这种情况，市场会始终继续分化。不同于在一个中央股票交易市场上进行股票买卖，货币交易直接在市场参与者之间进行场外交易（*Over-the-Counter*）。每个初级交易商对欧洲美元（Eurodollar）报出自己价格的行为，无论怎样都奉行这个原则。但是也有例外，市场结构迅速发生变化，不但受货币交易自动化提高的程度影响，而且受经济事实的驱动。[29]因为一方面几家银行分摊了全球大宗交易量的一半之多；另一方面货币市场几乎集中化。如果若干市场参与者，即整合者（*Aggregatoren*），把许多初级交易商的价格汇总，转交给他们的终极用户。在机构交易中，其意义在于：一家企业，把其美元的营业额换成欧元，一定期待"最便宜的"欧元价格，因为它可调节负担，[30]通过一个集成平台比较各种货币与欧元的报价，以物物交换的形式与最佳报价者敲定。这让我们认识到货币市场的第二个特征：有别于其他的金融工具，这里多次涉及真实的金钱流动或者风险保障，不只是纯粹的投机。您在一家取得良好收益的美国企业投资，要从美国经济的复苏中受益吗？如果升值的欧元把您的盈利抵消，或者在最糟糕的情况下反向造成损失，您将从中获利微小或者什么也得不到。也许您将在行情可靠的情况下实施货币交易。或者您卖掉您从"北海钻探"的天然气，防止美元流向美国，但是必须把 5 亿欧元利息在一个确定日子付给您的股东吗？如果欧元相对于美元继续走强，就会遇到问题。但是您和您要优先与之兑换的私人银行支配着私人信息。全体成员大会周年纪念日临近，日期早已提前公布，而且您与您的家庭银行打算大量抛售您的美元：货币交易的有利情况，这里不涉及投机，充其量是选择最佳的兑换时间点。喜欢今天兑换 2000 万，或者等到明天，再兑换 3000 万。

愈来愈多的全球化企业转向采用智能算法降低外汇风险，运用算法为他们计算出最佳的兑换时间点。理由是自全球金融危机以来，愈来愈多的欧洲企业报告，在美元行情疲软时有很大的问题。[31]行情会导致战略损失以及企业年终报表不好看的风险增高。但是大数据在首席财务官（*Chief Financial officer*）处并非理所当然，因为此话题不具有战略优势。有些企业的财务官把这种风险定义得非常遥远并且宣称："我们没有货币风险，当我们需要时，简单兑换就行。"货币风险——一个上帝提出的问题？今天记录的损失，未来（或许希望）会再度返回盈利。因为随着时间的推移，就像这种哲学的代表们所期待的，货币风险将以某种方式查明。

随着时间的推移，比如十年、二十年内——货币风险就消失了？无论如何这是一种勇敢的假设，尤其当企业的报告时间比兑换行情波动的循环更短暂时，季报面对年度或者十年的波动期限。我们钱包里的欧元已经诞生了十二年；伴随着 0.89 美元兑 1 欧元的行情，2002 年 1 月 1 日引入了欧元，到了 2014 年 1 月 1 日，其开盘汇率已达到 1 欧元兑 1.38 美元。在今天的和伟大的"欧元欣快"开始之间的各个年份里，这种统一货币并没有在先期利率的附近交易。但是有些财务官已经厌倦了在全体成员大会上对货币损失表明态度，作为替代应该报告他们核心业务的产值和盈利，尽管他们一再强调：不允许拿企业金融进行投机。但是金融董事会态度消极，当他们希望在"未来某个时间"结算货币的损失与盈利时，投机不完全类似吗？

数据科学家能够理解货币交易的参与者及其动机，描述目标及其行为，一切将注入一个反映此类结构的模型中——微结构（*Mikrostrukturen*），如同其名称具体的表现。模型与多代理系统组合也是第一选择。一名数据科学家首先观察和分析个别活动者的行为，其中包括中央银行、贸易企业或者投资商。他把其观察编程综合到货币市场参与者、代理之中。下一步他克隆他的活动者，获得一个社会软件代理的完整社会。而且这个完全人为的小团体最后除了在一个实验室的虚拟市场互相兑换货币之外，不允许做其他的事。

如果没有代理掌握货币价格之外更多的信息，为了做交易决策，就会谈到零智能（*zero Intelligence*）。零智能代理常常被解释为愚蠢，但是人们不会轻易那么做。*Intelligence* 这个词您可以这样理解，它既不指聪明，也不是理解，而是纯粹的"信息"。零智能代理除了其价格之外并不包含有关金融工具的其他信息，一个代理，拥有私人信息，不再是零智能。尽管如此代理仍然能够复杂地架构，尽管小组智能最终是建立在其小组成员的合作基础上，不是基于其单独存在的精美。

一种以代理为基础的货币市场的蒸馏瓶的认知值得注意，因为它们可以特别好地解释货币价格如何实现，它们倾向于平衡、公平的市场价格或者一种均衡。[32]

如果使代理的虚拟交易场所承受不同的边际条件，例如一种金融大宗交易税，像 *Tobin Tax*（托宾税①）概念，此外它还允许模仿种种的监管意见。[33]

此外，在货币市场蒸馏瓶里允许的事件，能够用一定的概率预测，价格在接下来几小时内将如何变化。机智的数据科学家们因此将市场在活体之外（*in vitro*）与真实的市场整合起来，从蒸馏瓶中得出虚拟价格作为重新获得的额外信息，它们既不可从真正的货币行情，也不可从分析师与中央银行的公告中直接推导出来，却由真实市场的交易决定所用。这就是大数据为金融参与者能做的工作——但这并非全部。毕竟在利用第三方的个人数据用于自己的盈利企图方面，人们没有走得太远。智能机器一再公开利用可支配数据与数据科学家的创意，最大限度地利用公共数据。直到这里，大数据都没有对消费者的自治产生负面影响。只有一点得到明确：智能机器的使用者自己陷入对机器的依赖之中。而且这也是金融市场认为的，不存在从数学那儿返回。智能机器独自与金融工具的数据完成的内容具有诱惑性且令人兴奋。这些已经被小型银行、资产管理、对冲基金和独

---

① 托宾税，指对现货外汇交易课征全球统一的交易税。该税种由美国经济学家，1981 年诺贝尔经济学奖得主詹姆斯·托宾在 1972 年首次提出，他建议"往飞速运转的国际金融市场这一车轮中掷些沙子"。该税种的提出主要是为了缓解国际资金流动，尤其是短期投机性资金流动规模急剧膨胀造成的汇率不稳定。托宾税的特征是单一税率和全球性。

自经营者所认可。不是没有我的算法（Algo），他们中许多人那么说，倘若没有机器的帮助，他们就不可能完成他们每日高度紧张的工作。他们还说，因为他们认识到，长此以往，智能化的交易机器将不可能被击垮。

金融恐怖主义者的入侵关口

现代数学及其算法在期货交易所也支持证券交易商。或多或少的智能机器正在处理行情、基础数据和推特新闻。面对机构中间商（Forebroker），您如果提及"大数据"及其"算法交易"概念，他马上就会说中要点，告诉您，大数据对新式的电子股票其实意味着高速度（Highspeed）。大数据通过高频交易（Hochfrequenzhandel）来代表证券运营商和交易商。2014年分析师估计，全美证券交易所的70％～80％的交易是高频交易构成的，[34] 即使在金融危机的2008年，美国证券交易所来自高频交易的纯利估计达80亿到200亿美元。美国交易场所在此期间完全被超大数据（Very Big Data）支配，仅仅高波动性美国预先选购选销业务市场可以提供每秒650万种价格，期权价格报告机构（Option Price Reporting Authority，简称OPRA）如是说。这大约为每个交易日60亿种价格。无法想象一个交易商能够处理这些价格点上的海量数据，显然是委托机器处理的。机器与机器交易，以毫秒或者更快的速度下达上千次委托，而无人介入该流程。为了使算法交易继续加速，把机器用电子方式与"它们"的证交所连接，人们常常把它们安装在同一个计算中心。为了在所有参与计算机之间尽量缩短路径，使委托能够尽快，无时间等待马上得到处理，[35] 交易商利用特殊的高速网络的主机托管（Colocation）。如同"他们的"的交易场所处理合同那样，交易商不仅充分利用方式与方法获得利润优势，而且为了操纵股票行情。高频率算法的新形式将愈来愈频繁地被观察到，它们类似于病毒，迫使有价证券的价格通往期待的方向。在这里也会发生前面提到过的星球改造。

20世纪90年代计算机交易就已不再处于初级阶段。首先，证交所的电子交易必须开始其彗星般的上升。美国证券监管机构美国证券交易委员会（*Securities and Exchange Commission*，简称SEC）2005年的一项调控措施导致高频交易在短短几年内成为优势战略，较小的市场参与者愈来愈多地遭到证券交易所的排挤。因此纽约证券交易所的新规定未直接与电子交易关联，而只是打算更好地保护投资者。规定包括：一次委托必须始终以最好的价格办理，必要时有必要向委托人销售更贵的有价证券。[36]规定触发的东西是非线性系统的动力学的一个令人信服的范例：假设一个善意的刺激，但在一个复杂的世界里它无法或者只是局部地激起期待的效果。今天的世界不再是线性的。人们拧紧一颗调节螺丝，但是五个别的地方的阀门可能会意外破裂。因此眼下发生的是由规定限制的方面造成的：它的视野除了有价证券的价格之外别无其他，连交易的速度也没有。它导致了交易商围绕同样最好的价格展开军备竞赛。只有足够快者，才能在其他人抢先采取行动之前，确保最佳的价格。调节监管机构并没有预料到规定可能会导致市场交易加速。

这期间交易商只与失控的速度螺旋有关。非常明显，在大批量的极快速机器猎取最佳价格的过程中有些人可能失败。许多投资者排斥的东西，有机构的经纪人感觉到且表达了出来：这种机器之间几秒钟之内完成的有价证券交易是全球联网的资本市场的整个系统的定时炸弹。高频算法以毫秒和微秒的速度在无人协助的情况下买卖有价证券的地方，人类将会成为股票行情波动的看客，成为无足轻重的观察者。不是少数专业人士今天谈论的一种"反常系统"，而且，他们还担心，金融恐怖分子可能在这点入侵或者彻底改造世界。因为高频交易仍然不受限制地继续扩散，始终与高频说客的符咒相伴，快速的算法确保资本市场的流动资金，人们必须理解其系统的风险。

闪电暴跌及其类似情况

1987 年 10 月 19 日，星期一，道琼斯股票指数暴跌了 23％，黑色的氛围持续了一整天。在我们现代化的极速证券交易市场上，几分钟内就可能上演恐怖的现实。如果我们回忆起股票历史上的闪电暴跌，将会发现类似情况都是以几分钟和几秒钟的速度发生的。最先开始的暴跌是 2010 年 5 月 6 日：道琼斯指数在几分钟之内丧失了其市值的 9％。在一个脆弱的、非流动性市场上，有一家机构投资者，一家基金，抛售了不同寻常的高数量股票，由此打开了高频算法，当它跃升到假定的前进趋势上，同时开始卖掉股票时，便加速了指数价格的下跌。[37] 如果企图刺激这种趋势，人们便说是*动量点火*（*Momentum Ignition*）———一种故意的市场投机。

由于股市的软件错误———一个技术的崩塌（*Technology Breakdown*）造成市场动荡的臭名远扬的案例是 2012 年 8 月 1 日，在纽约证券交易所由初级交易商骑士资本集团（Knight Capital Group）所造成的。在有价证券命令的自动合同处理中，一个错误的程序行导致公司系统在 45 分钟内放弃了 200 多项小委托，无意中出错买卖了上百万股的股票。例如，软件在零的数目上弄错了，直到骑士资本集团偶然看见股价在长位上超过 350 亿美元，短位仅仅有 300 亿美元。最后经过清算，因为初级交易商的软件错误，一次性损失约 4.6 亿美元。[38] 只是通过高频交易商 Getco LLC 在计算机崩溃之后几天内承担损失，才使得骑士集团免于破产。

证交所的技术缺陷并非个案，而是规律。每周在全球证券交易所都会发布电子故障报告。2013 年 8 月 16 日，当投资公司光大证券错误地在上海证券交易所购买了总共将近 40 亿美元高额订单之后，上海股票市场因为计算机错误在几秒钟内快速上涨了 5.5%。[39]三天之后，即 2013 年 8 月 20 日，再次出现计算机故障，这次是在纽约。高盛公司交易系统限制误差地发送股票选择名称的买单从字母 H 到 L 开始，其中有许多蓝筹股（Blue Chips），证交所的顶级股票。波及的证交所开始加晚班，确定哪些订单执行或者撤销，高盛公司态度生硬地解释只有轻微的损失威胁企业，最高达上亿美元，正如结账之后所强调的。[40]2013 年 8 月 22 日，一个初级交易商的接口错误导致纳斯达克历史上最长时间的交易中断，像是市场被瞬间冻结（Flash Freeze）。[41]

绝对不是技术上的失灵，而是 2013 年 8 月 22 日发生了哈希崩溃（Hash Crash），这种情况对证券交易所来说是绝对恐怖的景象。哈希崩溃是一个提高易损性的典型案例，我们用大数据技术买进。为了在市场上更好地估价气氛和感受股票交易商阅读新闻，并对新闻分析实施自动化，电子阅读所有的新闻，让一种交易算法马上对此反应。

"突发新闻：白宫发生了两次爆炸，贝拉克·奥巴马受伤了。"2013 年 4 月 23 日的一条推特消息如此写道。如果涉及大数据@华尔街，这是一条假新闻（Falschinformation），即潜在的"核电厂超大事故"（Super-gau）。黑客让美联社（AP）的推特账号丢尽了面子，散布了错误的消息。几分钟内道琼斯指数跌掉 10%，摧毁了 1360 亿美元的市值，然而在很短的时间内再度恢复，幸运地达到了在错误消息发布前的水平。对于挽救性的更正形势做出贡献的是华盛顿特区的人们，他们吃惊地朝窗外眺望，什么都没有看见。有人夹住电话听筒，给他们证交所的朋友们打电话。如果涉及的信息得到证实，直接贴近的心灵与心灵的交流在现代的金融市场也具有合理性。

建构在错误信息的基础上并点燃一种高频算法的形势分析，在多米诺骨牌效应中引起全球的股市崩盘，这是许多交易商恐惧的创伤。高频算法在发动一连串的交易之前，是不会确证形势的。"先射击，再询问。"高频算法交易商的格言如此。有意识散布的一条虚假信息，几分钟内就把世界的资本市场拖入深渊，引起危机，比2008年的金融海啸更糟糕，这正是让专业人士恐慌的金融恐怖主义。但是经纪人、证交所运营商、机构投资者像我们所有的人一样都是同样的材料。他们希望紧急情况不要出现，交易继续以高速度进行。

1600个德国电子邮件账户被黑客攻破？没有问题，只要与我本人没有关系。杀毒软件、防火墙？只要我的工资账户没有被清除，又怎么样。今天也是这样的情况，信息时代一个颠扑不破的现实：监控，公民权的废除，政治，工业和每个单独的消费者提高的易损性（脆弱性）；对所有这些都必须同时容忍，人们随处都能听到，害怕联网的国民的天真与冷漠。但是数据科学家怀疑，全面的监控能否带来更多的安全。如同2013年的哈希崩溃表现得令人印象深刻，相反的事实确切来说不对吗？更多的监控意味着机器适时地监控与分析欲望的对象，并瞬间执行。正是里面隐藏着高风险，我们的公民社会的脆弱与日俱增。由于一切互相联网并与我们自己联网，每当出现损害情况时，多米诺骨牌效应就无法停止。面对机器的平行世界导致的风险，公民社会集体把脑袋塞入沙堆，奉行逃避策略，希望一切都变好。也许机器冲突可能造成的威胁过于新颖和抽象，相反，在证券市场的人们一定得忍受若干次电子偷袭；够了，信用评级机构标准普尔在此期间就曾威胁过，对股票市场的评估降级，因为算法交易的连续干扰，它们已经遗弃了一种提高的名誉损失和更严格的监管规定。[42]

显而易见的崩溃还是小的问题。更糟糕的是"超快极端事件"，也就是行情下跌以及过度评价，非常快地出现，人无法看见。在2006年高频交易彗星般地上升之时，一个科研小组便确定，高速算法会导致多达1.8

万次闪电般的行情暴跌或者暴涨，以毫秒的速度发生，只有机器的交易算法才能看见。[43]自 2006 年以来，历史上的股票行情的分析才令研究者关注这些极快发生的极端事件。他们的结论是新型证券市场上发生的事件在我们人类察觉之外，属于意外事件，我们对此不了解或者一无所知，只有当它们不可见地陷入震荡之中或者犹如晴空霹雳地击向全球资本市场之后，我们方才知道。当它们导致全球的金融海啸时，我们除了观望和被迫收拾接连发生的混乱之外，不能有更多的作为。一种极速算法的后续系统危机，让专业交易商吓出一身冷汗。

通常，一次极快的意外事件的原因是证券市场上众多算法的堵塞，这些算法为了同一个最好的价格展开竞争。它们如同肉食的野兽冲向同一件战利品，一个糟糕算法的——更好更系统化的——设计。但是这不应该指责高频交易商。高频交易算法与其交易场所的通信只是根据接口的规定；但是不同交易商的高频算法彼此重叠相遇时，一项到底该如何表现的公约尚未达成。因为算法的"行为准则"，以遭遇规则（*Rules of Encounter*）知名，应该有助于股市更大的缓和与稳定。不禁止技术，作为替代使用更好的技术，让系统整体保持稳定。

连续的电子行情传输的更改经过证实可以限制高频交易，因为高频交易仅仅在持续的价格流动（*Streaming Rates*）中发挥作用。斩碎不引人注意的毫秒间的价格流动将迅速地禁止高频交易，就像设置了一个包括多代理蒸馏瓶的模拟。不，这种严守秘密不会让市场变干，而且亦实施检验。[44]此外模拟也确定，高频算法整体来说用途不多。

证券交易所营运商自身，也可以引入技术措施遏制肉食动物——算法，改变股票交易的参与条件。但是证券市场不太有兴趣限制高频交易。大量的订单对证券交易所营运商而言是高收入，更多的订单意味着更多的收入，因为证交所通过每笔金融交易盈利。因此可以预期高频交易会继续增长，不受限制。谁迄今对高频交易商缺乏吸引力，谁就会积极行动招募高频交易商。[45]毕竟执行安全措施是自动断路器（*Circuit Breakers*），只要股市行情面临暴跌，就应该终止交易。但是现代化的高频算法正在行军。他们非常清楚其股票市场的熔断机制，他们会以智取胜。我们也要面对另外一个高频算法的问题：交易商，拥有足够的预算和聪明的算法，会按照计算机病毒的方式实施高频算法，让病毒状的算法有目的地操纵市场。

2014 年 1 月 6 日，美国纽约当地时间上午 10 点 14 分。一个病毒状的交易算法在芝加哥期货交易所把 4200 笔期货交易合同抛向市场——一个非同寻常的高数额，因此黄金期货的行情在不到一秒钟时间内下落了几乎 2.5%。仅仅几毫秒之后纽约商品期货交易所（COMEX）黄金债券的价格就下跌了，开始时 COMEX 交易中断阻止了 10 秒的下跌。为什么不是芝加哥？一个合理的提问。这个偶发事件后来的分析让交易算法非常可疑的行为曝光。抱着让金价下跌的目的，该算法仔细考虑过，应该不至于触发芝加哥期货交易市场的自动断路器。为此，该算法把其大项目分成若干同样大的订单包，可以在市场上向预期的方向运动，按照每个订单的执行占有尽量长久，使得证交所的波动性中断不起作用。想要黄金更便宜的人，会为了同样快地压价，而使用顶尖技术。因为订单总额约为 5 亿美元，对已经发出算法的许多市场参与者并不适合——怀疑很快对准了美国货币发行银行及其影响范围。市场投机对他们来说并不新鲜。如果允许潜在的市场投机入侵的技术可能性得到维持，这大约也就是欧洲央行提倡高频交易的原因。[46]

如果您仍坚持认为证交所每个投资者都是平等的，我们却观察到一个不平等的问题，一种高速度和昂贵购买的优势的混合物。

精英投资者的捷径

世界上没有一个证券交易商不着迷地等待每天定时的统计结果发布，其中包括美国失业率、房屋销售状况和生产商价格，所有的经济健康指数。统计数据在其公布之后直接对资本市场产生影响，推动有价证券的行情上扬或者下跌。人们在关注统计结果公布的同时有两种选择：减少风险投资，在公布日期前关闭所有的岗位，等待市场动作，直到它再度恢复宁静；或跳上该短暂"趋势"，动量（*Momentum*），在统计公布时从有价证券的波动中获利。越早知道经济指数得出的结果，就越能提前定位，获取越高的行情盈利就有可能，预测如是说。

经营投资者比其他市场参与者更快知道，因为他们为此花了非常多的钱，首先获得了与市场相关的统计数据。低延迟数据（*Low Latency Data*）是对股票至关重要的经济数据，将高速地传递给投资者。在将要公布统计结果的新闻发布会时刻，市场处在信息平衡状态，因为高速信息的提供者，其中包括汤森路透集团（Thomson Reuters）和德意志证券集团，关注让他们的优质客户获得优质的服务。为此，信息提供商委托他们驻国家和私人机构的记者，提取统计上的经济信息。在公布之日，他们聚集在一间隔音室——一间封锁信息的房间内，如同教皇选举的西斯廷小教堂，等待信息限制的结束。到那时为止他们有三十分钟时间，供他们把事先可使用的统计结果编辑加工。当信息限制开始，而且在所有被委托人身上同时发生时，统计才传向公众。在这里，详细的通信程序会让精英投资者取得信息优势。当某些记者向他们的负责全球传播的编辑发送经济指数的同时，另外一些记者在公布之前便与优质客户商谈好了代码，他们在信息封锁期间就能事先用代码标记数据。经济数据之后不是通过"编辑"的弯路，而是以机器可读的模板直接由记者的笔记本电脑发送给优质客户的交易算法，能够在一眨眼的工夫比其他投资者更快地执行获利的投资。

这里再次变成了投资者的两极社会，能买得起超快数据流，使用极快计算机对其进行处理的精英和世界上的其他人。再一次验证：有钱者，才能挣更多的钱。每个月为了高速度数据支出五位数美元或者更多的人，就可以购买信息优势。

市场公平吗？哎哟！您想哪儿去了！2013 年夏天纽约最高检察长责成路透集团暂时延迟这种商业模式。[47]这种与高速数据非常特别的利基交易几年前运行良好，迄今为止这种高频交易不受打扰地运行。但是这种交易的选择愈来愈少。机构慢慢做出反应。值得注意的是商业监管机构愈来愈少，而检察院和法院则愈来愈多，直至速度和程序员的足智多谋在证券交易所受到遏制。金融市场保持稳定，只是一个时间问题。

一个系统的助力

请不要以为，高频交易和高速度数据与您无关。在存款量少的时代，高频交易商还对我们养老积蓄的减少做出了贡献。这里一分，那里一分，可能让您觉得无所谓，但是经过较长时间可能会汇集凑齐一笔漂亮的数目。您把您的养老积蓄委托给各类保险公司与基金，如果它们自己也不拥有类似的精心制作的机器，便会转交给高频交易商。巨大的订单量，在几年前还完全按期望价格执行，在高频交易的时代通常没有了结就被退还。因为在订单和执行之间，那微乎其微的几毫秒内，高频交易商已经把询价的金融工具价格推高。结果是您的保险公司将不得不再次试探，而且现在必须支付更多。正是这种物价上涨，额外地让储蓄者受到零利率政策和通货膨胀的压力，与此同时，证券行情的差异、套利（Arbitrage），作为盈利记入高频交易商的账户。

储蓄者的损失可以理解，全球资本市场的潜在风险显而易见，市场利用高频交易问题成堆。愈来愈多的机构投资者与经纪人因此也在思考。他们自问，人们用什么来应对这种大数据形式，减少风险，限制损失。仅仅法律上的调控肯定还不是最有效的，毕竟"最佳的价格"的调控规定恰恰被视为高频交易的加速器。这使得调控机构不能阻止颁布限制高频交易的法规。

2013 年 2 月 28 日，德国联邦议院通过了《避免高频交易中的风险与滥用》的法律，提高了对高频交易商监督权利与组织机构的要求。欧洲证券和市场管理局（ESMA）也于 2012 年起草了《金融市场参与者利用电子交易平台和算法准则》。但是更仔细阅读文本就会发现：调控干预过短。如果调控者相信仅仅以这种方式监控大数据、大速度和大技术，证券交易所和机构投资者就应该雇用受过更好培训的人员，更仔细地监管交易场所，更认真地测试交易算法，那么他们既没有完全理解爆炸力，也没有搞明白大数据@华尔街的技术可能性。这并不意味着法律的监控措施是给算法设限的完全不合适的手段。但是通过法律条文或者法律上的传统监管不是唯一的手术与塑造的可能，也许不是最有效的。有意义的是——事先仿真——政治、经济和技术的边际条件代替了法律的禁令，其作用在非线性的系统中反正经常受到质疑。能够理解这点相当重要，因为我们必须为大数据的算法以及将来可能造成个人损害的智能机器制定边际条件与准则。

有时候，我们还要为此结束对金融领域的大数据的观察，系统自己帮助自己。这产生勇气，因为这向我们展示了我们作为伙伴能够实现某些现实政治的跛行之后的东西。我们必须达成一致，起码我们中的若干人必须互相理解共同的价值，创造其他的途径。

对极快的肉食野兽般的算法早就视为眼中钉的交易商已经与正规的证交所告别，建立了其他的全新平台。在美国除了 13 家知名的证交所之外，目前还有 44 家替代性的市场，由银行、保险公司和基金公司运营，彼此之间执行合同。这些剩下的合同量，在这样的黑池交易（Dark Pool）中没有询价，才走向公共的交易市场。池子黑暗、"私密"、不公开——是围绕监管与监控的现实讨论的大话题。金融市场的私密性有个明确的成果，限制了系统的风险。（为此，每个宣传绝对透明的人都应该思考。）在技术上，黑池交易与传统的证券交易所相比取得了不小的进步，只是速度在它们那儿不起作用，也没有彼此联网。这两方面让它们成为比这些互相联网的，因此传统上脆弱的证交所更坚实的替代性证券交易所。因此黑池交易通常是在一项买卖完成之后才公布价格，也没有流动过程。若有人不想完全驱逐高频交易，可能会采取简单的办法，但是，主机托管（Colocation）也不可能，高频交易商也得在计算中心的角落里安装其高效率计算机，不能在替代市场使用的相同房间。一个算法分配的订单（合同）通过较长的旅程抵达黑池之后，可能几毫秒就流逝掉了，其间希望得到的价格优势也同样流逝。在此领域只有算法交易商可能幸存，前提是他没有把赌注押在"快速"，而是他机器的人工智能上。智能化的交易算法和许多不同的投资策略，可能有效地对金融市场病态的单一栽培产生影响。较高程度的交易算法的产品多样化减少了系统风险。人们想说的实际上是一个金融市场参与者的简单教程，产品多样化方案是最值得信赖的。但是从这里开始它们不再能够超越"监听与监控"商业模式的智能机器。目前所有的人同样都要面对智能不断提高的机器，比如在股市、汽车和卧室里。所有瞬间产生快乐之物，如今在技术上都得到了加强——更糟糕的是，还受监控和联网。当我们畅想未来的日常生活时，可能不得不带些哲学意味地自问：人类是谁？

第四章

Diktatur 》》》 独　裁

精神分裂症

今天，明天。当晨曦在夜眠上盖下印戳后，在周而复始的循环中，露珠宛如钻石在五月的草地上闪烁。

"我感觉生命如同一场没有返程的旅行。"弗洛里安·迈霍夫这样想着，上了他的汽车。灵活性等于人权吗？所以安定也许对思考更有裨益。

迈霍夫驱车沿着北阿尔卑斯山麓经过第三级丘陵时，星期六的早晨依然非常清新。穿越林地的支路被打扫得干干净净，村庄与村民们尚未醒来。大自然充满着诱人的色彩，在晨曦下光芒四溢。油菜花以饱满的黄色盛开，但是随着旅程持续，柠檬黄便悄然而逝，被蓝绿色相连的林带接替，与五月时节的新鲜色彩交相辉映，犹如一幅乡村的风景画。

画家也许会喜欢观察迈霍夫眼前的大自然，然而他却感到极其疏远，好比从他童年时代的田野上被连根拔起。道路两侧坐落着农庄。迈霍夫精神恍惚地驱车经过一个个农场。一切宛若舞台背景，安静、平和、不真实，时间流逝得似乎有些迟疑。然而与智能机器打交道完全是另一番情景。它们产生大量要求，软件代理、数据融合系统和深度信念网络（*Deep Belief Networks*）。这些要求注意力的气流生生不息，全神贯注，思考的速度和连续监视。但是这外面的土地尚未被其征服。

人类在这些乡村地带如何生存呢？

思考并非显而易见，因为阿尔卑斯山附近的地区没有呈现出野性的自然，也不对外来者怀有敌意，只是温柔而迷人地变化着，虽然建房太多破坏景观，但又绝对不孤独。

人类在一个非都市的现实中会干些什么，他们每天不断花费他们的时间做什么？

迈霍夫总是忙忙碌碌，想要说话，思考太多，整天，整月，数十年思考作为现实图景的数学模型，思考大家如何才能解答其复杂的公式。

他的这些想法造成了什么样的后果呢？

迈霍夫留意到他今天在家乡的树木与草地之间的公路上驱车飞驰时，他与他自身所处的环境存在何种不同。这座农庄及其一侧宽阔的田野是现实还是他脑子里的模型呢？迈霍夫在身体上能感觉到这种差异。某些东西不太合适——或者尚不协调，分成两个部分，让迈霍夫感觉疼痛，同样也刺激着他。

迈霍夫二十多年来夜以继日地从事模型与算法的工作，他感觉到它们已经找到了身躯，占据了他的身体。它们在他那儿筑巢，他的人工智能令人痛苦的变量和功能，以宠物之名。这种虚拟的现实给人的印象比过去的现实更真实，更强大。这些似乎已经成为过去。因为他的软件代理是爱因斯坦和牛顿，为了伦敦的货币交易商与美元交易——爱因斯坦与牛顿，在迪伦马特戏剧《物理学家》① 中两名从事间谍活动的科学家也叫这名字，迈霍夫多年之后才发现剧中的人物与真人的名字相同。

爱因斯坦、牛顿和莫比乌斯三位物理学家假装精神错乱，叫人送进了一家精神病诊所，为了莫比乌斯的致命发明——世界公式不公之于众，不对人类造成灭顶之灾。也许迪伦马特的舞台剧结束于这个伦理：科学家对他发明的结果发牢骚，道德上对此反应无可指责。科学家的反抗随着苦行，放弃荣誉、权力，甚至放弃自由而出现。但是迪伦马特的悲喜剧并没有在此结束。发疯的女护士长夺取了世界公式，由此获得了最大可能的利润，罔顾使用它附加给人类的损失。

迈霍夫的生命——这种存在，应该依照迪伦马特的戏剧理论展开吗？他的不少科学家同事摇摇头，他们的思考明确表达为："我们发明了原子弹。"大数据技术，从前在尊贵的主神宙斯的帝盾下，从来没有以损害人类为发展目标——在启动中的信息资本主义之中威胁到人类的生存吗？物理学早就被视为"肮脏的科学"，因为物理学的系列发现导致了大规模杀伤性武器的产生。其间"纯净的科学"的荣誉则落在数学身上。数学追求用其模型解释世界。但是自从计算机拥有调取庞大的数据量和容易使用的计算能力以来，数学如今已经能够积极地改造世界。数学介入了未来。它能够塑造性地参与创造之物的自然演变，排除不了附带的损害。

当美国国家安全局的窃听丑闻震惊世界之际，出现了大数据侵入迄今有效的生活和公民社会秩序的第一个征兆。人的基本权利显然受到了损害，人的尊严也遭到蔑视。

① 《物理学家》，瑞士作家弗里德里希·迪伦马特（Friedrich Dürrenmatt）1962 年创作，是西方剧坛的经典剧目。剧本主人公系天才物理学家莫比乌斯，他研究出一种能够毁灭地球的世界公式，因担心这一发明被政治家利用去毁灭人类，便装疯躲进疯人院。西方和某其他意识形态国家的情报机关都派人装疯打进疯人院，企图窃取资料，而以瑞士大资本家为后台的疯人院女院长却早已盗走了世界公式。

"上帝看到了一切！"贝尔托德·布莱希特在短诗《对一个孩子说什么》中列了表。[1]上帝看到了一切，乃至人的思想、希望和感觉，道德上的是非；因为"在坠落的情况下他藏在黑暗之中，亲爱的上帝看到了一切，早就发现了你"。德国女歌手海德嘉德·科涅夫（Hildegard Knef，1925—2002）继续创作歌词。[2]这不是让一整代人蒙受心理创伤的威胁，导致有些人发展成心理疾病与精神崩溃吗？高高在上的监控者，公正之人，永不满意者，真正诚实的延长手臂，他一直强迫服从，不仅原谅，而且复仇，这是长期以来许多父母、教育者和传道士威胁的手势。有一段时间他们这种暴君形式似乎不流行了。今天它从来没有这么活灵活现。只不过上帝可以置换。

"美国国家安全局看到了一切！"

"谷歌看到了一切！"

"苹果偷听到一切！"

"但是我们什么都没有隐瞒，"迈霍夫悲哀地想，"我们也不是什么都没有理解。虽然不是上帝，但却是国家和私营企业在利用监控手段，完全合理地参阅比超级权利更大的安全性，在人类当中不停地制造恐惧的感觉，那么随后人就是自由的人，他确定作为个人和超然于不断履行义务的社会上他的地位，他也可以自由发展吗？或者不再是，人由于恐惧表现出行为一致，他的发展机会将被剥夺吗？"

迈霍夫内心抵抗着，"我们当然没有生活在苏丹、阿富汗或者伊拉克。那里不安全，生命持续受到威胁，人们总是受到干扰，尽可能排除生命中的风险。但是我们走在大街上，也与你们把所有的人绑在床上无异，积极地不停地监控"，迈霍夫面露愠色，"你们所有的人都十分确信"。

"我们是患精神分裂症的民族，"迈霍夫抵达目的地入口时，继续这么苦思冥想，"一家高克机构①——后来称为博斯勒机构②——二十多年来向我们解释，谁的民主德国安全局的监控档案在几十年内增加了多少信息，为了今天心平气和又毫无顾虑地忍受全面的监控——而且还认为它们很了不起。大约是因为谷歌、苹果或者 Facebook 是法律的制定者吧？虽然它们把全球的人类联网，但是仍然摧毁了友谊的概念。它们让我们机动化，当它们把智能手机直接与信用卡的信息联网，到处跟踪我们的踪迹时，匿名便遭到了废除。因为从来没人想过，在企业高层自己命名的博爱主义者某个时候可能被其他的意识形态的男女所取代。或者，国家通过法令可能立刻没收所有的个人数据与信息？这里不再涉及摆在加油站内人们最喜爱的巧克力条，因为一辆智能汽车事先知道，到哪里给乘客加油。涉及医疗保险，人们是否还允许结算；人们能否得到工作岗位；外科手术是否值得。涉及生活，不仅仅是其受伤的结果，出生或者死亡。这些没有人会说，与他无关。"

在约会点有一位朋友正在等候迈霍夫。见面后此人满怀忧虑地提醒迈霍夫："如果你不马上放弃数据，寻找另外一项工作，三年之后我也许会去一家封闭的精神病院看望你。"

生活是唯一的迪伦马特式的怪诞。

---

① 高克机构，系德国民间对"前德意志民主共和国国家安全局档案联邦特派专员机构"（Die Behörde des Bundesbeauftragten für die Unterlagen des Staatssicherheitsdienstes der ehemaligen Deutschen Demokratischen Republik）的简称，负责管理与研究前德意志民主共和国国家安全局的档案与文件。德国前总统约阿希姆·高克（Joachim Gauck），在 1990 年作为牧师担任这家专门管理前东德档案的联邦特派机构的领导，故名。

② 博斯勒机构，玛丽安娜·博斯勒（Marianne Birthler）自 2000 年起担任"前德意志民主共和国国家安全局档案联邦特派专员机构"主管，被媒体称为"博斯勒机构"。自 2011 年起，记者罗兰·扬（Roland Jahn）担任该机构主管。

大数据演变

本书开头讲到的"飞行之眼"的故事，作为万物之父的战争是大数据的创始者，大数据也是现代军事侦察与形势分析的手工工具。在 20 世纪 90 年代，联邦德国还能够满怀自豪地瞩目它的数学家和物理学家，他们还在为德国联邦国防军研究大数据的关键技术。二十年前他们在任何方面都不逊色于当时在技术创新领域居于领导地位的美国同行。正是德国研究者开发了电子的形势分析的核心技术，智能多传感器数据融合技术，从巨量的最不同的质量与来源的异质原始数据之中——包括雷达反射波或者无线通信数据——为军方做出了至关重要的形势分析，人们还可以通过战术数据链适时地与国际同盟其他的武装力量交换上述信息，并通过一种监控策略（*Kontrollstrategie*）补充自动化的形势分析，即一种机器学习、观察、评估和权衡形势及其预测——然后做出一项生死攸关的决定。杰出的成就在于掌握了具有当时高成熟度与可靠性的大数据关键技术，德国信息技术的优势本来能够保持很多年，因为在非尊贵的现代化的大数据应用中正好涉及：第一，收集、汇集与评估来自不能比较源头的庞大数据量；第二，计算形势分析与预测；第三，做出一种见闻广博的决定，对局势产生影响，将其改变为自己的优势。

但是应该还产生了另外的东西。政治决定绝对不是联邦德国技术上的打击力量，而是在华沙条约崩溃之后可见的欧洲的紧密融合，在完全不同的地方产生作用，并促进了非线性系统的原动力：在 EADS 集团中，欧洲军工企业的合并让德国信息技术的优势逐渐成为牺牲品。德国，在信息技术的研究上如今也许还在参与游戏，但是已不再有能力让信息技术走向市场成熟吗？谁不愿意相信这点，就一定得关注德国贸易决算的盈余。这显示了德国在何处投资。在德国国内绝对不可能——具有创新性的德国高技术企业正是感觉到这点。因此许多企业在其存在的早期阶段就告别了德国，决定把他们的公司迁往美国硅谷，因为那里拥有一种观念，创新、承受挫折的文化观念，特别是发现与冒险的乐趣，德国公司也需要这些，为了获得成功的机会。

当大数据关键技术的高水平研究与发展在政治行动上遭遇挫折时，清醒的数学家与物理学家们找到一个崭新的证明场所——在金融市场上刚刚开展业务的电子证券交易所找到了它。在第一波商业化浪潮中，大数据技术从一个受到良好监控和高度调控的国家领域脱颖而出，进入耐人寻味的最糟糕的私人野兽之笼，其中为了大钱的斗争比军事前线更缺乏和平。在国际金融市场上，得到喜爱创新的美国投资公司的支持，科学家所作所为正和过去在军工企业一样。作为量化分析师，他们继续他们的自动化监控、分析、预测和监控系统建造，展开一种技术的军备竞赛，作为算法的交易加以理解。现在对股票市场的行情、经济统计数据、利差、欧洲央行（EZB）行长在新闻发布会上的观点、电子合同书以及自己公开的位置实施监控——一切都采用超快速计算机的速度。人们通过有意识地对市场欺骗他们的观点，利用诡计、技巧和数学模型收集、分析和操纵一切。

因为量化分析师及其委托人，电子交易算法的使用者首先碰到了一个没有监管的领域，对他们的创新性和技术机会也几乎没有限制，它必然提前导致在金融行业难以避免的过度滥用。到 2008 年金融危机为止，金融数学模型能够假装让有价证券损失的风险雾化到似乎彻底消失，然而它们没有这么做。银行危机之后有些量化分析师私下对金融数学模型的"正当性"提出追问。但是世界观的转变没有必要，因为政治支持这种大而不倒（*Too big to fail*）的资本仿真系统，利用金融救助伞，极为准确地继续实施系统化的刺激，造成银行危机不存在的假象。当然，后来公民社会自实施金融救助以来不再能在宏观经济上参与决定，"'后民主时代'的中心议题意味着：我们仍然正式生活在民主之中，但是人们感觉到，在里面某些懒惰之物，在场外交易之后做出决定。他们不会受到提问，他们将面对完成的事实，参阅自然法则，排除了共同参与的'实际约束'"。[3]

自从对银行实施救助以来，数学、更快速的计算机和更大的数据（Even Bigger Data）愈来愈支配着国际金融市场。"为了更多、更好、更快的信息和更智能化的数据分析的军备竞赛，已经加速运用高频交易——大速度——在电子证券交易市场上开发了一个机器交易商组成的平行世界，"谨慎的证券交易商和专业经济人评论道，"它们已经失控了，因此对全球联网的金融市场是一个潜在的系统威胁。"科学分析证明了这点，促人思考，高频交易绝不会带来社会收益。引导机器介入步入正常轨道的调控尝试是半心半意，没有能力或者不愿控制算法交易的金融工具风险。算法的开发维度不仅将更快，而且更智能化，要么被政治上调节机构的监督官员误判，要么算法的院外活动集团拥有强力的手段，让调控尝试像从前那样草率，不适合于阻挡全球范围内具有威胁性的技术问题。

　　这一步伐非常符合逻辑，现在跟随着分析、预测和操纵的大数据技术在第二波商业化的浪潮中把握住位于世界创造链末端的所有人：消费者。消费者是大数据下一个带来使用价值的牺牲品吗？非常确定。现在，大数据成为了日常的趋势，软件工具使得每个人——不论他有没有自己的智能水平都能够使用人工智能，"一小时之内搞定大数据技术"！

　　大数据让个体面对商业模式，怀疑我们民主的社会理念、基本权利和人类的天性。交换并不神圣：使用优化对抗广泛的控制，安全可靠对抗全面监控。公民社会天真地耸耸肩，全面监控"是简单的事实，如今人们必须与之面对"，只能用阿尔伯特·爱因斯坦的论断予以反驳，"独裁已经形成，人们也将要忍受，因为对个人的尊严与权利的感受不再具有足够的生命力"。[4] 如果我们只是在政治上幼稚，对自由与民主太富足与饱胀了，或者这也许具有类似的戏剧性，其间太过自私了，好像社会和公共福利还会令我们感兴趣？这是千禧年问题，20 世纪 80 年代的出生者也许会问："对我来说这里面是什么？"让我们面对大数据产业的诺言无力抵抗吗？

　　涉及的内容完全相同但绝对达不到，人们指着大数据企业开始抱怨。单单呼吁一个强大的国家同样于事无补。责任应自由地协调一致。对我们社会纲领的责任首先在于我们自己。

　　宏观经济上，我们早就不愿意在一种自由—民主的社会里生活。为此，金融企业和企业集团的游说者充满了忧虑。在宏观经济上，我们不可能做出自由的决定：买一只苹果或者一根香蕉？如果我们在不远的将来愈来愈多地被私人企业窃听、分析与预测，我们在微观经济上也将处境糟糕。大数据将操纵我们，有目标地从我们的口袋里抽走钱。没什么新鲜内容，人们喜欢提出反对理由，广告向来以此为目标。但是大数据达到了一个危险与狡猾的新程度。大数据侵犯个体，不想再考虑个人尊严。[5] 这里，秘密警察再度演示，私人肯定很快就会估计到运用哪种方式操纵。英国秘密警察的操作小房间"对人的研究"致力于有目的地摧毁个人与组织。[6]
他们不想培训"魔术艺术家"，而是"控制艺术家"，通过篡改与操纵他们
的数据，通过有目的地传播流言和公开贬低，在方法上摧毁互联网积极分
子或者令人讨厌的机构，而且是"优雅的、有创意与职业化的"。这是五
个"DS"（deny，disrupt，degrade，deceive，destroy），即"否认、瓦
解、贬低、欺诈和摧毁"项目。其中包括从有关人员的账户发送错误的邮
件，干扰其电子基础设施，在社交网络上实施个人诋毁。在一个透明的、
全球联网的世界上，这种瓦解不仅轻易可行，毕竟数据与信息可以不受阻
碍和适时地到处传播，而且我们绝对相信技术、数据与信息的秩序。未来
适合于在此非常准确地询问、探究与仔细查看。因此有目的的错误信息不
仅可能由国家，更有可能由恐怖分子传播。由此会引起第三次世界大战或
者新经济危机。信息恐怖主义与正常的信息使用哪个方面都完全相同，不
是无指望出现的计划，而是在信息战中一个现实的、可执行的场景。

但是人们不必走得那么远。大数据对我们整个社会理念产生怀疑之处
在于团结的原则，我们社会的黏合剂失去了效力，因为大数据把我们分裂
成监控的辩护士和监控的反对者。大数据摧毁了自由的人，我们当代社会
理念的基础。而且用数学的概念性攻击学习中的大数据技术的利润最大
化，我们社会市场经济的帕累托最佳值。大数据向一项新型社会方案直接
提出挑战，因为介入我们生活的大数据的方式和方法是多维度与危险
的——迄今为止完全不可控。

进犯大众生活

　　"监控能够更巧妙些吗？雇主可以按照老大哥的方式监视与盘剥他的职员们吗？……科技的进步毫无疑问将会带来若干违规的行为。但是信息市场将充当富裕的、民主的工业化国家的产品，犹如一只巨大的飞轮发挥作用，让风俗与习俗互相适应……老大哥的机会能够在这类结构中立足，很少消失。"这是 1997 年麻省理工学院（MIT）信息研究所所长，迈克尔·德图佐斯（Michael Dertouzos）的希望。[7]

　　大约二十年后，信息市场似乎发生了另外一种转向。信息资本主义很少可自我调节，如同金融资本主义，新千年的经济危机再次展现在我们面前。首先，金融市场的自由主义让无节制成为可能，引起危机，引入市场自我调控能力的政治意念是荒谬（*ad absurdum*）的。事实上，市场，当它们完全不再过问时，也就无法自我调节。既非金融市场也非信息市场讲道德，在增长中限制与顾惜。德图佐斯的希望因此还是乌托邦。

回眸大数据最近历史的同时也要远眺未来。金融企业内算法的发展向我们昭示，智能机器如何驱动现代化的星球改造。如果股票行情仅仅只是机器行动的结果，那么它们已经与经济现实脱钩，创造了自己的世界，人类在其中被贬低为无数电子交易合同的白色烟雾下的无助观众。如果大数据今天沿着价值创造链走出下一步，走出工业领域，抓住消费者，利用其金融优势，那么只是一个有机的发展，如同我们在经济领域常常遇见它们那样。为了企业盈利的缘故，监察与控制将私有化。因为在消费者那儿大数据也开始了其数据收购、分析与操纵的三个阶段。自从在证交所使用数学模型与算法以来，数据科学家们不仅学到了很多，而且产生了进步，某些技术开发步骤已经完成。巨量数据的收集与存储因为新数据库的建设而效果显著。消费者自己也成为大批量"传感器"，多传感器（*Multi-Sensors*）最有益的服务人员，人们把传感器做成智能手机、平板电脑、游戏手柄或者诸如电子邮件和社交网络等与之相连的电子通信手段来适应市场的需求。因此数据吃客在此期间强烈地关注数据融合的第二步，形势分析与预测。为此，他们必须强化其人工智能的能力，以令人恐惧的规模实施。

2013 年在线交易商亚马逊责任有限公司从德国市场引入了机器学习方法的专家。智能机器能够从消费者的历史行为以及他们在互联网上的数字足迹和影子中学习他们未来的大致行为，为了始终比他们领先一步。

2013 年 Facebook 宣布，他们由八名成员组建了人工智能团队，在纽约大学教授的领导下跟踪这个目标，在数据科学、机器学习和人工智能领域迈出了重要的一步。为了让 Facebook 的用户设置的所有内容变聪明，[8] 仅仅八名数据科学家就能给 Facebook 指明未来的方向吗？是的，这足够了。若干智慧头脑，一个小团队就足够了。成百上千的其他人则是"合理化的储备"。[9]

同年同月，谷歌公司再次购买了一家机器人公司。[10]当然，这笔收购令人毛骨悚然，因为波士顿动力（Boston Dynamics）有限责任公司是为五角大楼研究战斗机器人的公司。目的何在，分析师们在此问题上劳累不堪，一家搜索引擎公司需要这类威胁性机器人吗？如今谷歌已经不是一家搜索引擎公司，而是一家高科技企业集团①。机器人仅仅是人工智能最明显、最明确的表现形式。对于多传感器的融合来说，由波士顿动力公司专门为其机器人开发的传感器技术可能是谷歌购买的理由。显然十分保密，不仅主权领域的监察与监控告别了，而且有现代化的军备。谷歌无人机恰好与这幅图画无缝对接。单单经济上的成功已经让这家硅谷企业无法满足，他们喜欢绝对的权力，相应地扩充军备。这段时间公开的内容，这家富有想象力的企业按字面意思表述："民主是过时的技术……它给全球数十亿人带来了财富、健康与幸福。但是我们现在想要尝试新鲜的内容。"[11]

因为谷歌正在建设的超级国家符合这种图景，正如赫弗里德·明克勒（Herfried Münkler）教授在他的权威著作中所述，它要满足现代化的帝国（Imperien）的要求，[12]地理边界对21世纪的帝国来说已经不起作用，作为替代支配其他的国家及其民众的全球权力将通过控制信息流和资金流而实现。

美国依照这种帝国的法则今天仍然进行活动。根据美国政府的观点，不动摇谷歌及其增长的权力范围更具有战略意义。不能排除谷歌在未来有

---

① 谷歌公司（Google）是美国一家大型跨国科技企业，致力于互联网搜索、云计算、广告技术等领域，开发并提供大量基于互联网的产品与服务，其主要利润来自 AdWords 等广告服务。Google 由当时在斯坦福大学攻读理工博士的拉里·佩奇和谢尔盖·布卢姆共同创建，因此两人也被称为"Google Guys"。1998 年 9 月 4 日，Google 以私营公司的形式创立，设计并管理一个互联网搜索引擎"Google 搜索"。Google 网站则于 1999 年下半年启用。Google 的使命是整合全球信息，使人人皆可访问并从中受益。Google 是第一个被公认为全球最大的搜索引擎，在全球范围内拥有无数的用户。谷歌于美国时间 2015 年 8 月 10 日宣布对企业架构进行调整，创办一家名为 Alphabet 的"伞形公司"（Umbrella Company），Google 成为 Alphabet 旗下子公司。

可能作为美国政府延长的手臂发挥作用。两者之间的合作与信息交流早就存在了，这是我们从美国国家安全局的丑闻中学到的。正如美国联邦储备局（*Federal Reserve System*）是美国的中央银行那样，谷歌二十年之内有可能成为美国政府的一部分吗？美联储（Fed）也是源自一家私人的、非国家的所有人的机构。[13]一个类似谷歌的形式也可能出现，也许充当美国政府的超级智能机构（*Super Intelligence Agency*）方式，听上去如同灰色的历史，但是在可控的范围内。然而之前适用于更全面地对消费者实施信息控制。

2014年1月，谷歌宣布收购了恒温器与烟雾报警器制造商 Nest Labs Inc.。加热器、恒温器招人喜欢的设计，是智能房屋技术的保证，为我们优化了居住气候和单独居住区的能源消耗，即使我们不在家，也能为我们日常生活提供方便与舒适。众多的房屋所有者自然都会赞同。

在谷歌公司吞并烟雾报警器公司之前的几周，一家德国能源集团的招标主题为"空调控制的适应性和学习算法"，标注的日期为2013年11月。技术要求明确干脆：创新性空调的报价应当考虑机器学习、神经元网络和人工智能。[14]

"该人工智能供暖系统掌握了房屋居住者室内温度与湿度的偏好。"这是对招标的解读，"在房屋内外智能传感器的联网允许查明居住者的个人舒适区。独立的软件代理互相进行无线通信，形成一个自身的 X 系统——自我优化，自我修复——通过代理的相互影响计算和实施一项优化的空调监控策略，而且用户不必手动介入。"[15]您可能会想，这的确是漂亮的房屋技术。但是却让每一个数据保护者感到脊背冰冷。房屋内外区域的传感器？每个房间的空气湿度应该同时得到测量。较低的空气湿度意味着房子里空无一人。相反，较高的空气湿度意味着您在家里。卧室内更高的空气湿度，而且一个内部传感器"知道"，房间的活跃性提高了——一次让数据保护者无语的对私密空间的侵犯。什么？人们不禁自问，在我们卧室里发生的事情关系到谷歌或者一家德国能源公司吗？因为为了在房屋技术上到达这样的效率，人们必须对一幢房子全面"安装窃听器"，没有房间能够例外。

在金融业内部，模型、算法和数据科学家的机器关在电信机房（Carrier Hotels）与保密的"计算中心"，所有知名的电信运营商与之相连。但是今天大数据已经进入了我们的生活，信息资本主义时代，我们的数据在其中发挥着主要作用，呈现出新经济的现实。智能机器不会在遥远的美国俄勒冈州和佐治亚州的混凝土掩体里分析我们，而是羽毛丰满，开始向我们移动。它们离开了机器园区，钻入我们的衣服之中。它们由此把我们的日常用品做成它们的躯干，空调恒温器、汽车、手表，甚至还有动物——作为"物联网"。这就是对人类的侵犯：全面的监控，监控没有经过我们明确的同意与协作就发生了，也就是非合作（nicht-Kooperation）的，通过我们日常生活的物品中的被动传感器（passive Sensoren）执行。我们个人数据有意识地保留——我们发送的邮件，上传、讨论、写博客的内容——智能机器不会阻止，即使一切都是通过我们设法打听到的，它们从我们所在的地点变化与移动的数据或者购买行为中计算出我们的虚拟僵尸。如果我们的房屋、汽车和电子设备完全受监控系统支配，就将无法逃脱。

因此我们就被迫（gezwungen）参与了这场数字化革命，尽管政治界和经济界向我们建议其他的内容：参与数字化革命虽然是自愿的，但大多数人都想去今天发生未来的地方，政治家如此劝说我们。[16]事实上我们没有选择。大数据将成为世界"唯一的命运，其命运是没有命运，汇聚成一个集权的体系——完全不通过政治，仅仅通过技术"。[17]

谁在使用计算机和移动设备时提醒人们要珍爱数据，一定会遭到反驳。由于被动传感器的数量不断增长，信息上的禁欲很快不再会发挥预期的作用。作为生活的规划，节欲反正只适合于少数人，因为我们几乎不可能"戒掉"互联网及其新技术。[18]禁欲行为在使用数字化的机遇中将成为职业前程确定无疑的杀手，成为通往数字化时代职业生活之路的绊脚石。不参与者，便与社会脱节。取而代之的是他身上产生的相同的孤立感，正如我们在失业者身上观察到的自我价值的缺失感。

尽管如此，嘲讽数字化禁欲也许是根本错误的——德国当代诗人汉斯·马哥努斯·恩岑斯贝格（1929— ）一定有过这样的体验。2014年，他认定："拥有手机的人，应该扔掉它。"[19]嘲讽与永远相同的文化悲观主义的指责，正如我们在 20 世纪 50 年代对它们的认识那样，无法等待太久，很快就会清楚：为了参与信息资本主义，好像没有其他的选择。不过这种政治家为了掩饰自己谈判无能而导致其他途径的丧失（Alternativlosigkeit）是极不民主的，因此人们必须严肃认真地对待恩岑斯贝格有关数字化禁欲的论点。他表达在和平、民主的社会秩序必须在数字化革命中做出选择，他们的公民是否或以何种尺度参与其中，而且没有为了促进选举自由而遭到嘲讽，在金融领域和职业上或者象征性地遭到鄙视。实际上，我们之中的这些每天与数据打交道的人——数据科学家、IT 律师——在他们的个人数据上和吞吃数据的终端使用上持最外在的审慎态度，因为他们知道我们的数据将会发生什么。只有非常适度，他们才允许那些来自诱人的在线世界的报价。有节制地使用智能手机和在线银行是一种他们有意识享受的奢侈。即使在早就熟悉的电话机旁，他们也使用密码字符。这样的普通公民听上去像偏执狂，但是对于数据科学家来说却是现实，尤其是这些总在偷眼观看军事领域新技术挑战的人，保持着守口如瓶。

更明白易懂之处在于，技术专家和机器伦理学家自己应该反思，怎样才能让大数据受到束缚，因为目前看来一切都是灰区。其反抗来自一点，该系统自身产生了矛盾，正如从前阿尔伯特·爱因斯坦多年来推动原子弹的发展之后，却成为原子弹狂热的反对者一样。今天，有些人这么想，大数据驱动社会进入了让我们之中无人能更长久产生快乐的生活方式。用弗里德里希·格奥尔格·荣格（Friedrich Georg Jünger 1898—1977）的话来说：“不是开始，而是结束承载压力。”[20]

实际上，我们尚未拥有社会与政治的方案或者大数据的技术伦理，而这些将告诉我们，在我们理智和感情冲动地控制智能机器的同时，如何能够使用它们。权利在后面跛行，受到阻碍的还有向我们走来的想象。

“我担心，更糟糕的事情真的会降临，也许甚至更糟糕。我们何时退出，我们在哪儿退出？”马斯特里赫特大学知识工程系的格尔哈德·维斯（Gerhard Weiß）教授问道。[21]

我们的世界正处在一种难以理解的变化之中，因为伴随着大数据，虚拟宇宙开始与我们人类的现实融合。回首金融领域的机器平行世界——主要是我们工业化的历史——我们必须考虑，它们在那儿引起的损失和系统化风险，在信息资本主义开始之际纵欲与危机马上就会降临。如果我们没有及时地介入，制定一项社会行动纲领，积极地塑造未来的人机关系，很快就会错过时机。当人类在历史上第一次面对侵入其思想，“抢劫”其数据，为了理解其行为，对其重新计算的智能机器时，所有问题中的问题应该被重新提出来：人是谁？

人是谁？

人是自由的（Der Mensch ist frei），这是欧洲启蒙运动的历史文化遗产，当伊曼努尔·康德（1724—1804）对人，对“如今超过机器，应依照其尊严加以对待”的人提出要求时，制定了一个理论框架。[22]假如某些东西要么拥有尊严，要么拥有价值，人们借此可以把等价物放在其位置上，康德在 1786 年如是说。[23]因为人倘若丧失了尊严，他也就失去了价值。他之人的尊严在原则上与其他的权利，甚至与其他人的尊严是无法交换的。《德意志联邦共和国基本法》第一条也是建立在其基础上："人的尊严不容侵犯"，谁理解人的尊严之哲学根源，他将容易设身处地地领会，即使以安全为名的"超级权利"，也不允许用其包含的自由保障转让人的尊严。

然而对于自由人的设想，人们也可继续返回到人类的历史中。这是人作为个体的西方的观点，我们西方的历史迄今为止建立在其中——而且在未来应该继续发展。"人是理性的……，用自由创造，是他行为的主人。"[24]爱任纽（Irenäus' von Lyon, 135？—202），早期基督教善于思考的伟大主教信仰这么表述。自由符合人类的理性；它明确归因于人类——结果是，人的自由跟随在权利（Rechte）之后。我的法制体系也如此描述：人类的权能是从他作为法的主体的本质推论而来，作为法律和法律义务的载体。当康德说，"人超过机器"时，他像爱任纽那样让我们的法学聚焦这个要点：人不是客体，而是主体（Subjekt），其理性的天赋准许自己的"我"的认知。因为只有人提出生命这些重要问题：我是谁？我从哪里来？我到哪里去？人用其理性的天赋得到了创造的王冠。这赋予他一种"国王的尊严"作为由上帝接受而来的和不能转让的权利，正如 2014 年宣告为圣徒的约翰·保罗二世不知疲倦地强调，他伟大的生活命题是现代化时代人的尊严。[25]作为个体和理性的生物人也是"其行为的主人"，他统治着客体——地球及其原料，即使技术及其机器，它们也想如此智能化。智能机器是创造出来的客体，通过人类的才智与生产能力而产生。但是人类统治着它们，而且独立于其智能级别。主体和客体二元论是德国的《基本法》以及我们与《基本法》一致的全部法律秩序的基础。这是起始状况。

大数据及其辩护士实现不了，区别主体与客体，并且确保人类的统治，而且正是此处它出现了，巨大的危险，大数据将完全废除人的自由。而且谁如此理解大数据，究其原因，是具有挑衅性的智能机器，必须额外追问，人造的生命何时开始丧失被造之物客体的特征，同样成为主体，如同对每个人那样，必须赋予它更多的权利，也许还有相同的自由。

按照第二次机器革命密切相关的信息资本主义社会的想法[26]，很快就有必要制定新的自由概念，不像人们可能认为的那样不合情理。监控人类并对其进行分析的智能机器可为人类生物的可支配性的改善与优化而投入使用。然后相反的情况可能出现：不仅仅机器愈来愈和善，人类也将愈来愈频繁地得到机器化装备。跟随美丽的修正是效率的修正。这种思潮自称为"超人类主义"（*Transhumanism*），也就是通过在身体上使用技术来扩展人的生物能力，直到一个新概念——后人类（*der Posthumane*）产生。其目标是克服达尔文进化论物竞天择的机制，有目的地改善人类。利用3D打印机的人工耳便属于生物增强（*Bio Enhancement*）手段，人们使用它可以在雷达波的频率范围内听见。智能轮椅可以阅读到一名残疾人的想法，朝左朝右控制，但是仍然独立思考，让残疾人不必太过全神贯注或者紧张。人类的思想作为技术的接口：人造的生活与人工智能之间的界限开始消失。思考的人类与机器无障碍耦合的人体工程学的进步已经令人惊讶。当戴着"谷歌眼镜"的物联网用户不必用手就可以从网上搜索他周边环境的信息时，即使我们在日常生活中也将由此获益。

如果我们不得不认为，人走向机器，机器也从其计算中心进入我们日常生活，两者可以互相融合，发生的这些不就是哲学家斯特凡·洛伦茨·索格纳（Stefan Lorenz Sorgner）在德国《时代周报》的一次访谈上强调的东西吗？"解体的东西首先是基督—康德的始终占有上风的人类图景。之后站在这儿的人，怀抱他注目世界的精神心灵，其他一切都是客体。这些本体的——范畴突出的人类的特殊地位包含的意思，他仅仅是创造的王冠……进化继续发展，我们运用生物技术的可能性现在可以积极介入。"[27]
在一段令人震惊的谈话中，这位哲学家提醒道，启蒙运动的人类图景仍然
一直起支配作用（*noch immer Vorherrschen*）。人类，具备了人的尊严与
自由，他应该是一种过时的事务吗？照这么说，我们的欧洲社会及其法
律秩序构建在两分法之上，主体对客体的双元体系之上，早就合乎逻辑
地超越——我们的基本权利。如果人们更近地观察到人的尊严遭受大数据
粗暴的践踏，那么事实就是这种情况。对于扬弃我们尚存的社会纲领也许
不再需要更多的社会意识和更宽广的意见统一，也不需要一项新社会契
约，故意地得到所有相关人员赞同？为何若干有天赋的自然科学家干脆假
设，据他们的判断，启蒙运动的人类图景可以任意瓦解，从此以后每个个
人的命运借助大规模的技术投入就可以确定了？为此，语言只有一个名
称：狂妄自大（*Hybris*）——技术权力者的傲慢。

　　这一观点的代表注意到了我们的基本法：人决定自己的现状与未来。
在信息资本主义时代，相对于所有的智能机器，人的优先权也始终存在。
而且这正是康德的启蒙运动的人类图景，允许给大数据一个清晰的定位。

基本法的保护思想

　　倘若人的自由仍然是一种有保护价值的成就，那么我们必须在大数据
面前保护它。通过《基本法》为德国人确保自由。因此值得翻开《基本
法》这一页，在《德意志联邦共和国基本法》中第十九条有充足的理由放
在所有其他符合宪法条款的前头。因为《基本法》迄今为德国人提供了良
好的服务，自己也成为拳头出口产品。个人在《基本法》上的自由权利通
过数据保护具体化，在这里涉及私人空间的保护、个人的权利和公民的人
的尊严。数据保护并非意味着数据应该保护。这很容易被误解，因为数据

保护一点也不同于基本权利保护（*Grundrechtschutz*）。正如一个互联网企业家的表态："基本权利是一种古老的观念，大多数人不理解这是什么。"[28]这是非常危险的，因为它们会导致人们迷失方向。大数据企业给我们这么翻译："基本权利是一种古老的观念，人的形象已经不能使用，你们的法律却建立在其上。个别公民的权利早已被超越。民主是一种古老的技术，我们现在想利用技术，为了尝试某些新东西。你们为什么要诉苦呢？最终你们发现一切都很酷。"

基本权利的抵触作用自然首先针对国家，但是其作用扩散到私人领域。数据保护首先必须面对国家而存在，跟在其后的是 20 世纪 80 年代《德国数据保护法》的最初版本。这段时间已经明晰，每个个人在私人空间的权利、信息自决和人的尊严，正如与非国家性质窃听者的关系那样必须得到保护。为了摆脱这项法律，大数据企业强调，它们喜欢搬迁到美国去。德国与欧洲的数据保护给他们的生意造成了麻烦——对此有太多的陈述，多少家大数据企业认为基本权利的抵触作用。为了追逐盈利，无论如何似乎对它们是有害的。

尽管大数据企业的各种抵抗不再会隐瞒太久，大数据向社会及其未来提出了严峻的问题。按照斯诺登的理由，让全世界了解神圣的大数据系统，出现了明显的紧张状况，不仅仅涉及这些国家。按照我们的感觉，他们厚颜无耻地窃听并评估民众的通信数据，大尺度地超越了伦理的界限。伦理的自然紧张状态对国家与社会始终是一个挑战。

轻视大数据伦理的人，应该更近地观察金融领域的投资产品，如果为了自己的收益而利用自己的数据优势，金融企业是看不到界限的。德意志银行股份公司的"罗盘生活 3"——一款尚不完整的大数据产品在阴险方面几乎无法超越，但却是朝那个方向射出的斜传球。

2007 年某银行发行了一种基金，小型投资者借助它，打赌选出的 500

名年龄从 72 到 85 岁之间的美国证明人提前去世。这些被推荐者定期通过一家跟踪公司（*Tracking Company*），以一种监控审核的方式取得联系，获取他们的健康数据。在健康数据和数学模型基础上可以计算出"投资对象"的死亡概率。如果他们比预期提前去世，投资者就能盈利。投资者的风险呢？在于推荐者比预期活的时间更长，以及在健康供养上的进步，新药和护理方法等等。想要减少这类基金风险的人，会有兴趣让医学的进步更缓慢地发生——人就会"提前"死亡。

但是这种基于健康数据的金融产品对于人民的感情来说是一种侵犯。在一场公开的讨论之后，其中的道德思考得以公开表述，德意志银行要求其投资者提前解除其投资。2015 年基金也将终止。这时候投资者才了解到，他们的死亡之赌是否值得。

我们直观地感觉到，监控航空发动机和监控一个人造成的差别，个人数据显然比客体在经济过程中产生的数据具有不同的质量。但是如何才能解释这种差异呢？

人与其数据的陌生关系

这是中心问题，需要给出解释。个人与社会的大数据问题在他们的答案里显现出来，同时可以突出合适的要素，缓解紧张态势。

如果我们在人类劳动的类推之中观察"个人数据"，那么更容易领悟其特征。因此值得研究一下聪明的思想家和哲学家对人类劳动（*menschliche Arbeit*）的观察，重新思考个人数据。让我们首先看一下人类劳动的质量。

人类历史开始之时，劳动便是人类生存的"基本维度"。[29] 人类不劳动便无法生存，他"必须满头大汗"才能吃到面包。由于 20 世纪我们将工人的工作条件人性化，这种局面已经发生了根本改变。劳动者可以在最佳环境中完成其工作。因为培训机会向他敞开，原则上悉听尊便，选择何种劳动形式，最适合他的个性，最符合他个人能力和独特的魅力。人类是在劳动中和伴随着劳动得到发展。因此这种人类劳动的存在特性不仅反映在劳动单纯的必要性，以及在每个个人生活内容的完整个性的实现上。个人完成的劳动打上了他个人的天赋与经验的烙印，因而在他的劳动中体现与包含了他完整的本质。

直到今天，人类的劳动是人类的唯一个性财富，他可以借此参与经济过程。

随着数字化革命的到来，人类历史上首次产生了另外一种财富：人类的个人数据。

"个人的"是人类存在得以根本性体现的所有数据，其中包括社会关系，日常活动内容，一个人的身体与精神状况，他的思考、愿望与行为。在词汇使用之中通常说"与个人相关的数据"来替代"个人数据"，例如在权利和法律语言中。我们早就在狭义范围内如此理解"与个人相关的数据"概念，个人可以根据其姓名、居住地或者生日直接确定，自然也可以间接地从包含一个人的姓名、居住地、生日的数据中获得。若干大数据企业宣传经常谋求对个人数据"匿名化处理"，只在统计上对数据利用感兴趣，可能没有扬弃数据的个人化特征，因为匿名化处理的反面，反匿名化处理是由于"内含的识别符"，大约像 IP 地址，在此期间，任何时候都是可能的。[30] 由此，人连带其他人作为他直接识别中的"与个人相关的数据"是可以确定的。

在大数据中涉及的多半是狭义的与个人相关的数据。大数据对一切和每种围绕个人的东西感兴趣。如果个人在互联网上介绍或者通过网络通信，例如运用在线照相簿、Skype 交际（网络电话）、电子邮件、博客或者参与社交网络等，他就会合作地继续传递数据，这可能是第一手数据（*Primärdaten*）。通常，我们在此说到一个人的"数字化足印"。您的 IP 地址，由最新一代汽车画出的行驶线路，个人智能手机运用其网络适配器明确地可识别硬件地址，可以在全球范围内被跟踪，智能房屋控制，由智能眼镜获取的图像和声音记录或者通过互联网有关个人的第三方表述——所有这些都属于第二手数据（*Sekudärdaten*），其形成没有个人的参与。这是他们的"数字化的影子"。

如果大数据把一个人的个人数据联网、分析，从中预测一个人的行为，新获得的有关一个人的信息与推论——个人信息（*die persönlichen Informationen*）便承载了原始数据自身相同的个人特征，新信息从中被推导出来。一个国家的刑事侦查局的联网倘若分析得出，个人 X，从未在刑事责任上引起注意，但是一直以某种方式与刑事罪犯保持联系，推测属于幕后操纵者之类，这是一组涉及个人 X 的个人信息。信息到底有多么个人化，如果针对个人实施侦查程序，事后便清楚了。从结论得出的有关个人信息必须同时归结于一个人的个人数据，它们"继承"了以原始数据为基础的个人特征。

除了人类劳动之外，个人数据让大数据时代这个发达世界的人有可能参与一种新经济形式。因此人类的个人数据具有与人类劳动非常多的相似特征。对于人类来说，它们具有创造性价值，创造性的意义在于，它们表达了人类全部的存在意义。像劳动那样，个人数据原则上和存在性上属于人类。个人数据的源头是人类自己。没有人类也就不存在其个人的数据。而且因为人类认识到自己不仅通过劳动而且通过个人数据自我实现，两笔财富，人类的劳动和其个人数据"继承"了人的主体个性的某些特征。个人数据自身承载了个人的尊严，授予它们一种伦理价值。这种主体性恰恰是基础，在此之上，个人数据的评价既与其源头——个人数据的主体，人类自身——又与其使用者的关系必须实施。

此外，由于个人数据的主体性，有关个人数据是谁的财产（*Eigentum*）的讨论也引导错了。人类只通过世界的客体（*Objekt*）赢得财富。但是个人数据并不拥有这些客体特征，因为它自身承载了人的主体特征。

没有人向个人数据索取财产，因为它们缺乏客体特征。它们远多于客体。再次瞩目人类的劳动时人们可以理解这点。谁纯粹把人类劳动当作"商品"，当作经济客体，就不会正确地看待人类劳动。是劳动的客观化导致对人之权利的剥削，贫困化，通常就是贬低。谁理解这点，便容易识别为什么大数据陷入了哲学与法律的困境之中。

另外在大数据案例中，个人数据的主体性与伦理刚刚跳入眼帘：倘若有人把一个人的所有的个人数据汇总，就可获得此人的映像——他的"数字化双胞胎"。对于无数的人来说合适的是，他们的人类化的存在，在言语、图像、声音、计算和观念上的物质化，早就瞥见万维网上他们的镜像。他们的镜像（*Spiegelbild*）——为了在隐喻上保留——在镜子的左边，现实的右边。这种右边的存在与行为处于现实中，数字化双胞胎和他的虚拟僵尸是"左右颠倒的"。大数据颠倒了哪些价值，我们将会更准确地留意。

统治的结束？回报与控制的权利

我们已经看到，个人数据属于现代人的现实；它们服务（*dienen*）于人的发展，而且因为它们的服务，人必须支配（*herrschen*）其个人数据。人的支配权是一种自由的权利，直接植根于人的尊严。

再看个人对其个人数据的支配权，经过国家或者私人大数据企业对他们数据的提取、存储和分析，对人的自由，也就是对人的尊严产生了未经许可的侵犯，侵犯还导致对个人数据监控权的损害。如果涉及公益的优先地位，一个国家根据权衡确定的先决条件可以授权迈出走向界限的一步。法学家们在这层关系中谈到"带许可保留的禁令"：如果个人明确不允许，那么原则上禁止侵犯个人的数据。欧洲数据保护规定也要遵循这个原则。

一家私人大数据公司不能先验地使用这些辩护理由，尤其不能在违背个人意志前提下从主体夺走个人数据的地方，动用类似谷歌眼镜等手段通过欺骗和非合作方式调取二手信息。只有涉及者同意（*Einwilligung*），才帮助他们免除罪责。因此要依照个人的许可才允许在合同的基础上尽量利用个人数据。但是在这点上产生了一个迄今为止很少得到重视的问题：个人数据的伦理要求公约，怎样才能回避它们。一个合理（*Gerechtigkeit*）的公约意味着：充分利用一个人的个人数据要求给予合理的回报（*eine gerechte Gegenleistung*）。一种粗略不公触及人的地方，他不会因为其个人数据得到任何东西或者仅仅获得一种不恰当的回报，如果他个人的第二手资料将被悍然地、不合作地从他身上夺取，是确定无疑的。谷歌眼镜在德国的使用触及大约 50 项地方法规——也触及刑事裁判权。谁要是质疑为什么允许在德国使用这种设备，首先必须严厉地谴责自己。因为我们所有的人都渴望这些时髦、具有游戏作用的配件（*Gadgets*），对它们趋之若鹜。但是再过度管制也无法在我们和我们作为消费者的市场权利前面保护我们。

这期间已然清晰，几乎没有人愿意承认大数据工业中个人数据的伦理价值。如果"工业"按字面来宣传，数据就是未来的原料（*Rohstoff*），它要么对其陈述的一贯性没有考虑到结束，要么告别了欧洲自由意志之人的形象。因为为了开采"个人数据"原料，必须让人类丢掉他们的数据，经过或者不经他们同意，或者经过一种广义欺骗的赞同。这些包含了毫无例外的蔑视，因为人类的盘剥。这是大数据工业的唯物主义——经济的推动力，个人数据降格为纯粹的消费品，这些，诚如大家期待，由数据的主体尽可能廉价或者无偿地转化为大数据的商业模式。也许人们还可以参与出卖个人数据获得回报，赌徒的成功便属于此，一种盈利的许诺，存取信息或者另外一种无偿的服务。首先，大数据商业模式自己让个人数据"精炼"成金钱，通过分析与预测等后续处理或者把原始数据继续销售给感兴趣的第三方。我们提供"21世纪的黄金"却一无所得，不仅是回报的内容，还有控制我们个人数据的权利。因为无偿利用在线报价是不是对这个数字化双胞胎合适的回报，暂不做讨论。人在向供应商传递数据的过程中，丧失了对他个人数据的控制，反而不再得到宽容。数字化双胞胎一定要保持可以控制，尤其要维持其虚拟僵尸，这种计算与预测人的拓片，常常没有一个人的知识与意志便可瞥见数字化的世界之光，围绕半个地球去旅行，每当我们在线支付时，像我们的信用卡数据早已做的那样。数字化的僵尸将与"他"的人如影随形，以确定他的未来，成为他的新命运。如果一个人没有获得信用或者不再找得到工作岗位，那么他就要对此负责。

但是放弃控制和错觉支配——少些惊异地面对较旧的大数据应用，如同金融产业或者军工企业对它们的推进。错觉历来属于他们大数据系统的方案，有时甚至是最终的目标。在与大数据企业不透明的合同中，人们表示赞同，但有效范围他们不理解。虽然做出对私密性的许诺，却没有得到遵守。"空白支票的使用者协议"将由Facebook、谷歌、苹果公司以后执行。一切都用大数据受益者的法律选择加冕，他们使他们的协议优先屈从于这个国家的法律，而国家要求他们实施最低限度的基本权利保护。由于在国外法律追究的成本常常特别高，数据主体贯彻其非常理论化的控制权利在实践上几乎不可能。这是大数据企业以最低的风险，对"个人数据原料"最大化的盘剥。

按语：智能机器与人类劳动

对个人数据一种合适的回报，特别在智能机器让人的劳动自动化的地方愈来愈重要——而且今天几乎没有人接受的劳动，在短时间内每次都由一台机器完成。伴随着大数据技术，人类第一次在其历史上遇到了主动的智能机器。在迄今为止的人的生活世界里，技术作为工具使用，而且被放到一边，为了直到下一次使用前干脆把它忘记，随着第二次机器革命的来临又一次得到更多的改造。机器替代人的劳动将愈来愈频繁。人不再与（mit）机器一块儿劳动，而是由智能机器替（für）人工作。在此期间，机器不仅比人更快，而且能够更好地做出委托给它们的决定，系统化，可再生产，始终如一，无处不在，自治，异步，无须等待人的输入。

技术人员定义哪些劳动属于"平淡的""无聊的"，对人类过于复杂，勤奋地开发用于自动化决定的人工智能，在不可靠的条件下优选。在开发以光速推进的同时，通过技术人员对劳动的评判，不一定要符合生活的实际。如果第二次机器革命优化了某些劳动，由此排除整组的劳动者，通过智能机器的后续劳动的自动化达到了一个旧合理化问题的新维度。尤其是智能机器适合承担的手工业职业将愈来愈少。对于机器人来说始终非常困难的是从事诸如修理虹吸管那类非结构性工作。但是，智能机器将会摧毁受过教养的中产阶级的商务和行政管理职业。因此依靠较简单行政工作的许多人或者他们真正喜欢从事的工作将受到排挤。并非每个人都愿意成为智能机器的技术维护人员。

"人与机器的军备竞赛已经开始——人必须获胜。在这场战斗中，重要之处在于我们正在寻找能力与天赋，其中我们人类的确比机器具有优势。"谷歌总裁埃里克·施密特（Eric Schmidt）在 2014 年达沃斯世界经济论坛上提醒道。[31]这种警醒具有一种特别的意味。他肯定非常清楚地知道，因为随着他的人工智能武器库的扩展，谷歌公司很快就会成为智能自动化的先驱。

谷歌总裁无疑是正确的：关注金融领域及其电子在线的经纪人足以证明，他们优化了买卖合同的中介。电子经纪人平台在十年前就拥有了声音经纪人（Voice Brokers）的职业图像，他通过电话接受、中介和一定程度上毁掉合同。他们当中的人在全球范围内所剩无几。在证券交易的价值创造链之中，交易商站在经纪人之上的一级台阶，他们的购买决定首先由高频算法接受，只是为了由智能化的优化程序（Optimierer）完全自动化。[32] 算法令人难忘地证明了在不可靠的条件下能够实施比一个人自身做出的更好的交易决定。

伴随着自动化的下一阶段，后续的社会紧张关系将可能出现。舍弃劳动效率工资与报酬，转而将要支付订购费、使用费和许可费，这意味着资金流的下一步推动将离开人的劳动转向资本。第二次机器革命在第二次人口统计学转变时代与西方社会制度将要做出的行动，人们肯定不愿意设想。

"我们必须思考，我们未来意欲何为，为了有利可图地使唤人类。"在 2014 年 1 月的数字生活设计大会上，Accel Partners 投资公司的乔·施恩多夫（Joe Schoendorf）如是说。他还补充了一句，让人浮想联翩：

"我们必须重构整个人类社会。"[33]

这个场景具有说服力，个人数据除了提高劳动效率之外，将来会成为人类最重要的财富。金融企业为个人数据带来合理的回报，可能成为劳动代理人，人们可能或者必须从中承担他的部分生活费用。

如果个人数据的回报不合理，个人数据上发生的事情缺乏透明性，监控也就不再可能。如果压根儿没有被抢劫，人将会自行削减某些东西。消除这种缺陷，要求边际条件，可能听上去缺乏创建。在这点上，国家实施调控性介入的确受到欢迎。这不是号召另外一个官僚主义的怪物，它涉及本质，存在或者不存在（生或者死），涉及整体。面对第二次机器革命，我们能够维护我们人的形象和社会的构想吗？游戏上没有什么东西堪比自由的人。人的尊严，所有人类自由的最高峰，"给予尊重与保护是所有国

家权力的义务"。而《基本法》第一条就这样要求。如果现在个人数据的
主体要求这种义务与公正的维护，这一点也不少于国家权力的督促，满足
他们道德上的义务来保护正义与和平。政治态度，宣告上百万遍践踏《基
本法》的终结或者简明地确定，还有更重要的事情要做，反之更不合
时宜。

忘记的权利

倘若把人对其私人数据的支配权归结于他这个个人数据的创始者与主体，遗忘（*vergessen*）的权利，也就是个人数据的删除（*Löschung*）权利应该与他的控制权保持一致。在道德方面，我们的法律体系中删除数据符合权利失效的纲领。两者都有意义，两者都考虑了一个人的不同生活状况，为了让他在失足之后能够有全新的开始。

人在无法控制他个人数据的地方，这个数字化双胞胎或者虚拟僵尸的删除也就不可能。两者将通过智能机器系统化的决定，个人数据的数据包以这些决定为基础，给手掌上的寿纹、生活轨迹、生活计划或者追求名利的目标打上无效的标识——而且"命运"这个词将赢得新的意义。大数据及其无法删除的数据贮仓将决定未来人的生活履历。只是如果作为个人数据主体的人无法确保控制权，他将成为任人摆布者。因此无条件地相信数学和智能机器的判断完全是非理性的。因为智能机器容易弄错，虽然经过设计（*per Design*）——也是出于其他原因。

人是可计算的。我们的日常生活显示了许多反复出现的模式——有意识或者无意识的行为方式。智能机器如今能毫无困难地发现与学习这种模式。如果把它们设计成适应性机器，它们就会跟踪我们，互相适应，尽管我们可能随时改变我们的行为。

拥有或多或少智能的机器对一个人做出判断会经常发生；涉及者常常不知道，自己的判断与分类已经发生了。他了解到，只要大数据企业不准备公布其分析与预测程序，那么他就无法设身处地理解这个判断流程。对数学和科学行为方式的提示足以抵抗令人讨厌的提问者。因此数学模型使用完全自然的方式是不全面的，可能提供"错误的"结论。此外，作为人工智能的实施也不精确。它在人的重新计算时贡献了所属的小部分非决定论①，涉及期待的计算结果。更糟糕的是过时的、老化的原始数据或来历不可靠和有疑问的数据常常作为机器判断的基础。如果数据是由数据销售员获得的，谁来实施来源评估（*Quellenbewertung*）工作呢？有多少过时的数据被继续售卖，在购入的数据包中包含了多少小卡片或者不知名的冗余数据？哪些大数据公司专门致力于数据老化（*Information Aging*）问题研究——通常的时间流逝之后"数据的自然形态"呢？因为与十天前提取的数据相比，具有十年历史的个人数据对未来预测的重要性就更低了。衰减（*Decay*），旧数据的衰减，过时数据通过自称为技术的方法用于人的计算时将慢慢隐去。

2004 年 5 月，欧洲法院的判决针对谷歌的法律途径要求这种衰减。[34]

---

① 非决定论（Indeterminismus）：与决定论相对，否认自然界和人类社会普遍存在着客观规律和必然的因果联系，认为事物的发展、变化是无客观规律的、事物内在的"自由意志"决定的。它认为个体有做出各种选择的自由，人们可以预测他自己行为的结果，能够自己决定如何去运作，例如根据他们自己利己的目的去牺牲公众的利益。

假如存在忘记的权利，那么敏感数据必须予以删除。

欧洲法官的判决之后直接暴露出了巨大而实际的争议，由谷歌自己发起的，令人意外地做出了：假如大数据企业的权利与公民的基本权利对立，这些权利在他们的商业活动的法律限制下在其自我实现（Selbstentfaltung）之中也会受到阻碍。忘记的权利与信息权相抵触。

我们尖锐地思考：的确，如若我们有权知道谷歌总裁的私人信用卡细节，我们就会欢迎一切不设限。这种信息我们喜欢，谷歌不能反对，因为它自己也在宣传这种权利。

这个例子虽然荒谬，但争论是严肃的。这是我们的个人数据与资本之间的争论。但是关注个人数据的伦理上的评判，正如迄今我们论证的那样，争端显然可以解决——而且对个人数据会有好处。由此，我们会同意欧洲法官的判决。因为我们的个人数据处在所有大数据企业的开始阶段——而人站在所有个人数据的开始阶段，没有个人数据也就没有大数据企业。我们公民和消费者自己也是所有大数据商业模型的有效原因，企业自身也没有比大数据经济的工具更为远大。对于利益的权衡意味着忘记的权利比信息权具有优先的地位。我们的个人数据比大数据企业自我发展的利益具有优先权。为什么这点对于人的发展如此重要呢？

谁自己额外地提取和利用个人数据，例如在自己的企业内，很少能确定，他的数据基础始终实时地处在最新状态。如果您现在怀疑，那么可以用实例来验证正确性。比如您要搬家，您会在使用能源、通信提供商和邮递员在线平台上填写您的新地址。您无须长久等待，为了查看2014年，大数据时代到底发生了什么：始料未及的极度混乱降临在您身上。没有什么真正行之有效。尽管——或者正是因为——电子转寄的委托您长时间收不到邮件。电力供应商让您的账户感到双重压力，能源供给不但有新地址而且有旧地址。其实他已经书面证明了您的在线注销。电信供应商没有经过您的雇主电话费授权就从您私人账户中扣除了款项，仅仅因为您住在邻近的房子里。数据具有较低的质量，因为非现实、错误或者糟糕的数据库设计以它们为基础。大数据时代的主要数据问题并非良好的起始状态，为了自身对非常智能化的机器做出判断。

大数据模型的道德及法律的强化对涉及者而言不幸之处在于，法庭对作为企业机密的大数据分析与预测的商业流程比个人对其个人数据的控制权给予更高的估价。各类判决，例如 2014 年 1 月德国联邦高等法院鉴于德国信用保障机构（Schufa）及其裁定一个人信用程度的记分程序做出的那项判决，[35] 揭露了相对于大数据的法律维护占优势的落后性，正如非理性地相信技术。一项判决，用 35％～65％概率判定一个人为吸烟者或非吸烟者，从数学立场上观察只是一个最小的命中率。所有的事件，数据科学家这么说，不可能显示比 70％更高概率的内容，人们用一枚骰子同样可以做出好的判定。

科学家早已清楚内容必须深入到社会意识中，因为随着一台机器的判定，赢得了人周围的知识的那种预先形式或者后期形式——对它的信任（Vertrauen）会有一种特殊的演变。信任，作为未来行为的假设的确已经足够了，为了实际的行为建立于其上，作为假设是知识与非知识之间的平均状态。[36]

大数据公开承认的目标是把那种不可靠的平均状态运送到可靠知识的状态上。从上百万的假设之中，建构在海量的数据量之上，大数据跟踪发生最多频率的路径，给出其行动的推荐或者立即做出决定。与人交往将由机器的假设取代。早在 20 世纪行将结束之际，一个人的社会地位、行为或者声誉对人类之间的信任的形成具有决定性意义。大数据通过机器的假设取代了社会彼此交往中信任的形成。虚拟僵尸通过机器的说服力取得了一种与行动相关的个性。原来的人不再属于任何东西，将被置于无效的境地，由或多或少的科学方法重新计算。密切合作随之而来的是举证责任的逆转：人类和他的保证属于什么？从基本的无罪推定能得出什么？始终允许怀疑人的誓言，对机器的判定却不行。对技术可靠性的非理性相信起主导作用的地方，一个涉及者从来无法证明一台智能机器为何做出类似个人的错误判断。如果机器的判断与一种商业优势关联，涉及者一定会估计到其余的对手。大数据会积极地反驳，让人没有机会恢复。

如果个人数据不仅反映了人的存在，而且直接和不加控制地通过他自己确定他的未来，那么就可能让此人也陷入绝望之中。无解的个人数据，每种由此计算出的信息、分类或者预测将成为保留的特征，人再也无法摆脱。大数据否认追诉时效的和遗忘的方案。大数据拥有大象般的记忆，可以把个人数据存储上百年。一切都将保留，没有东西会消失。为了那种方案的准确性，数据科学家拥有一种数学的描述：马尔可夫过程（*Markov Prozess*）①。数据科学家运用它得出未来事件的出现概率。平行线通向没有往昔的人：它的未来仅仅取决于当下。让·保罗·萨特以几乎残酷的方式就这么实现了核心信息："历史是……"

萨特，存在主义的代表，认为我们之中每个人一出生就被抛入一种毫无意义的虚无之中。首先是我们的存在、思考与行为随着时间的流逝赋予这种虚无以意义。假如真是如此，那么个人数据就拥有对人某些正常的、基本性的东西，不仅仅服务于它的阐述，我们就会反对忏悔人作为其数据主体。如果虚拟僵尸发挥了他与行动相关的作用，那么大数据正好依赖这种观念。大数据存在主义具有决定性的触及人的地方，让每次全新的开始都无可能。大数据企业无法消除的数据，不允许重新开始。人将在所有的

---

① 马尔可夫过程（Markov process），是一类随机过程。它的原始模型马尔可夫链，由俄国数学家 A. A. 马尔可夫于 1907 年提出。该过程具有如下特性：在已知目前状态（现在）的条件下，它未来的演变（将来）不依赖于它以往的演变（过去）。

个人数据基础上得以确定，他想要借此赋予他生命曾经的表情，在他全部的、完全不同的生命阶段和状态中，浇筑大数据生态系统的现代化数据银行内的永恒记录。出路吗？萨特舞台剧《阿尔托纳的死囚》[37] 的主人公除了自杀之外无法摆脱其纳粹的过去。在主人公"自杀"时也显示了大数据世界里自由之完美的虚无。少尉对"自杀"的决定是不自由的，因为生命及其过去变得不可能，不存在原谅与遗忘过去的出路。而决定早就做出了——伴随着逝去的行动——道路已经指定，并且不可逆转。

　　大数据宇宙之人迷恋于一种类似的虚幻。人还要强调，他可以自由选择，要么尊重智能机器的决定，要么反对机器的决定。但是如果为了监控身体的机能，量化自身运动的信徒佩戴一款小型移动健康表带，佩戴者为了他的健康今天必须走七百步，他会做出与他的健康表带的"温柔的压力"相抵触的决定吗？他可以，但是对他而言不会没有后果。健康表带对他进行编程，决定他的行为。问心有愧，责任的感觉——这里又再次出现了，这是监控的后果。当量化自身运动的信徒决定借助移动的"监护病房"实施物理监控时，他在那一刻抛弃了决定的自由。信仰，他的自由不应该有任何损失，人们戴上了健康手环仍然可能会想，那是在耍花招。

大数据独裁

大数据生态系统中个人与机器的智能趋向于融合的泛人本主义已经开始侵蚀欧洲文化的根基，正如它们在《德国基本法》和以类似的方式在欧盟基本法宪章或者有关公民与政治权利的国际公约和联合国公约之中的体现。人的实际自由依赖于基本权利的不受伤害，它们是社会契约与政治的保证，使人可以自由支配自己。

基本权利遭到支配和人将接受迫使他保持一致的监控的地方，自由将停滞，独裁将开始。

谴责独裁是挑衅性的，社会模式"窃听与监控"的受益者们反对所有警告的声音。因为刺眼的是，大数据的野蛮生长不仅伤害和无视人的基本权利，并且专门推进了监控和监控策略。基本权利的被无视和通过信息、行为与感觉对公民社会的控制恰好是独裁的补充，一种绝对统治形式的补充，其中数学精英预先决定人的未来。在未来，公民创意权、决定能力和创造性将通过主动与被动的传感器的大规模监控来压制。

从美国国家安全局的丑闻可以预知，哪些弊端已经接受了监控。诸如谷歌这样的私人企业情况也好不到哪里去。使用谷歌账户、Gmail 邮件服务、Google＋的用户，甚至使用谷歌网络实验室的加热恒温器以及谷歌搜索的人，都会交给这个技术巨头足够的数据材料，帮助其毫无困难地拼合出这些谷歌产品用户的数字化双胞胎，从中计算出其虚拟的僵尸。谷歌对用户的了解的确非常多，甚至比他们自身知道得更多。

尽管如此，谷歌公司并没有激起社会愤怒的呐喊，对其绝对监控的抗议也没有发生。更糟糕的是，用户们站到大数据获利者的一边，嘲笑涉及自由问题的良知声音或者仅仅为个别人的思考，而这些是为了保护他们的人权，因此表现出"节省数据"的倾向。在数据主体和打着物质—经济烙印的受益者之间可以预期的冲突似乎没有发生。为什么会这样呢？

许多答案值得深思，政治给我们提供了第一个答案："人必须前往今天发生未来之地。"[38]也就是去往其他所有的人已经到达的地方。利用数字化媒体并掌握了程序语言的人，为了获取战胜数字化革命的专业知识，只能参与数字化革命。[39]

因此可能只有一个答案：这是一个巨大的错误，而且它并不新鲜，因为该错误早在六十年前在有关核能利用的争论中就已经提出了。

比起让我们屈服的技术，政治对我们没有提任何别的要求。许多人已经低三下四，但这并不重要，因为大多数可能弄错了。但是臣服是一份面对数字革命的破产申明，其他人早已这么做了，这种未来，正是那些数据科学家运用他们的模型与算法"挑战"数字化革命，推动现代化的星球改造。谁是流水线工人，必须走向流水线——他没有其他选择。但是谁要不去未来发生之地——他也可能自己塑造未来。因此不能轻描淡写地把任何对大数据的批判性思考范畴化地作为卡珊德拉的呼喊。谁要求人类屈服于技术，得容忍其他人相反需要技术可以向人类屈服——抱着这种要求，人在未来保持了《基本法》确保的他的特权。因此不是每个表达技术批判的人都是公开承认的技术之敌。

此外，人与技术关系的讨论早已不新鲜，在 20 世纪就由恩斯特·荣格尔（Ernst Jünger，1895—1998）与他弟弟弗里德里希·格奥尔格·荣格尔（Friedrich Georg Jünger，1898—1977）发起，由马丁·海德格尔（Martin Heidegger，1889—1976）得以延续。海德格尔要"改变方向"，在技术的关系中思考转向。替代丧失技术的自由，我们应当关注，在技术后面矗立着更高之物，才使技术成为可能。这是马丁·海德格尔"较为初步的现实"。思路的改变要求人返回自然之中，从仓鼠轮中走出来，可以给未来一条更好的轨迹。因为随着数字化革命的威胁，解决方案也同时得到发展，它们确定无疑是法律上的自然。但是作为公民社会成员的我们要面对挑战，要为这个数字化时代发展一种技术伦理，一种理论，帮助我们理解与掌握当代的技术突破。我们不必都到那儿，一种想象的感觉舒适区等待着我们和未来成为现实的地方。不仅仅是消费和再生产，还有塑造（*gestalten*），给予数字化革命一种善意的转折，属于其中的是知识、资本和冒险的文化。这是我们提出的任务，比起仅仅前往其他所有的人都在的地方，要求有所不同。

对于我们如何能掌握数字化革命的知识（*Wissen*）而言，大规模使用现代化监控设备，例如智能手机、魔术眼镜或者智能房屋技术，本来就不具有强制性。能够使用一种 APP 软件并不意味着我们会成为数字革命的专家。驾驶私家车，您也不会必然成为机电专家。使用数字化仪器也有非常相似的表现，在屏幕之前的世界与屏幕后的世界是不同的内容，其中我们做了足够的说明，在未来若干年将会形成智能机器的生态系统。对此，无人能比数学家和物理学家更好地理解。相反，数学是"芝麻开门"的魔幻公式，为我们开拓新的美丽的大数据世界。但是我们要坦承：对于我们大多数人来说，数学是恐惧的完美化身，因此最后在较大范围内我们缺乏手工工具，在全面的复杂性上理解数字化革命。掌握程序语言替代自然语言同样对理解数学模型帮助甚少，它们是数字化革命和我们发达世界的专家治理改造的真正催命者。从实践者的视角规划好的程序语言与自然语言相比不再是单调的流水线劳动，而且早就不具备人造语言的复杂性。任何一个程序员，只要理解唯一的程序语言逻辑，便可以非常轻松地学会其他的程序语言，而无须详细研究它。对于英语、法语和希腊语这几乎不适合，但是攻读它们正好可以激发我们随时都在学习的大脑突触的连接，这阻止了我们以技术的名义在精神上逐渐变小。屈服于技术，在高技术的世界里精神萎缩，一切以渴望市场工人的信息市场的名义——对于许多人来说，这几乎不会是未来的幻影，他们在其中可以幸福地生活。

第二个原因，公民社会之所以没有攻击顺从难以驾驭的大数据经济的行为，可能是社会已经投降了。人类意识到绝对监控对他的生活造成的影响。因此他表现出行为一致，不敢做出反抗。

"我们上大学是为了寻找一份工作，我们可以借此挣到不错的工资。我不想被骂得抬不起头来，仅仅因为我抗议监控。"[40]

"因为像我的自拍照（*selfies*）或者 Facebook 上我每天所吃食物的图片那样，我的抗议将公之于众。"[41]

这种感觉（*Gefühl*）让如此表态的大学生觉得足够了，他将受到监控，为了在未来不会遭受经济损失，他不得不表现出行为一致。因此他对令人气愤的监控的反抗保持距离。强迫他接受更多一致性的监控没有必要。他自己业已在监控自己。

大学生的想法是常态还是例外？如果这些想法继续蔓延，那么就是对康德的自然的自由人的死亡判决，而且是全球性的，因为监控是全球性的，人们允许这样假设，包括被监控者的思考。

第三种可能的答案回应了社会的冷漠问题。公民社会没有把大数据当作问题，因为人类遇到的不公正太难看透，尚不足以感觉到。大数据的危险让公民与消费者感觉如同国债那样抽象。被窃听不会导致疼痛或者贫穷，至少没有一种不适的模糊感觉，人们并没有把国债当作自己的账户结单。两者——监控与国债在触感上没有任何感觉。

相反，大数据的危险披上了赢得快感的外衣，并且允诺一种不断提高舒适性的更美好的生活。不是物质的困境增长，而是享乐主义与主观主义将得到伺候——我们知道一切，我们比义务与美德更彻底地喜欢附加在我们身上的恶习。后面隐藏的不再是超越一种合适营销的保证，如同我们从每个广告认识的那样。因为优化生活的诺言仅仅是一个陷阱。长此以往，人类心灵的忧虑将通过广泛的监控传播开来；而且心灵的困苦很少能通过更大范围的物质幸福得到抵偿："不是开始，而是结束承受负荷。"

也就是说，这不会促成公民社会的起义，若可能，无论如何也不是现在。而且如果在若干年之后道路上最终布满了坑坑洼洼，因为国家由于债务无法维持基础设施，或者一个人由于其"变形的"数字化双胞胎不再找得到雇主、保险公司或者医生，那么这种消极的报酬（Reward），后续"账单"时间上的迟滞妨碍了认知：公共基础设施的衰败直接应该归咎于国债，受损的生活底线直接归咎于自己的数字化僵尸。

私人空间？论保密的权利

的确，社会的反抗需要大数据生态系统复杂性方面更多的知识，若干对其技术的理解和更多对取得进步的发展状态的认知。为此，公民社会还要更严肃地向人类受损害的自由提出追问。因此争论不该只局限于个人数据的交流上，正如我们刚才对它所做的阐释。《基本法》所保障的其他人的自由权利受到了大数据的损害，其中就有私人空间（*Privatsphäre*）。

"私人空间"有何含义？如果回首历史，就会与塞缪尔·约翰逊（Samuel Johnson，1709—1784），这位英语辞书中的古典作家相遇。他把私人空间描述为机密的状态，"一种秘密行为"。[42] 私人空间作为秘密的同义词，仅仅让私人空间不可怀疑，尽管秘密的概念也可以联想到隐瞒的过程，闭口不谈或者掩盖犯罪行为。

"谁没有什么东西隐瞒，就没有什么好害怕。"48％的德国公民干脆这么评论，当监控的反对者们惊讶 2013 年夏天爱德华·斯诺登揭秘后为何没有激起全德国范围内反对国家窃听侵犯的大规模怒火时，他们看见要面对这种论调。[43]公民社会似乎不再重视私人空间及其机密。只要不存在什么东西需要隐瞒、守口如瓶或者掩盖，公民社会还乐意揭开他们的秘密。但是公民社会对机密的概念领会过于狭隘，没有按照其全部的影响和社会的收益来理解。

其实，监控的反对者也许不该对此事太过惊讶。能够观望其他人的行为和转义上享受地在邻居床头柜翻寻，自从诸如"老大哥（*Big brother*）"或者社交网络等真实故事为题材的节目繁荣以来，我们在里面把我们的所有东西，无足轻重、自愿地奉献出来，没有别的，这可能把我们诱惑到炉子后面或者远离屏幕。几乎不再有更多的人抱着巨大的热情抗议享乐主义，因为我们所有的人都参与了它的现代变种——我们所有的人，不仅是个别国家的公务员，像他自己所说的那样，为了我们的安全之故窃听我们。有时候，国家公务人员也承认，让他们成为秘密的观察者纯属无聊。谁身处军事管辖区坐在一个看上去有数公里监控摄像头的屏幕前长达八小时，都可能会抵挡不住诱惑，去窥视他同乡的卧室。对此，人们自然没有公开讲述，而是站在摆着坚果与盐津杏仁的超市货架旁边用手遮挡着诉述。

"启蒙"为了我们变成了日常生活。作为公民社会成员的我们，不仅要求政治与经济上透明，而且同时准备自愿地为了别人让我们的生活变成玻璃屋。这方面儿童正好给我们做了示范，他们会说"我最好的朋友，是不泄露我秘密的人"，可见机密对于个人发展有多么的重要。

在游戏上被儿童隐藏的东西是"非人间"之物。他们想象的充满魔幻与魔术的内在世界之物。对儿童来说，机密是重要的，与成人世界隔开，能够寻找自我。他们这么发展了生活方式的多元论、亚文化以及信仰，这也是哲学家尤尔根·哈贝马斯要求的，使得社会与个人得以幸存[44]。

"秘密——通过积极与消极的手段隐藏的事实——是人类最伟大的精神成就之一。"哲学家和社会学家格奥尔格·西美尔在 1908 年就曾正确断言过。[45]一个社会没有秘密，就无法产生多种多样的意见与观点。为了社会的一致性，它可以被创造出来。秘密对于个人的人格形成，其创造性和判断力起根本作用，而且与此相关是为了整个公民社会。相反，泄露秘密意味着长期毁灭社会。因此我们今天能够观察到社会秩序的崩塌——由透明社会的全面公开导致一种僵化，一种决断能力的缺失。因为我们实际上观察到的是要做出决定的不断增长的恐惧。今天不但决定，而且其结果很快就会公开。在公众的眼睛里做出错误决定的人，一定要考虑到他直接的社会判决。因此许多人感觉合适，有利于前程或者个人与社会的和睦，没有人更喜欢做出一个潜在的错误决定。假设有人能在大数据辩护士所要求的"知情权利"的时代面前摆平某些错误，那么今天取得成功就没有那么容易。您不妨做个测试：您在 Facebook 上当众与一个"朋友"发生争执，将来您只会感觉非常困难，或者几乎无法成功地在没有旁人的前提之下调解您的争吵。机密也适合于此：这是社会的和平保护者。

《基本法》第十条，"通信、邮政业务和电信的保密"原则上对"保密”做了规定。即使在《德国刑法》的目录中也可以不止十次找到“机密”一词：国家机密、非法机密、选举机密、通信机密、私人的机密、外部的机密、邮政机密、电信机密、公务机密和税务机密，其中对“个人机密”奉献了整整一节内容。

在一件泄密丑闻中，德国农业部长于 2014 年引咎辞职。[①] 他从他过去的国务秘书那里了解到一桩公务的机密：相关部门将对一名联邦议员展开一项刑事调查程序。他转达了此条公务机密，该议员提前得到了警告，在申请废除外交豁免权之前放弃了其议员的议席。在接下来处理“爱达迪丑闻”中首先涉及儿童保护，但也明确社会之中机密所处的情况。又是一次讨论之中的交换：现在不应该为了安全抛弃自由，而是为了道德抛弃机密。法律保护的机密，人们获得了印象，假如存在足够的道德理由，跳过这些法律保护，就可以泄密。

“如果我们不保护道德的崇拜，道德的事务就等同于可以公开，控制崇拜，所有神秘的东西都适合于怕见天日？……不是我们所有的民主理想都反对机密……我们没有向计算机和互联网托付我们的‘我’的不断增长的部分，为了在全球范围内关心清晰的关系吗？经过宣传的全球化不再是一项涵盖地球信息的战略，它不再容忍任何机密吗？”[46]文化学家哈特穆特·波姆（Hartmut Böhme）在 1997 年就提出这些问题。它们已经过时，然而涉及大数据的内容却比往常更具有现实意义。机密拥有一个不良的声誉，诸如透明度或者监控等臆想的珍贵价值已经牢牢地扎根于社会之中。为了未来接受机密作为社会有价值的，甚至必要的财富，在步入后隐私（*Post Privacy*）范畴，进入没有私密性的“公共社会”道路上情况不

---

① 2014 年 2 月 14 日，时任德国农业部长汉斯-彼得·弗里德里希（Hans-Peter Friedrich）被指控泄露了机密数据而被迫辞职。相关信息来自一名检察官对社民党籍律师塞巴斯蒂安·爱达迪（Sebastian Edathy）的调查，这名律师涉嫌持有儿童色情物品。

佳。在"爱达迪丑闻"中社会的新关系对秘密不会做出反应吗？诸如在行之有效的法则和社会行为之间的分歧意味着，保护私人空间和机密的法律已经过时，需要修订，以胜任社会上公开的交际。数据与信息全球的入口，大数据和信息资本主义永远摧毁了机密吗？

然而早就应当注意到差异与混乱，大数据的辩护士们借此使用一个人的个人数据和他们自己的大数据生态系统。在他们打听、分析，而且透明地预言可以对待个人数据的主体的同时，他们像对待眼球那样保护着他们的大数据运营机密。美国国家安全局没有参与泄露他们数据的分析细节的活动，Facebook 也把他们的分析算法深深地隐藏在计算中心的地下室内。而且"谷歌 X"项目自称是技术巨头秘密的思想锻造车间，人们在里面参与着应该能够改变世界的项目。[47]同样的企业也对他们的搜索引擎的算法核心严格保密。其间人们期待屏幕前的使用者通过传递其个人数据暴露——"显示出来"，大数据的获益者已经在屏幕之后，隐藏于最严格的沉默之中。因为谁知道数据是信息经济生产手段，就会如同人们从中获取的重要的新信息，如同对待黄金宝藏那样，保护他的数据积累与工具，而且希望对宝藏价值的认识非常缓慢地传播。从法律保障的视角看，这无疑是合法的，对于大数据企业来说不管怎样看上去都不是那样，好像他们的私人空间和营运机密是过时的模式，否则我们仍然有效的法律和社会纲领等事务的过时的猜测也许会切合实际。

如何面对这些机密，这些机密又代表了什么呢？只有少数几个特权者能否支付得起这种会变成财富的东西？正是这些人积累了数据，推导的信息与知识吗？这也许绝对不新鲜。私密性就会在统治精英身上出现，这些人通过机密获得了"他们的特权和统治权"，文化学家哈特穆特·波姆继续补充道。[49]

谁如今支配数据、信息、知识和关键的技术，谁就拥有权力；这些权力早已不在我们的国家手上。大数据企业想要保留他们的市场权力，一种技术优势，也许还有垄断，寄望于他们的私人空间和运营机密。维护他们的私人空间允许他们能够维持权力。但是在逆向论证中恰好正确。一个维持其私人空间的人，同样保持了权力。私人空间是控制的一部分，应该归个人数据的主体所有。私人空间是平衡权力关系的仪器：权力平衡（*Balance of Power*）。

完全的透明，那种后隐私，数据保护者自身的要求，权力关系被推动几乎不会对使用者有利。这个人不仅拥有大数据入口，而且能够对充分利用它们的人——无疑不是消费者——拥有一种永久的优势，后隐私只会继续被支配者玩弄于股掌之间。因为谁泄密，就会变得虚弱；放弃私人空间者，即放弃了权力。

实际上让人惊慌失措的是对权力交接的毫不在意。

安静！论消极自由的权利

对于植根在人类尊严当中的人之自由权利，也属于消极的自由（*negative Freiheit*）。一个人有权利完全避开国家、经济或者社会对其个人数据的需要。如果人有意愿，"让他保持安静"，如同 1890 年美国法学家路易斯·布兰德斯（Louis Brandeis）的描述那样，这种逃避通过积极地与通信保持距离得以体现："请扔掉你的手机。"

如果关掉传感器就已够用，也许这么彻底的一步没有必要。因为我们之中只有少数人将会摆脱他们的配件，他们凭借这些工具兴奋异常地使用着一种尚且年轻的交际手段：互联网（*Internet*）。互联网技术有两副面孔，它具有善与恶的双重性，与其他的技术特征没有区别。技术使人类互联、减负、自动化，让生活更美好，更简单。它若转向反面，就会摧毁团结与社会的和平，损害安全或者否认人的主体特性。

按照最初的计划，互联网应该把军方与研究机构的计算机相连，使得机器与机器的通信成为可能。当浏览器技术能够把互联网的内容以图形方式展示给人时，人类才姗姗来迟般地介入，掌握了互联网，以更快、更多和别样的方式进行交流。这种交流的全新方式非常受欢迎，因为交流不仅是人的权利，而且是人的天职。交流承载着人，人也在交流中产生影响，只有经过非常个性化的互相理解与通报之后，才能形成团体。互联网因此是一种交流的充实，新媒体和个人数据的传递在其中共享一种逻辑的连接。

正如人对互联网的商业利用那样，机器连接最初的景象作为"物联网"及其所有传感器和间谍软件的应用会迅速得以实现，但是长期不在视野范围内。互联网在屏幕前面拥有一个世界，它是使用者对一个系统质朴的视域，他们相信，这不再是一个包括产品或者媒介内容的巨大数据仓库，可以利用更便宜的软件或 APP 来开发。屏幕后面的世界是大数据生态系统及其数学模型、网络分析、预测和控制战略的世界，2013 年爱德华·斯诺登揭露了其中的若干内容。在面纱后面是 Die PrismTempora X-Keyscore-Systeme 以及所有没有命名的、隐瞒的、商业上的同类项目，在谷歌、Facebook、苹果、黑石等公司计算中心的长长通道里提供着国家同行类似的服务，价值数百万甚至上千万美元，甚至更多。

"互联网不是那种我曾经认为的东西。我相信，这是民主与自我解放的完美媒介。高科技集团的窃听丑闻和控制妄想改变了一切。"[50]失望显而易见，对新媒体同样可以理解的欢欣鼓舞是其先导。在此基础上的一切都是一种高估技术的反理性，它模糊了我们的视线。互联网只是一个客体，来源于人这个与媒体打交道的主体，但是从自身出发表现不出任何东西。因为利用互联网不再发生任何事情，致使人移交他的个人数据。他采取了

"及物的行为"传给他人，他的个人数据从人这个主体出发，过渡到一个外在的客体——一种广义上的智能机器。智能机器及其最常用的通信手段——互联网，已经不再作为人的及物行为的工具和对象，这就是一切。清醒地观察，互联网没有更多的东西。

"社交通信手段既不利于自由，也不利于全球化，对于所有人的民主之所以简单，是因为它让连接的机会和观念的循环增加了许多倍。"[51]数字化媒介不再作为通信的结构，而且作为结构它们尚未产生内容。诚然，运用互联网可以产生无数的崭新仪式。人们可以在线约会，号召集会，抗议民主。但是能够让这些集会成为可能的一家高科技公司，却在为独裁政权生产应用软件，正好预测到了这些人的集会，立刻把他们标识为持不同政见者，使得有人能够对他们残酷地追捕。[52]就连德国企业也参与其中，"阿拉伯之春"公民权的维护者在叙利亚和巴林监狱里遭到拷打与谋杀，因为他们就像在国内刑事侦查局那样，不做精神区别，便向国外政府转让他们智能手机的监控软件。[53]之所以可疑，是因为所有道德的思考，以及使用者的无视道德标准的生活方式的知识，退到了商业利益的背后。一切都好像没有什么变化，一如既往。

伴随着消极的自由权，产生了某些含蓄的表达：每个人有两种表现形式——每次交往都会产生不同。联系到消极自由的交往让人要么成为公共的人，要么成为私密的人。如果人要求放弃交往，他就想保留私密的个人。一个人充当这样的个体知道有关自身的事务，另外的人则不熟悉。他没有放弃与他们交往。作为公共的人，其他人熟悉他。与此同时，他自己知道，其他人可能了解到有关他的东西。他没有摆脱掉这种交往，在公众之中做出了涉及自己的事情。

随着这种交往，人想形成他的公共的人，但是已有某些东西脱离了。个人数据的主体不再独自形成他的公共的人，这个是由其他人替他完成的，也违背了他的知识与他的意志。

"私人空间是不受第三者观察与干扰的自由的状态。"新近出版的《牛津英语词典》如此解释私人空间。[54]但是通过被动的大数据传感器实施萌芽中的绝对监控和不停地提取个人的二手数据，自身便是有意识的个人禁欲，它想要显示尽量少的数据，希望放弃数字化媒体，一次想要维持私人空间的徒劳的尝试。违背人之意志不情愿的观察和被动的监控发生之地——不仅通过尊贵的权力，而且通过私人企业，通过窃听的光纤电缆或者始终打开的话筒和新一代智能手机，受监控的交往就不可能。放弃一个受监控的公共的人，形成一个无法控制的虚拟僵尸。公共的人从缝隙中离开，这里大数据把人的权利荒谬地（*ad absurdum*）导向了消极自由，这里大数据跟踪人，妨碍（*stört*）他，这里智能机器冷酷和罔顾个人，提出测量和分析的需求。

这导致大数据让私密的人公开化或者公开的人同时合计成虚拟的僵尸。大数据融合的结果是：对于个人数据的主体而言，他的虚拟僵尸将成为盲点。人不再知道更多其他人对他的了解。他的交往丢尽了面子，尽管他没有积极地交往，一个公共的人不情愿地产生了。什么以它为基础，它从何处来——大概总要保留机密，"这是我们社会的大骗局之一，它致力于信息、启蒙、交往技术和大众媒介，相信揭开秘密，它以自己的尺度产生机密，正像它排除这些"。[55]

大数据生态系统似乎让私密的人被消灭，而且采用了双重打击。用一种公共之人自己的阐释——虚拟的僵尸——同时对人造成持续的干扰。

用消极的自由，好像某些东西显得非常糟糕。即使他想这样，人也不再能躲避大数据，无法避开控制他的电子交往和他个人数据的传递。他不愿意泄露的信息将从他身上抽走。他自己不再难交流的智能机器及其传感器会在旁边从他的日常生活中汇集。它们喜欢为他完成这种工作，顺便无声地消灭他私密的人。从人身上留下的是公开的人，应该注意到：这个人，已经不再是他自己。正如虚拟僵尸产生，避开了人的影响，之所以如此，是因为没有真正向他转让对他个人数据的控制。他可以稍微领会到，虚拟僵尸从何处而来，谁计算了他，他画了而且将要画哪些圆。仔细的观察显示：在大数据时代消极自由的权利已经过时。消极自由的权利已经成为历史，我们社会秩序时代错误的威胁好像真的得到了证实。

大数据没有替代方案吗？论不受蔑视的权利

还有私营经济与社会期待强迫人的地方，能够温柔而含蓄地泄露个人数据，因为倘若在他身上产生弊端，人的消极自由就会粗暴地受到蔑视。谁想要放弃普遍存在的监控与分析，同样得受到尊敬，如同那种人专门通过其个人数据寻求实现理想。因此应该对汽车保险商的新车载通信费率实施临界评估。为了更少地支付保险费率，按照实际的民意调查，可对大约三分之二的德国驾驶员实施监控。该保险费率与欧洲相比甚至更高。[56]

在向大数据保险提问时，这些问题不仅对于个别投保人，而且对整个社会都是清楚的。迄今为止，保险系统建立在团结的原则上。多数人交款，少数人需要保险支付，基本的计算就是如此。采用新车载通信费率可能很快就发生变化，它们对团结的原则产生威胁。愿意接受监控的汽车驾驶员投保可省保费。从保险公司的视角来看，这是一项战略，通过监控识别"获得利益"的驾驶员，这些人之中造成事故的概率较低。对于"得不到利润的"投保人，保险公司自然少有或者根本没有兴趣。

起码在开始阶段保险公司及其产生利润的新保险模式将会取得成功——直到社会与不再承受得起数量的非投保人发生关联。保险商和缺乏冒险的客户群从有利可图的模式中获利，但是当这种模式膨胀到成功的边界，剩下了不复存在的保险功绩时，集体再次被要求承担未投保群体的费用。

这个场景没有牵强附会。美国的健康体系也证明了这种思考：美国的疾病保险商借助大规模统计的计算逃避义务，对于健康风险提高的客户实施保险，直到人们没有能力让全社会吸收他们统计的经济成果。非投保人的数字迅猛增长，全美国的健康体系崩溃即将发生。时至今日的衰竭如同达摩克利斯之剑仍然高悬在美国财政预算之上。

而且个别的监控反对者会遇到什么呢？宣布不赞成车载通信费率之人，直接陷入了通常的嫌疑之中，他作为一个正派之人将被排除无罪的良民名单之外。其保险经济将受到怀疑。如果拒绝者的驾驶行为肆无忌惮和事故频发，信任将由机器的判断替代，三十年无事故的驾驶将不值一提。

个人数据与资本的对抗

眼下大家都在谈论 1914 年，因为那是第一次世界大战爆发的时间。如今那场战争的恐怖让我们感觉不真实又不可及。但是这并没有当作第一次工业革命中人的经济背景。工业革命让我们完全接近 1900 年前后的人，因为他们的世界也处在变革之中。蒸汽驱动的火车头如今以超过 100 公里的速度行驶。莱茵河左岸与右岸到处都是工厂机器发出的轰鸣声，窗外浓烟滚滚。电灯进入城市，同时还有电话，这同样是人所为，城市也变得温文尔雅。

随着发动机的发明，城市加快了节奏。人们相信无处不在的技术，旧事务似乎得以克服。达尔文主义成为新宗教，在大西洋的此岸与彼岸，人们欢欣鼓舞地追随它：自然科学光芒四射，最终征服了对上帝创世的信仰。但是社会动摇了，因为一种意识形态与第一次工业革命密切相关：这就是"第一资本主义"的观念。其中一小群人，拥有生产资料与金钱等私人财产，与一大群工人对立，后者只能把唯一的财富贡献给新生产流程：他们的人类劳动（*ihre menschliche Arbeit*），就是在工厂流水线旁的雇佣劳动，在浓烟滚滚、隆隆作响的机器旁，与长期劳动时间关联，在常常具有生命危险的劳动中，一切都成为企业利润的来源。这就是第一次工业革命带来的新财富：*劳动分工的制造*（*die arbeitsteilige Fertigung*），其中工人不再生产整个产品，而只是生产整个产品的一个特殊的小零部件。但是很快便昭然若揭：工人们无法从第一次工业革命的财富与经济增长中获利，尽管所有的工业产品都打上了人类劳动的烙印。工人们陷入贫困与悲苦之中，那时工业家和创建者抱着利润最大化的目标提供微薄的工资，他们生病、死亡，那时他们由于长期工作丧失体力或者由于在难以描述的卫生条件下勉强维持生命，他们备受剥削，他们的忧虑同样建立在那里，私人所有者不重视他们的人类劳动之个人的尊严。第一资本主义把人当作工具，他们把其"商品工作"换成了钱，从而导致了价值的紊乱（*Verwir-rung*）。[57] 价值返回其反面，因为第一资本主义把经济的主体，人，降格为工业的客体。正是这点成了经济主义的大错误：它相信，人应当隶属于经济，由人得出的一切都具有客观特征。恰恰是这种正当秩序的逆转，获得了"资本主义"的标签。[58] 在这里，数字化革命希望的积极信号：大数据，你的名字是资本主义。而且因为我们最终呼唤了你的名字，我们也就解开了你魔力般的禁锢。

我们所有的人都熟悉上个世纪的历史出路。首先，自由主义和马克思主义意识形态居于统治地位的地方，很快就发生了利用政治手段的斗争。共产主义的阶级斗争，用暴力反抗改变私有财产的关系，目标是把共产主义体系引向全球。这个计划失败了，也就是工人的社会革命突然遭到了颠覆。在德国，君主制度走向没落，只是幸运的历史状态，菲利普·谢德曼（Philipp Scheidemann，1865—1939）宣告成立德意志共和国，而且是在卡尔·李卜克内西（Karl Liebknecht，1871—1919）宣布德国成为苏维埃共和国之前。

此后一百多年过去了。今天我们发达的社会，在类似于百年前的新挑战面前，能够既成功又人道地解决工人的问题。如今我们社会的数字化革命如此迅猛与彻底。几乎没有人毫无感觉：某些大事件摆在我们眼前。在内容上准确描述这些"大事"尚不可能，只有少数的观察具有未来的幻境，提高他们警告的声音，认为文化悲观主义者的粗话被排斥并不罕见。尽管如此，每个人可以感觉到数字化革命中现行社会结构的提升。它造成了不可靠，似乎为了全体社会公民触手可及。它是不确定的感觉，某些东西已经四分五裂，很大的不确定性在于数字化的未来将带来东西。

而且数字化革命随着一种意识形态大步走来。"信息资本主义"的概念多次受到青睐。但是怀疑我们的确经历了新式资本主义的诞生是有理由的。资本主义一向涉及生产手段上的自由财产问题。互联网巨头无疑积累了大量的资本，属于少数几个享有经济特权地位的具有影响力的群体，但是在私有财产上他们服务器内的个人数据的大量使用本身没有任何改变。为什么没有人能在个人数据上行使所有权，也就是统治权或者支配权，我们已做了探讨。为了简便起见，我们仍然继续抓住信息资本主义这个概念。

的确，数字化革命迄今没有摧毁任何东西，而且——类似于第一次工业革命——创造了若干新事物。现在数据是新财富，其中包括无数的个人数据。而且从那时起我们的父母和祖父母曾经以类似的方式经历过的长达百年的巨大冲突。如果当时冲突方叫作劳动与资本，那么今天就是个人数据与资本。一小部分具有影响力的企业家，支配着数据分析的关键技术，拥有一笔巨大的通过资本积累的私人财产，面对数十亿的数据主体，对他们的剥削预示着企业家将获得更多的产值和盈利。这些百年前就为工人阶级理解的相同剥削如今波及所有泄露他们个人数据的人们。海德格尔用他自己独特的艺术风格描述道："技术是一种去蔽（Entbergen）的方法。"海德格尔也说到现代化技术，在这种意义上，个人数据"去蔽"了人。[59]但是在海德格尔的意义上，"去蔽"是为了"向自然提出无理要求"的需要，也就是命令人提供数据，因此在减少与工业利用个人数据的意义上，数据可以得到促进、存储与处理。数据是 21 世纪的原料，工业界告诉我们——伴随着他们的剥削，1900 年第一次机器革命提出的社会问题以新方式重复。只是"劳动商品"被"大数据商品"取代。随着个人数据屈尊成商品和经济目标之外的跟踪，大数据把世界弄得颠三倒四，完全在资本主义的意义上，价值实现了颠倒。个人数据的主体性不得不退到大数据企业的生产指标和利润最大化的目标之后。因此大数据掠夺人的尊严，但是大数据企业却认为这种献身——像资本主义特有的秩序回头那样无关紧要。作为替代，他们简单地确定，人们无论如何都得挣钱。

仅仅在信息资本主义意义上前后一致，现在它不再允许数据主体适当地销售"个人数据商品"；因为个人数据只是很少或者根本不能以一种合理的回报来抵偿。如前所述，每种资本主义的表现形式的目标是盈利最大化。正如智能机器非常有效地剥削个人数据，对于个人数据而言没有或者只有低价值的回报提高收益。

同时，个人数据的主体常常空手站立。特别不公正的是，大数据企业的利润建立在个人数据的使用权力和充分利用之上，他们的利润是通过个人数据的主体进行数据传送而获得的。个人数据承载着他们主体的符号，个人数据的收益若没有他们将一无所得。更为糟糕的是，通过个人数据的传送，他们的主体甚至陷入未来的危险境地。如果人的虚拟僵尸在今后的时间里阻碍工作，维护健康的措施或者金融手段的赞许，一个人必须借此保护他们未来的存在，那么个人数据的传输可能会成为此人存在的危险。

数字化时代越往前发展，冲突将越剧烈。在个人数据的权利上将受伤害的涉及者的意识不断增强——尽管只是缓慢进行。与此同时，大数据企业连带其日益增多的数据和信息量，迅速赢得了控制个人与社会的权力。同时大数据企业掩盖真相，在他们看来，信息资本主义不是新鲜事物，而是比资本主义的任何一种早期形式更为优越，它让世界变得更有社会性、人文性和公正性。

违背各种烦琐的保证，迄今为止大数据的辩护士已经陷入传统资本主义的错误中，因此他们违反基本权利的数量具有传奇性。数字化企业的专制主义世界列强之幻象是否能让世界更美好，很值得怀疑。我们知道，随同大数据，我们社会划时代的变革来临了，今天尚无法明确表示，旅行将把我们引向何方。也许数字化革命将真正持续毁灭启蒙运动争取的自由的人之形象，导致废除现存的权威或者终结我们自由和民主的基本秩序。根据请愿平台 Change. org 创始人本·拉特瑞（Ben Rattray）2014 年 3 月在南—西南网络会议上的演讲：“虽然政府今后还是必要的，但是要把‘离家出走者’拦在篱笆旁边。”[60]这种陈述引起了骚动。技术企业和商业机构想要影响社会的政治意愿形成，不会不关注经济目标：销售额收入、盈利、盈利性和效率。与欧洲数据保护改革对立，谷歌公司有点让人意外地论证道：“我们合法的利益在于最后获得利润。”[61]这是商务机构合理的利益，事实也是如此。但是人们不应或者不该更多地相信它。当管理理论的伟大人物彼得·费迪南德·德鲁克（Peter Ferdinand Drucker，1909—2005）一再提醒企业不应该只以盈利为目的，而是必须同时为公益事业服务时，他遭到了无视。一个原因是金融化（Finanzialisierung）的股东价值（shareholder Value）。因为股东价值应该得到提升，大数据企业很少能够“自由地”投身于其股东更多的直接利益中，其中几乎不涉及他们股东的直接利益，而是更多地涉及其投资收益的最大化。

首先第一眼看上去，诱惑人的新替代方案听上去如同结痂的政治当权派和政治地位的厮打，不再是一条灾难性的迷途——几乎模仿古典。自20世纪60年代开始，正是在美国不断增长的政治愠怒导致社会更强烈地把社会责任推卸给企业并让商业企业承担任务，这些任务虽然国家应该解决，但是常常因缺乏金融手段而无法承担。因此，如美国社会学家弗兰克·坦嫩鲍姆（Frank Tannenbaum，1893—1969）去世前所说："全球跨国集团……是和平世界的唯一基础和最后的希望。"[62]

此后人们尝试过了，但是坦嫩鲍姆的希望并没有实现。曾经作为救星的著名跨国集团，经常在最短的时间内变成社会敌对者的形象。工作岗位的增加产生了环境污染，教育的困境跟随追求更多专业人员的创新型技术集团的良好声誉。对于大数据企业，人们并没对这种类似的变形抱以更多的期待，而且它的作用实际上已经显现。首先是作为更多的民主、透明和自由的救世主庆祝，每当社会不断地抱怨他们的自由受到持续的观察与限制时，他们有潜力在几年之内发展成为第一号敌对者形象。

个人数据和资本的冲突愈趋尖锐，两个阵营的利益分化就愈大。如果立法机关和法律机构试图夺回大数据企业对我们个人数据的支配权，我们即刻便能够用意识形态与政治手段引导它。然而这还不够。当然，现在并不像百年前存在着封闭的基本法则，这可能净化或者减弱对经济生活的主体和资本之间的关系产生影响。荒淫的生活与旁侧损失在冲突开始之际便立刻涌现，在某些可疑的大数据模型上清晰可见。这肯定会导致一种新的——更新的——社会观，因为违反人的尊严在信息资本主义的早期阶段可以明显地感觉到。可惜违反人的尊严的行为却让我们感觉非常抽象，因为它们是信息化的本性，而没有表现为审讯、谋杀或者极权主义的镇压。正是这种难以捉摸让它们如此危险，因此我们容易轻信这些类似的断言：

"数据保护必须匹配大数据原则。"[63]

"你的数据属于你吗？这是粗暴的胡闹。"[64]

比起贴近工业的大数据赞成者，其中一个是德国联邦州数据保护者的两种表述，几乎没有更好的价值混乱的证据。

不，第一次胆怯的调控尝试还是不够的。首先我们自己要继续在精神上克服危险的抽象性。20世纪之初就已明确，工人阶级尽管从事艰苦的劳动，面对糟糕的工作条件仍然不能自动地分享社会不断增长的富裕生活。这驱使他们走上街头抗议，导致工人团结起义的利益集团——工会的形成。今天我们面临类似的挑战。如今我们一定要清楚，要保护我们自己和我们的虚荣，虚荣驱使我们不假思索地接受最新的大数据配件。我们必须抵抗，尽管我们似乎一直从大数据获利而没有受到伤害。我们必须抵抗，使得我们的未来和我们的孩子能够保持自由。

"不是开始，而是结束承受负荷。"

大数据武器：最大化的利用是理性的

如果人将以自由为代价支付他日常生活的优化，并认为出于自由意志的这种做法是合理的，那么所有的东西都将涉及，随后个人数据与资本之间的冲突会达到高峰。在我们能够做出自己的决定之前，智能机器已经抢在了我们前面。随同机器决定的快乐，我们在没有把握的前提下不仅失去了自己决策的能力，而且还有自由。强迫的方式不同于健康表带，具有其他的天性。健康表带决定了其佩戴者的行为，前提是他有意识的健康行为。相反，机器的决定导致自愿顺从于新数字权威。它不仅是决定论，而且是异族统治。

"……人作为道德决定的自主主体消失了，主体正是由此建立了社会秩序。"[65]智能机器，替代人和他的决定，预示了现存社会秩序的崩塌。由此每个人都必须扪心自问，在何种程度上助长了他的自由和现存社会秩序遭受的威胁，为何仅仅对大数据商业模式的指导是不合理的。虽然自由实际上不认为大数据企业允许随便在个人数据上发横财，但是自由受到误解的地方，每个人只是自己得到了满足，欣欣鼓舞地追逐大数据的诺言，因为它的服务能够立刻满足人们本来的兴趣，完全无视平衡其他利益的要求。

但是，有些人在此提出反对意见，如果这些服务于谋求自己的利益和扩大自己的利用有利，那么遵循自己利用的最大化原则，自愿地、大规模地发布个人数据是理性的。大数据马上满足我们大脑的愿望与报酬中心，而对于公民社会，自己个人的损失是次要的，有时候常常很晚才会出现。

因此利用的最大化不再是数据科学家的发明，其中还包括某些社会能力受到限制的、低能的同代人。利用、利益，已不再作为他们世界模型之中单独的优化参数。说服我们的东西，数年来在全社会实施，经过金融化激励，是盈利最大化相同的模型。模型是否合理，暂不做讨论。作为问题可以这么描述：如果利润最大化者是一个理性的人——或者其实不是一个毫无顾忌的同时代人吗？对于毫无顾忌的利润最大化者的例子不胜枚举，他们的代表是迪科·福尔德及公司（Dick Fuld & Co.）及其志趣相投者，他们在此方面已经发表过言论了。

由于愿望让利润最大化——它是物质的或者非物质的，将保留乌托邦，若干大数据企业只是非常喜欢表明的内容：为了创造一个更公益、更合理的世界，信息资本主义从自身出发能够自我调整。金融市场资本主义再次完全相反地相信。危机和不稳定在金融市场违反规定之后方才出现；迄今为止没有可以信赖的征兆，恰好信息资本主义是"较好的"资本主义。每个人的自由权利都受到过度伤害，这让人猜想：资本主义的所有形式都是一个相同精神的孩子。

"那里，社会如此组织，自由合法的空间肆意地受到限制或者遭到毁灭，社会生活逐渐解体，最终坍塌。"[66]在反面的论证中验证着卡罗尔·约泽夫·沃伊蒂瓦①的陈述，他亲身体验和忍受过三种制度，其中纳粹和共产主义已经破产：只有个人与机构尊重与接受其他人自由的地方，社会生活才有可能。

与此完全相反的是不受约束的大数据商业模式，其数学优化标准的执行让利润最大化行之有效，它们借助其传感器技术成了自由的敌人，通过选举人民代表的监控，侵犯了自由—民主的基本秩序及其选举的权威，明确地废除了国家权力的分权制度。

更仔细的观察正是来源于解除控制的盎格鲁美洲的涡轮资本主义，对抗主张把自由市场与社会的平衡和正义理念结合的社会市场经济。再次追索数学的补偿让人们敢于比较：两种优化的范例互相对立。盎格鲁美洲的涡轮资本主义的利润最大化与莱茵资本主义的帕累托最优原理出场比赛。在涡轮资本主义支配唯一的优化标准的同时——利润——为此要忍受自由权利粗暴地遭到损害，而社会市场经济则考虑利益的平衡。它让许多参数尽量最大化，直到其他利益的权限——其中包括自由受到触及。

正是因为社会市场经济处于糟糕的情况，利润最大化作为唯一的数量比许多参数的均衡的优化是实际上更强大的武器。帕累托最优模型，拥有多层次的特性，同时不仅认识唯一的最大值，且始终会将其放置在利润最大化的模型下面。

面对信息资本主义社会必须重新提问，是否允许由大数据推动的最大利润原则，忍受与之相关的基本法制受损和社会解体的现象。在此点头称

---

① 前罗马教皇约翰·保罗二世，原名卡罗尔·约泽夫·沃伊蒂瓦（1920—2005），罗马天主教真福品圣人，第二百六十四任教皇，故梵蒂冈国家元首，年轻时代担任过运动员、戏剧演员、矿工、化学工厂员工。

是者应该注意到，帕累托最优也是一种优化方式。帕累托最优虽然不得不在利润最大化上较量，被迫地落后于利润最大化，但是它确保了自由、公正与社会和平。一种社会的信息经济可能是何种模样，最后把控的是它们的参数和法定的边际条件的定义问题。

"自我"：对监控社会的刺激

未来的社会将呈现何种形态呢？不仅对金融市场资本主义，大数据用其大速度隐藏了全球经济系统性的风险。对于个人与公民社会来说，通过大数据之人的错误观点是自由的人和他的民主基本秩序体系的最大危险。人依赖智能机器对其个人数据做出评价，他受技术的机制及它们控制的系统决定。不再依照人的尊严对待他的地方、团体，正如《德国基本法》对其界定，也是不可能的："德国人民因此承认不受伤害，不容剥夺的人权是世界上的任何人类团体、和平与正义的基础。"[67]

若无法约束信息资本主义，允许通过个人数据与信息的积累让人经历没有尊严的客观化社会将呈现何种景象呢？自然界与生命的进化不再继续发展，数学模型及其算法创造新的现实在推动星球改造的世界里将会产生什么，正如华尔街清晰可见的情形？除了我们可以把握的现实之外，机器的平行世界尚在发展，但是界限愈来愈模糊不清。如果智能机器愈来愈频繁地抢在我们自己的决定之前，那么从我们自治的能力中将会产生什么呢？从一个集体中将会产生什么，其新宗教叫"数量化"，其中所有的一切，从驾驶风格到健康状况乃至能源效率都将被测量与结算。

只要个人数据不再存入独立的数据库，那么它们对较低的个人驾驶潜力的第三者意义就不大。首先，个人数据的联网与分析是通过数据融合，其数学模型和算法让个人数据的传输导致一种对人类无法计算的风险。这种联网可以利用多代理，准确地识别与观察这些"它们"每次都拥有的数据基，与智能数据融合系统通信，独立于人的行为。美国已经建立了若干高端的知识中心，汇总分布各处的数据和信息。实际上它们的名称就是融合中心（Fusion Center）。

联网由信息资本主义的新财富、数据以及那些虚拟的僵尸——这个整体（das Ganze）——而产生，这多于其零件的总和。这些人的数字化观察与计算将会产生一种新社会形式：监控社会（die Kontrollgesellschaft）。作为"物联网"，它将全面掌控生活，不但包括个体，而且包括机构、人物和事务，这些正是日常生活需要的所有对象，监控将成为常态。但是人类将遭受监控社会的折磨，因为错误的观点，即大数据占领了个人，人的个人尊严无法轻易地消除。人总是一再意识到他的尊严，但并不是没有按照其尊严被对待。欧洲的思想表述为，主体个性是人的天性，但是大数据对待他却不如客体，不如个人数据的客体好，而这些人们可以取出、分析与调整，如同世界上任何其他的客体。

因此不但通过个人数据主体的数据传输，而且通过智能控制策略及与此相关的控制尽量毫无抵抗地顺利进行，大数据是有激励机制的。在大数据通过对一个人的数据分析，"明白"其思维过程之后，开始通过其生活现实的一方面优化提供即时的报酬。它利用人的爱好，歪曲了自由的概念，如果人把自由与自负混淆，而且在所有其他人面前追求满足他个人的兴趣。为了实现其商业目标，盎格鲁美洲的信息资本主义利用那些人天生的自私自利，人之所以如此，是因为他是一种趋向理性的具有天赋的生物，人能够而且必须克服这种自私自利，为了抵达"和平与正义"的集体。相反，人受极端自私的数量化思想感染，这种思想把利润最大化解释为唯一的哲理，听任不做任何抵抗的测量与计算。对于这种自私的警告可以不追溯到自然，不追溯到理性，它是一种人造的结构，不再作为理性，但是它发挥着影响。它是促使人进行自我优化的行动，并反馈给智能机器的监控策略的前提条件。人对智能机器的反应，导致对他自私的即时满足，并成为计算过程的成果。自由的决定是历史，根据情况，智能机器支配何种程度的自治。不远的将来的人是被确定的或者不自主的。

这种仅仅主观想象的"理性的"利润最大化将会导致人类自愿地从属于智能机器的领导与控制下。不但在开发之中，在维修费用上都是既复杂又昂贵的，分析系统、预言和控制都处于少数几家商业机构手中。它们将成为受监控的美丽新世界的权威，不是通过君主的行动——属于其中的不但有自下而上的政治意愿的形成，而且具有或多或少的个性坚定和完美的代表选举，是朴素的，通过对预先激活的复杂系统的拥有与支配，与公民社会持续的监控连接。当谷歌董事长埃里克·施密特 2014 年断言"我们的所作所为，对人类是好的"[68]时，没有比这种专制主义的自上而下的分析法（*Top Down Approach*）更缺少民主，通过君主的意志形成真正的反面。谁控制和统治君主，也就自行避开任何的检查，不是民主人士期待的未来权威。

"国家机构将来会不再接受'看守人'的角色"，企业创立者本·拉特瑞（Ben Rattray）这样的估计最好得不到证实。无疑，大数据追随者忽视了国家不同于商业机构会接受不同的条件。公民社会对专门的国家的法律忠诚（*Rechtstreue*）的要求便属于其中。对于经济机构很少提出类似严苛的要求；同时，大数据企业每天都在伤害不计其数的人的最基本权利，这不是民主值得追求的备选方案。

在监控社会，公民社会因此连国家都不再只需要或者需要一个几乎缩减为纯粹管理功能的国家。监控社会要求一个强力国家，一个具有权威的、高水平的国家，拥有强大的专家权力和良好的金融配置，不屈从于公司与集团利益。一个强国在数字化革命中能得到非政府组织侧面的掩护，一再重新战斗和捍卫统治者的自由。大数据企业的法律——它们肯定不起作用，它们尚未在石头上凿出。我们自己还可以确定边际条件，使自由不至于坍塌。对此，我们从来不愿梦想：成为陌生人（*Unbekannten*）。这只会令数学家高兴。

第五章

Aufbruch 》》》 觉　醒

社会的升级

自由的人可以得到拯救吗？当前的监控社会可以人文化吗？社会市场经济比涡轮信息资本主义具有更久的生命力吗？

数字化革命隐藏风险，同时提供了增长与繁荣的巨大机遇。谁把它们的意识形态——信息资本主义——视为它自身的内容，一定程度上只是资本主义包括其一贯的价值转向的目前的最后表现形式，谁就可以满怀希望。因为回首我们的工业史就会明白，我们需要替一个崭新时代制定新规则，来规范我们社会及其法制的继续发展升级（Update），使数字化革命能够得到培育。当社会市场经济抑制了时代的工业化时，如同一个曾经获得成功的诀窍。然而这意味着，我们要继续维护我们人类的图景及其尊严与自由。我们要在民主关系中继续生活。谁不是更长久地自以为负有使命，而是想尝试某些新生事物，尤其在未知的领域（Terra Incognita）着手进行。对人们来说，未来的一切都将得到试验：在一个可能的后人文社会中人的形象、国家形式与公约。

现在让我们在此限制于可以调节的事务上，因为即使一种好像通行的社会秩序为了不远将来的积极的人—机器—关系，也不能丧失其实验的特性，而且因为智能的、主动的机器特殊性将会对我们所有的人提出巨大的挑战。因为塑造人—机器—未来的责任不单单落在国家身上，尽管国家可以处处履行其《基本法》的使命，捍卫人的尊严。国家及其国家机构必须介入，再造公正，但是不能超越这些。我们公民没有权利不作为（nichts Zutun），单单把维护我们自由的责任委托给国家。要求保护自由是一件事情，一种状况，我们对舒适与享受的愿景是"窃听与控制"商业模式的共同原因，一种其他的责任，为了自由向我们的良知与共同责任提出挑战。而且研究者、开发者、信息和通信技术工业提供商尤其应面对这个一再出现的技术机遇与界限，伦理与责任并存的问题：哪里是科学及其实践贯彻的理论与道德的界限呢？人们一定要实施所有技术上可行的东西吗？在这些问题的答案中也显露了后增长（Postwachstum）的观念。

我们总结了十大任务，不但面向国家、经济与工业界，而且有我们自己，为通往"社会化的信息经济"铺平道路。因此若干分析与评估提议的措施是一个在政治上对大数据充满幻想的应用案例，因为我们今天第一次在技术上能够推动大规模的系统性研究，计算一个现代化社会的巨大模型，模拟政治或者法律的行动影响。没有事先的模拟的调控今天起码在局部不再有必要。不熟悉我们的政治或者经济行动的最大可能的出口，我们必须更罕见地做出与实验不可靠且信息不足的决定。现在您不要反驳这项建议。谁承认华尔街及其公司应该对财富——对我们的养老金与退休金——实施算法管理，也应该允许公民社会使用这些相同的工具，而且，他们不能动用我们的个人数据。

还有一种限制：让数学家着手工作，而不是经济学家。

个体的任务

1. 个人数据取得优先地位

"我们想让我们的全部生活服从于效益标准吗？如果您监控，这才可行。持续或瞬间的分析，当然也会给我们带来什么。重要的是，没有人因此而辩论，那么我们的优势就根本没有作用，但是政治辩论一定是需要的，这将走多远呢？我们愿意在这样的社会中生活吗？"

2014 年 6 月不幸去世的《法兰克福汇报》联合出版人弗兰克·席马赫（Frank Schirrmacher，1959—2014）在为德国电视一台（ARD）撰写的稿件中用一个简短的声明总结了涉及的所有问题。[1] 他问道：什么具有优先地位？资本，通过利润最大化的代表，或者让拥有其权利的消极自由不受打扰吗？他要求开展一场有关意识形成的辩论：谁想要在未来确保创造性、主动权、尊严，一言概之：人要自由，就必须改变想法，他必须划出界限。其中包括承认个人数据的主体性。谁深深地"陷入"监控与自我优化之中，在效益标准中占据优势，谁让资本——理解为大数据的生产手段的全部——工具（Instrumenten）比他的个人数据更具优势，至少不能向自由的人泄露。但是谁想要在信息资本主义之中获得自由，一定要深思，面对资本，他该如何强化个人数据，如何面对"窃听与控制"的商业模式取得一种优势的地位。涉及与个人数据相对的资本降级（Rückstufung des Kapitals）。这些可能促成一种政治解决方案，比如改变征税法，正如我们马上就要详尽阐述的。

我们再来看，我们讨论过所有的大数据产品，只要它们以个人数据为基础，就携带了其数据主体的标志。人是大数据的起因和驱动器。如果我们把数据与资本不再视为对立者，而是在思想上合为一个整体，就可以化解数据与资本之间的冲突。数据与资本的整体可能意味着人不屈服于大数据的资本主义经济，人同样不隶属于效益标准，最终战胜那些让弗兰克·席马赫完全难以平静的经济人（Homo oeconomicus）。

我们能够采取哪些措施治愈人的从属结构，排除那些宣传资本及其工具的特权呢？经济主义的错误？资本的特权是不彻底的，它是思维模式，更多则是一个思考错误（Denkfehler），因为个人数据的开始与结束，人，从它眼皮底下消失，就像对待它的所有工具那样把人仅仅视为经济工具。人的从属结构问题掩盖了另外一个问题，即对大数据工具的财产追问，特别是它的关键技术。相反，个人数据与资本的整体性意味着：个人作为大数据的有效原因将会成为所有的那些工具的受益者——而且不唯独是资本。

这是艰难而彻底的思想转变，历史上我们曾尝试过。在意识形态领域，阻挡了第一次资本主义的马克思主义的集体主义中表现过。当集体主义觉察到人作为一个有组织社会的原子，正好从它那儿抢走了其主体特性和自主权，就如同资本主义在它面前做的那样，集体主义也犯下了错误。

好建议也是昂贵的。哪些受益形式在信息资本主义中可能符合人的尊严，在哪些实际的数字化革命的社会形式中，人可以在其特性中得到再度认可呢？符合 20 世纪组织社会中的共同决定形式，分红或者雇员—公司股份是什么呢？个人、数据主体怎样才能参与大数据呢？面对这些问题，我们应该共同去寻找答案。

承认数据与资本相互关系的人，也就拥有了将信息资本主义经济从如今的放任状态转换为未来社会化的信息经济的钥匙。当社会与法制的新秩序克服人与资本间的分离时，信息经济则更社会化和人文化，因为新秩序不再会更久地漠视人的尊严。在一种漠视人的尊严的社会化的信息经济之中，利润最大化可能不是唯一的优化参数。相对于盈利——因传输其个人数据而获得合理回报的人的权利，更重要的是，确保他对个人数据的支配权，以对他个人数据的控制权形式表达，允许分析与预测合法化以及删除"过时的"或者"错误的"个人数据与信息；允许虽然避开数字化媒介、通信、检查与控制，但是不因此而遭受歧视的私人权利。为了数据主体的基本权利，呼吁国家主体在立法上介入，保护数据主体的权利，正当其时。

2. 个人的反抗

就像对待我们每个人一样，大数据同样向国家和技术专家提出挑战。我们怎样让国家和技术专家——其中包括所有从大数据中获利的工商企业，从重视我们自由的责任中摆脱出来，太少见了，所以我们必须追问在数字化世界里我们行为的伦理与道德。谁是自由的，要承担责任，否则就是不自由的。与大数据有关的地方我们每个个人都有义务。但是我们这些义务如何表现呢？这个问题符合迪伦马特《物理学家》一剧中提出的思考。就是从一个别的视角追问技术的界限。如果我们没有区分之力地接受智能机器的监控和决定，自愿屈服于第三者的控制，如同我们自问，该问题也要向数据融合的发明者、生产者和受益者提出。首先每个人在自己内心维护人的尊严，因此我们在大数据中应该恰好履行个人的义务。

正如伊曼努尔·康德理解的那样，进行伦理的思考，反思我们的义务是自由与尊严的顶峰。我们做出了选择，我们做出了决定。既关注大数据，还有利润最大化的原则，我们因此自问：尽管我们为此听命了监控，我们还得向允诺对我们实施优化的一切屈服吗？大数据服务的使用是限制性的合法，但这也是法定的吗？

倾心于监控自然舒服。一台智能机器在我们的位置上做出的决定，我们不必再做。但是利用现代化监控的机制同样能更容易统治。

如果我们做出了选择，不论是否探讨大数据的诺言，都绝对不应该意味着我们必须完全放弃让我们爱不释手的数字化媒体、配件和其提供的服务。更确切地说，关乎我们找到合适的尺寸和其使用的黄金中心，而且，练习节省数据，调控与我们的个人数据交流，直到社会达成规范，确保信息资本主义之中我们自由权利的准则。

到那时为止，我们不必像美国—新教信仰门派阿米什人①那样生活，拒绝工业化，彻底拒绝任何技术进步。尽管如此，数字化革命向我们的毅力提出挑战。可以等待者——一种随同交际的加速从我们身上丢失掉的美德，首先思考者，他在不耐烦地告知日常生活的快乐、问题、感觉与玩笑

---

① 阿米什人（Amish），是基督新教再洗礼派门诺会中的一个信徒分支，主要居住在美国宾夕法尼亚州等地，以拒绝汽车及电力等现代设施，过着简朴的生活而闻名。

之前，自我保护，无论如何要持续到无所不在的"物联网"传感器彻底地收买我们的交际，只要它们到那时不屈从于任何规则。如果耐心（Geduld）让信息资本主义的直接刺激失效，它针对我们的大脑报酬中心，让我们无须深思熟虑便为了可疑的等价物泄露个人数据。

尽管如此，对于减轻我们的负担而言，大数据问题的解决方案几乎不存在于道德问题的论述中，而且不断的道德问题论述会导致持续的观察。有人将注意到您，并对您有无表现出足够珍惜数据做出判断。持续的观察几乎不可能成为相对于大数据的我们个人义务的最后目标。因此这里也适合于：您需要私人空间。

作为私人，您可以躲避道德论述，允许自己做出决定，如何在您自己的私人领域表现可持续性，珍惜数据或者生态性。在那里，您可以深呼吸，与此同时，有人将会严苛地评判您的"公共之人"。但是在大数据时代，人在何处还能有私密活动呢？正是为了制定这些边际条件，民主与国家的任务才能继续存在。民主是"诡计"，让我们摆脱个人的义务。在民主之中，我们要确定与标准化对我们在数字化革命中个人行为的要求。我们为所有的人获得标准，因此减轻每个个人的负担。所有的人应该遵守法律上的规定，个人无须思考，与大数据打交道的行为是对还是错，因为边际条件也会对他的私人空间造成影响。正因为如此我们必须捍卫民主对抗大数据，不然大数据将成为既成事实。

我们如何才能到达"正确的边际条件"呢？毋庸置疑，我们的社会感受到了大数据的威胁。大数据工业挑衅我们，我们因此感觉到紧张与不安。我们可以做出决定：要么我们陷入麻痹之中，如 20 世纪初的君主政体遵循一种逃避策略，漠视工业化的技术结果，直到它最终在上面绊倒；要么我们改变我们的内在力量，包括道德的力量和我们的自我中心与骄傲，进入公民社会的运动中，在政治精英拒绝或者在大数据的压力下崩溃的地方施展压力。第三种权力，21世纪全球的公民社会能够自卫与贯彻。如果法院法官，退职的联邦总统和IT专家评论当选的人民代表在大数据工业面前的惰性和屈从，充满无知，与日俱增的不适，他们必须更加活跃。当我们的政府决策无能之时，全球的公民社会必须活跃，参与塑造信息资本主义，让我们未来的社会保持生活价值、自由和未来的能力。我们需要自愿负责反对大数据的挑衅，为大数据的培育变得具有首创精神，始终设定先决条件，我们坚持我们人的形象之历史观念及其唯一的价值。我们的义务是能够辩论与承担责任：正如在政治与经济领域、艺术和文化的非政府组织机构中——甚至在社会团结的新形式中，为了我们今天也许不能提名的人的尊严。

国家的任务

法制的源泉是人的尊严，所以为了数据主体，我们需要促进它。因为如今大数据对待个人数据，没有与人的尊严协调一致；在法律上捍卫它，明确地向国家提出要求，国家对其法律上规范不要再浪费时间。不然大数据将造成事实，逆转将极为困难。

随着 2014 年 3 月欧洲联盟议会通过《欧盟数据保护准则》，要求的一部分已经得到满足。2014 年 5 月，欧洲法院（EuGH）的"忘记权利"的判决是必须实施的一项要求。然而取而代之发生了什么？欧盟个别国家的政府一定会支持《欧盟数据保护准则》，但是这上面始终充满着分歧。此外，德国提出了封锁要求。这点难以理解，因为《欧盟数据保护准则》的统一完全必要、合理。只要《欧盟数据保护准则》没有在全欧洲生效，那么每个欧盟成员国就要遵循自己的地方法规。对于想在欧洲开展业务的企业来说，这意味着要遵循二十八种不同的数据保护法。这对于愿意参与全欧范围的 IT 基础设施建设的 IT 企业是明显的劣势。它又是来自第三方国家企业的优势，他们为了自己在欧洲的大数据服务在欧盟成员国中采取行动，向他们提供最大的优惠。

《欧盟数据保护准则》的统一将会在这里简化许多内容，将有助于澄清法律地位以及排除二十八种不同法律仍然有效的监管过度。

但是您的数据基本权利意味着什么？我们将总结如何保障您的人权以及保护您的自由权利与支配权利。

3. 数据主体的基本权利

人的尊严延伸到他的个人数据。个人数据不容侵犯。只有当法律、法官的决定或者协约授权，它们才允许被提取、存储、处理与公布。不仅是您被提取的合作性的第一手数据，还有通过被动传感器，例如"魔术眼镜"或者智能房屋控制系统获取的第二手数据，您的个性特征以及对您未来行为的预测都应该列入保护法考虑的内容。

您有权随时查阅个人数据。这种权利特别对于商业机构是有效的。比如个人数据在主权的任务范围内——警察侦讯、军事侦察——被提取与分析，此权利只有通过法律或者法官的决定才允许背离。

您有权要求删除个人数据。如果一家机构存储、处理或者发布有关您个人的、过时的和不恰当的数据与信息，您有权要求删除。这同样适合于您不同意数据分析的结果时，因此机构说明用何种方法得出分析结果是没有必要的。由于您个人数据的伦理价值，对您个人数据的支配权总是优先于任何一家商业机构的经济利益。

这里涉及您忘记的权利，该权利应当保证，因为遥远的过去追上了您，您要自己掌握命运，才不会对您的未来造成伤害。所以相关的内容是：个人数据的失效日期和在企业里的最大存储期限。存储期限和删除规定，像警察机构也必须遵循，可以作为企业数据删除的示范。"陈旧"数据的删除或者抑制反正是最优方法（best practice），数据科学家"经过证明的行动"。人们需要十八、二十、二十五年的旧数据用于大数据分析的理由，反正对需要做预测的数据科学家来说是不可信的。

禁止将您的个人数据转让给第三方。当您表示了明确的许可之后，才允许做。许可声明必须清楚明确，哪些数据可以转让。您个人数据的卖方必须告知您，谁是您个人数据的买方。买方必须说明，他需要与使用您的个人数据出于何种目的。

如果您同意销售，您应该获得撤销权。在您撤销申请之后，买方必须删除您的数据，同时必须证明做出了删除。

大数据企业凭借我们的个人数据实现了巨大的盈利。比如邮政局在国内外转让您的数据，多年来大概存在您不知道或者您并非有意识同意的情况，例如当您搬家后，邮政局必须通知您，您的数据，其中包括您的出生日期、家庭关系或者购买力，被高价转售。[2]

这是事关公正的问题。您个人数据的源泉是您自己。一项公正的要求是，首先是您有权获得您个人数据的购买价格；其次才是一个大数据商业模式。

因为所有这些听上去都是巨大的个人消费，自从引入自助餐馆和装配家具以来，消费者不断被当成商业与国家机构的"工作之中的客户"，为此应当建立一家信托机构（Treuhandstelle）。您启动信托机构，可以在这里继续不受监控地传输您的个人数据。该信托机构按照您的愿望跟踪您个人数据和所有由此产生的权利的延续。信托机构向您定期汇报您个人数据的使用情况——定期结算您个人数据的回报。

您有权要求为您个人数据的传输获得合理的回报。回报的权利直接由您个人数据主体得出。通过其主体特征，您的个人数据获得了价值。首先是一种伦理价值。人们通过向您提供您的数据回报，必须对该价值做出正确的判断，这实际上应当是一笔款项（*Geldbetrag*）。对于让一切量化的环境，人们只能通过可量化的参数操纵性地产生影响。

迄今大数据商业模式由此得出，为了 21 世纪的原料，它几乎没有或者很少向数字化革命的"原油"和"黄金"付款。但是同时是事实：不是每家大数据企业都将成为第二家谷歌。许多商业观念遭到了失败，再度从市场上消失。与之相应，您曾经委托给他们的个人数据也在某处蒸发。要求个人数据的购买价格意味着：如果他们为了其最重要的生产手段，必须考虑您的个人数据的采购成本，充满疑问的大数据商业模式或者数据分析不持续的理念将直接无法盈利。

要求给您的数据以回报，因此也有了充足的理由，因为对您的数据进行了收取并进行了商业上的利用，如再销售、分析相关——眼下不是为了您，而是只为了大数据企业。您自身变成了利润，上面承载着您的"标签"，因此您应当参与数据分析、预测和数据销售的受益。而且您必须获取大数据果实的一部分——因为大数据企业自身需要利用您个人数据的专有权之时，也伤害了您的人的尊严，要求如此的专一性漠视了您的主体结构。

所以您别成为原料提供商就足够了，如同咖啡种植者或者棉农那样应该满足于"倾销价格"。就是在大数据那儿也涉及公平贸易，您要从原料提供商变成您个人数据的交易商。您要在商业上参与所有您个人数据获益者附近的活动，成为您自己商业活动的下游（*Downstream*），那么您就有可能实现一种类似的发展，如同我们在真正的原料市场上观察它们那样：生产者自己创造崭新的物流结构，成为交易商——从扩展的价值创造链中，他们希望得到公平的价格和合理的对待。

您的私人空间不容侵犯。您的私人空间，众人皆知它从您那儿开始为了家庭，必须——起码暂时——保留"无传感器的区域"。只要您的周围安装了传感器系统，那么传感器就被允许侵入您的私人空间，倘若您想强调这点。选择性加入（opt-in），"清晰的证明"，这种自称利用一份报价方法。

传感器，特别是被动传感器，必须具有一种切断功能。这种切断功能不会通过后门（Backdoors）收买。切断功能必须能够可靠地关闭，而不转换为一种备用模式（Stand-by-Modus），该模式现在未被注意，也许之后就掌握了您的数据。没必要一定取下您智能手机的电池，确保真正关机；或者把笔记本电脑或者平板电脑上的摄像头糊住，以便没有人能偷偷拍摄您；更没必要在召开一次信任会议之前，把您客户的智能手机、平板电脑或者谷歌眼镜都收起来。

不同意收集、处理、公布个人信息的人与同意做的人是平等的。对此，您可能会不同意，但不会为此受到歧视。如果您想要摆脱大数据，第一，这对您来说完全有可能，因为国家有义务关注保护您的私人空间。第二，由于您拒绝您个人数据的传输，以免对您造成损失，正如理性地选择了不相信机器的判断，您同样有权利要求拥有自己的工作岗位、医疗保险、机动车保险或者医生的诊断。

4. 缔结《国际算法公约》

在一个全球化的数字世界里，国家对我们基本权利的保护没有达到预期的目标。人们愿意相信，我们对人的尊严提出的思考普遍有效，不依赖于确定的国家形式或者政治意识形态，使基本权利的国际保护，比如通过《国际算法公约》完全处在可行范围内。但是事务形成比想象更为困难，不仅是因为普遍存在的大数据院外说客反抗任何形式的对其商业模式的限制。自由权利的范围与内容，正如它们从人的尊严得出的那样，显而易见非常具有说服能力，正像不同的处理表明，个别的西方国家用他们的监控伎俩苛求他们的公民。此外，自由将通过不同的意识形态的现实受到限制——诚如我们所见，各种资本主义体系完全共同决定，自由权利可以走多远。第三个问题随同对权力，最高统治权程度的问询提出来，它或多或少地要求一个国家相对于另外的国家贯彻其利益。

在与美国签署非间谍协议的问题上，"德国处在一种昏厥的状态"。国务理论家赫尔弗里德·蒙克勒（Herfried Münkler，1951— ）面对《日报》（*taz*）时如是说。[3] 只有当人们自己能够在技术上窃听美国时，才能严肃地要求美国放弃间谍活动。

尽管赫尔弗里德·蒙克勒应该合理保留他的意见，如同早在 2014 年就已表明的，大家也不要立马灰心丧气。1968 年《限制核武器公约》或者 1993 年的《化学武器公约》就是多边协议的案例，由一百九十多个国家签署或者批准。多次取得成功的东西可以再度成功，前提是，公民社会要求并支持他们的国家权威。但是那些人必须放弃秘密谈判。统治者与公民必须确信，数字化的基本权利能走得足够远。围绕协议的神秘勾当，例如"公共—私人的伙伴关系"（*Public Private Partnership*），例如德国载重卡车通行费或者汉堡易北河爱乐乐团音乐厅，在民主体制中不应得到辩护。因为公民与议会不可能在"公共—私人的伙伴关系"中察觉其民主的形象权利，许多东西在这些项目中往往走偏了。

因此上述数字化权利应该属于《国际算法公约》的内容。此外还有其他协议：

只有当国内的法律、法官的判决或者协定允许后，外国机构才可以介入国内的个人数据。而且外国或者外国企业，设法控制、存储、分析和继续销售个人数据，他们的行为是违法的。如果本国允许或者公民依照条约把他的个人数据传输给外国机构，这种违法行为也可以撤销。允许介入的原因可能是：公共的安全，挫败违法行为或者其他人的法律与自由的保障。经济的原因不适用，它们正是主要的弊病，使人的主体特性被掏空。倘若经济成为辩护的原因，那么魔鬼会穿过后门进入数字化反抗权利的城堡。

对于介入国内个人数据的国外机构，国家的规定，尤其是国家的基本权利保护规定也适用。如果美国介入德国的个人数据主体，他们必须相应地遵守《德国基本法》以及尊重德国对人的尊严及自由权的理解。不允许美国在此按他们自己的尺度衡量。众所周知，数字化权利——也就是数据保护——在美国几乎没有登场，因此美国公民的私人空间比德国公民的差得远。

如果国外机构违反这些义务，涉及德国国内的人就应该向国际法庭投诉。

国外机构在他们的数据保护声明中的权利选择，在德国国内没有价值。大数据企业为了法律解释选择这种国家权利，国家让他们更轻松地贯彻自己的法律观点。这亏待了数据主体。有关人员只会艰难地在国外履行他的自由权利，最大的障碍是高额的法律跟踪成本。

禁止可能伤害国外公民尊严的软件出口。大数据的若干关键技术不仅仅是为了我们的监控、分析和行为预测服务。作为基础技术，它们可能正好适用于现代化的武器系统。对适用于监控人或者让现代化武器成为可能的关键技术和软件，必须让一条包括许可保留的出口禁令生效。一个直接的例子是一家德国企业向集权国家销售价值上百万欧元的移动电话监控软件，可能会致使反政府人士被识别和"抵消"，无法安然逃脱。

5. 与集权斗争

我们早就听说，商业大数据巨头需要弱化国家，被限制在监督人角色上。权力转移是我们私人空间解体和放弃私人与公共的个人的二元性的直接结果，与缺乏对个人数据及其经济上的受益者监控相关联。在大数据巨头的计算中心，个人数据在其中不断地累积，不停地在嗡嗡作响的高效率计算机上完成数据的相遇与融合，不间断地把人标准化，权力与控制日趋集中。

就连技术的门外汉也能领会这点，但是专家们看到的则更多。数字化的权力巨石随着每次关键技术（*Schlüsseltechnologien*）的购买增强与生长。大量的企业收购引起了轰动，产生了较大的对外影响，它们将触发更多的东西。其效应是，有意或者无意地对整个大数据技术市场具有毁灭性。这种迅猛的速度导致大数据技术的垄断，凝集成团，正如我们在其他我们熟悉的复杂程度较低的工业领域几乎无法容忍的那样。因此这种正在形成的垄断仅仅是另外一种标志，一种不受约束的资本主义新时代开始了。在其他的工业领域早就可以产生竞争机构的调控措施，在数字化革命之中迄今尚未发生。当然，人们不得不说，迄今为止仍缺乏规则控制信息技术知识的累积。

让我们再次把目光投向谷歌这个系统中凝集成团的典型案例。为了多传感器的数据融合，这家互联网巨头急需传感器。当这家技术集团收购了烟雾探测器制造商 Nest Labs 和各种机器人公司的同时，也就把必要的硬件和所属的专家知识收入囊中。从谷歌公司新的联网恒温器将要提供的海量数据中，一台智能房屋控制器必须学习，涉及加热性能的房屋动能。为此需要机器的学习方法，而且正确无疑，在谷歌采购清单上就包括机器学习（Machines Learning）与深度学习（Deep Learning）。德国科学家希普·豪赫莱特（Sepp Hochreiter，1967— ）和尤尔根·施密特胡伯（Jürgen Schmidhuber，1963— ）已经在数十年前发明了这种学习方法，其效率至今还遥遥领先。但是事实上他们的加拿大籍的英国同事和共同发明者杰弗里·辛顿（Geoffrey Hinton，1947— ），2013 年 3 月起就不时地替谷歌工作。2014 年 1 月，谷歌公司用 5 亿美元高价收购了英国启动深度思考公司（Start-ups Deep Mind），该公司致力于强化学习（*Reinforcement Learning*）领域。至此，谷歌公司在适应性房屋控制领域——自然控制策略的每种方式——都得到了最好的装备。

互联网巨头的收购之旅所到之处，大数据的关键技术被用极高的价格收购。收购价格很少与所收购技术的价值处在实际的比例上。弗劳恩霍夫研究所所长曾经把 Boston Dynamics 的机器人系统与自己开发的成果性能作了比较，粗略概算：假如可使用相应的预算，人们可以用谷歌付出购买价格的五分之一，在六个月内生产出类似 Boston Dynamics 的战斗机器人。假如有相应的预算可以使用——这是真正的症结所在。

欧洲没有自己独立的信息基础设施可供使用，纯粹是因为缺乏资金。出于同样的原因，不存在应该当真的欧洲信息技术或者计算机电子工业，没有风险文化，也没有投资于信息关键技术的风险资本的文化。这样，欧洲的数字化自治便远远落后，虽然欧洲的政治家坚决要求信息的自给自足。与此相反，全球的高科技集团支配着几乎无限的金融手段，为技术企业支付购买价格，他们借此不仅能够获得一家单独的公司，而且马上就会把整个工业领域据为己有。

为什么收购价格缺乏节制呢？答案也许出乎意料。无限制的金融手段要求全球化技术巨头统治他们的市场。他们从众多的掌握关键技术的企业中选择具有标志性影响的企业，为此支付一笔可观的费用。这样，从事同样关键技术的竞争者将来几乎找不到任何融资和投资者，因为从这种融资里退出（Exit）将会面临严峻的挑战。如果互联网巨头筹措出来的覆盖交易市场的价格，都在上亿美元或者数十亿美元，谁考虑贸易销售式（Trade Sale）地把企业卖给一家战略投资者，他就几乎没有机会实现真正的销售。没有其他的工业投资者能够筹措到一笔类似的高昂购买价。除了这种战略式企业销售之外，程序还体现在股票市场——谁会认真地考虑购买一家技术企业的股票，其最大的竞争对手还是谷歌这样的技术巨头？

正如我们近来观察到的企业并购封闭了未来的信息市场。互联网巨头吸收关键技术，禁止竞争，同时他们充当青年才俊的强硬雇主。事实上，垄断的信息结构必须在《卡特尔法》的层面受到检查与分割，为此需要对《卡特尔法》展开事先的修订。在数字化时代大集团形成产生的作用有别于传统的工业。

谷歌公司涉及的业务，几乎无法促进美国在《卡特尔法》上积极的作为。但是认真对待欧洲信息化的自治要求，并为此准备提供必要金融手段的人，应当开始就注意到一个分布结构的建设。分布性始终在一个强有力的中央系统中占有优势。这里涉及的并非复制盎格鲁美洲人的行动，而是信息化基础设施的一个真正现代化的选择方案，涉及下一步进入数字化未来，包括增长潜力在内——适用于欧洲，也适用于所有那些渴望真正不同于盎格鲁美洲人的市场垄断方案的人。

6. 修订征税

重新研究充当规章的税法似乎是一个不同寻常的建议，但是作为系统解决方案并没有错误。这项建议是贸易保护主义，涉及市场经济的保护。实际上在经济框架条件下如此定义，让社会市场经济的帕累托最优得到强化。

诚如我们所见，信息资本主义及其技术能力鼓励金融化。不同于信息资本主义，人们可以论证，在金融化当中实际涉及一种资本主义的独立特征，金融市场资本主义：在金融化中累积了越来越多的财富。

谁支配着足够多的私人财产用于投资，谁就能从金融化中获利。相反，缺少投资资本的人，必须通过劳动确保他的生存。从投资者的观点来看，"钱也在劳动"。这里再度出现了经典的资本主义关于价值的错误。事实上，在资本投资之中涉及责任，只能由人的劳动和劳动收入提供，自然不是通过钱的劳动，而是通过人的劳动，劳动的主体、雇员和企业，他们准备负债，因为资本投资者在他们的营业观念中投资。

现行（德国的）税法受到这种错误的欺骗，刺激资本主义面对人的劳动。目前其制定，使劳动生产率承受较高的税务负担——对于必须归咎责任，同时确保生存的人来说是额外的负担。劳动报酬将被累进课税。与此同时，资本的收益却处于相对较低的总付征税。劳动者不仅必须为他们的投资者赚取可以廉价征税的收益，而且在不断增长的收入额上承受着不断增长的税负，包括税项负荷加重。

如果智能机器愈来愈频繁地让人的劳动自动化，那么劳动者的状况将日趋尖锐化。报酬不再作为承担义务者的劳动回报，部分地流入社会系统中，而是作为收益以许可费、订购费和使用费的形式流向智能机器的提供者，之后作为利息支付给其投资者——又是监控者获利。

免除负担也许带来征税的变更。资本收益应当累进征税，相反，工作报酬接受总付征税。为了理解征税变化可能产生的效益，适合做一个大型投资的模拟。因此要考虑到建模，利润最优处在帕累托最优之下，使得社会市场经济对利润最大化者保持优势。然而只要合法化，并且考虑其他人的利益，采用这种方式利润最大化者也可以实现其目标。

批评者提出反对意见，资本收益的累进征税将会把投资者赶出一个国

家。对此应该给予反驳，仅仅在德国如今同样遭到批评的征税体系下，张
开着一个年均 750 亿欧元的巨大投资缺口。欧洲企业在信息技术领域的新
公司创立反正绕道去了美国，欧洲不是他们投资地的选项。资本将只向利
润最大化的地方流动吗？另外，我们真的想刺激利润最大化者的资本投资
吗？与尊重人的尊严之生活条件、工作岗位和一种出得起价的生存之人的
需求相比，他们向来更喜欢获取利润。

可惜在欧洲，人们观察到后者才是趋势：有钱者，不是付钱者——这
意味着得到献媚，纳税。在德国与欧洲的企业集团的政策中，这点得到了
充分表述。人似乎想打开美国之路：远离民主，趋向财阀统治、富人统
治。因此人们必须对概率做出估价，征税系统发生变化，而不是数学家。
它只有不多的机会变成现实。

7. 全面职业化

在德国联邦议院"二十五种顶级职业"中，技术专家令人吃惊地未被
代表。或者说，他们压根儿就没有代表。在 2013 年至 2017 年度的 631 位
人民代表之中，有 120 人是公职人员，另外有 80 名行政管理人员；其余
95 名议员从事法律、经济和税务咨询职业，只有 3 名议员从事自由的技
术与自然科学工作。[4]

因为议会工作按照其本质只是短暂或者临时性的设置，议员们在他们
席位终止之后要再度回到他们各自的职业岗位继续工作。但是一种临时性
的免除其职业工作而服务于议会的情形在今天也许并非所有职业群体都承
受得起。对于一个来自研究领域的自然科学家议员的席位可能意味着他学
术生涯的完全终结。由于多年免除职业工作，他可能很快丧失了与最新研
究成果的联系。加上家庭产生的问题，如出版的压力和资本不足，表现在

其中一名研究者必须长年等待教授职位，在此之前不得不在研究活动中只满足规定期限的合同。

对于眼下从事商业活动的工程师与科学家面临着类似的挑战。他们可能实际上支付不起，不得不错过量子跃迁，如今以最短的时间完成的技术进步。他们自然也非常清楚，为什么几乎没有女人在相关的信息化高技术场所玩耍：技术数学及其自然科学的兄弟们在研究与开发领域的时间上几乎不允许成为母亲。在更多的其他职业中，父母的时间（局限）有可能导致一种明显的职业前途的断裂。

自然科学的发现导致了工业革命，因此社会学迄今仍然在说，人们生活在一个技术社会（*in einer technischen Gesellschaft*）。因此我们世界的量化正在得到强力推动。在这里，我们再度与现代化的一个矛盾相关吗？我们生活在一个高度技术化的社会，但是我们的政治领袖却对技术一无所知？

人们不得不肯定由于上述原因而产生的问题，抱怨一名德国"互联网部长"不适合其职位，因为他没有定期以较短的时间间隔地在 Facebook 上发表意见，也就不理解数字化革命。这种实时的技术突破不是发生在屏幕前，而是屏幕后。监控社会即将来临，它将变成专家体制①，理解其数学模型和智能算法，如同他们的眼球那样把它们保护在其计算中心的地下墓穴之中，为了没有任何东西限制他们的权力。

只有明白采用哪些限制——生活的数量化、综合的演变、后人类的建设能够多快与多广的进展，才能够有目的地采取可控措施，因此国家的职业化将是有必要的。国家必须在技术上快速组织，让实践的专家知识渗透。科研部门出于这种目的只关注资助大学科研还是不够的。国家支持国家的地方，我们虽然喜欢在结果上达到一种研究的出色状态，但是这早就

---

① 专家体制：一种专家拥有决定权限的社会系统，人们诙谐地称之为"专家体制"。

不意味着也可以成功地把科学认知转换为商业产品。智能机器在大学和科研机构的试验台（Test Beds）上存在很久了，但是问题是大规模投资，怎样让智能机器在工业实践中出现，从基础研究的"玩具"打造成适合于实际操作企业的强力而有效的机器。欧洲需要具体的系统，不仅复制那些技术领先者，而是继续前行。为此，研究结果可以输入，但是研究的目标基本上无法提供市场成熟的产品。研究应当是结果公开的。

对于来自实践的知识转换到政策上，思考一下自然科学的团体，在其中技术专家伙伴式或者同志式地联合。他们的目标是研究与开发新技术，进行商业利用，为自己筹措经费，同时积极地转化技术的伦理层面。研究者与开发者，需要从事议会工作，将得到他们团体的有力支持。团体通过定期报告科研项目的状态，把其议员纳入日常业务中。技术上受过培训的议员也能把他更新的知识转化到政策与社会中。如果他把议员补偿费的一部分带入伙伴关系中，他可向他的团体（协会）有约束力地展示。在议席到期后，这名议员返回他的团体，继续他的职业——值得思考的是，未来的职业实施在形式上有些不同于从事议员工作之前，他通过议员工作获得了新能力。此人将会受到重视。

8. 确保为欧洲 IT 项目提供资金

信息基础设施也属于未来的国家组织机构。但是诸如美国和中国这样的先驱已经完成了——尽管欧洲也取得了令人瞩目的信息研究成果——一个眼下似乎无法超越的信息技术和电子产品的飞跃。如今，欧洲既缺乏冒险文化也缺少资金，欧洲投资者发行创新基金 2500 万欧元，给创建者开始运转投资，以便孵化欧洲的谷歌，而在美国平均第一轮融资达到的数量便轻易达到了一家欧洲基金的总和。2000 万美元对于美国的启动融资来说并不稀罕。但是德国本地来自银行和保险业的投资者出现在创业者圈子内："我们参与启动的 5%～20%，我们为此可以提供 20 万到 30 万欧元的融资使用。"这不是融资，而是厚脸皮，特别是每当年轻的企业家在其经营过程中可能遭到他们投资者的责备时：他们是无能的企业家，因为他们没有能够成功地建立欧洲的谷歌。对此，谷歌自己发表声明："只有尿了一裤子才臭气熏天。"

马克·扎克伯格的 Facebook 上市时，该企业已经拥有自有资本高达9 亿美元。[5]

欧洲只有个案才有可能在全球竞争中生存，民用飞机制造商"空中客车"的例子证明其是美国波音公司最强劲的竞争者，然而这些示范也已落伍。欧洲全球导航系统（GNS），伽利略卫星计划，毫无希望地落后于美国的全球定位系统（GPS）、俄罗斯的全球导航卫星系统（Glonass，格罗那斯）、中国的北斗导航系统。在上述三国目前正在运营 60、29 和 14 颗卫星的同时，伽利略计划只把计划的 36 颗卫星中的 4 颗送入地球公转轨道。[6] 只有其中的一颗每天两到三小时发射无线电信号给地球。其他的几颗未见报道。在发射无线电信号时出现中断就没有办法进行导航。在这里，竞争对手已经令欧洲望尘莫及。还有融资问题，欧洲航天局（ESA）参与了伽利略计划，他们的项目通过欧盟的参与国到处捐助，自行融资。这就必须持续一段时间才能积攒一小笔钱。让我们来说，凭着区区数亿欧元，像美国与中国那样推进载人宇宙航行那类雄心勃勃的宇航计划几乎是不可能的。

欧洲 IT 计划也出现了类似的投资不足。要求独立的欧洲 IT 基础设施是合理的，但是经验表明，谁想要建立巴别塔，首先应具备良好的金融基础，不考虑充分地按照喷水壶理论的支出无异于纯粹浪费钱财。

一个最后的思考：自己的 IT 基础设施——自己的计算机网络、关键技术、欧洲云——对未来而言是系统关键的。在过去系统关键的基础设施的私有化经证明并不始终具有优势，类似的东西也适合于公共—私人的伙伴关系。私有化的地方，商业利益占有优势。轨道网或者电网导致同型装配，私人股东的盈利由从前的国家的税收投资中抽取或者实实在在节省——让用户懊恼。在私营经济的企业集团中，经理人主义和经济主义可能会成为系统关键的基础设施的风险。因此适合于自己决定：把系统关键的网络置于国家的控制下或者这样分配到中产阶级身上，让基础设施强力地对付损失。谁依赖分布式系统或者分布式人工智能设计——同时关注谷歌和它的通过控制数据和智能机器的集权——这个问题将能轻易地自行解决。

9. 人机之间划定明确的界限

人类接受机械化将达到何种程度？智能机器将在多大程度上改变人类？用 3D 打印机制作，来自细胞组织的优化耳朵我们已经有所闻。这里所涉及的问题，泛人文主义者自己清楚地回答了。后现代人（Posthumane），人和机器的混合物——电子人（Cyborg），已经远远超越了智人（Homo sapiens）和他的自然能力。

这种幻象听上去如此冒险，致使我们嘲讽地示意，因为这样的技术进步已经处于我们想象力的彼岸。我们不想为此辩论，哪些物种在本世纪结束时将居于统治地位：人或者一种新的人—机器—物种。自然界已经嵌入了自然的边界，我们思考、希望，因为迄今为止我们既没有成功地战胜真空中的光速——没有证据证明，真空中的粒子运动比光更快——也没有成功地完成克隆人。对于不久前在美国实验室才开发出来的胚胎细胞群，尚不清楚它们是否能够完全解决人类的克隆问题。[7,8]

实际上，知识精英们把具有威胁性的后现代人看作了 21 世纪社会最大的挑战。泛人类主义最知名的代表之一，雷·库茨维尔（Ray Kurz-weil，1948— ）是日趋强大的技术集团谷歌的技术总监。联系到谷歌在其秘密实验室的人工智能领域的频繁活动，让我们极为忧虑。数十亿的资金流入后人类的研究——那些电子人身上，他们应该会让自然的进化成为历史。为此，泛人类主义在我们的自尊陷入没有区分的自我优化的疯狂之地启动。我们非理性的技术信仰自愿地帮助，由此在医学领域取得了巨大的进步——奥斯卡·皮斯托瑞斯的假肢，阅读想法的轮椅，中风患者的大脑起搏器等，这种泛人类主义是智人非常真实的威胁。可能我们今天讨论这些还为时尚早，这种争论会再度沉睡，但是技术的发展仍然不可抑止地进行下去。在热闹逐渐减弱的过程中，它有一天会再度出现，后现代人类，想要成为地球上的头号人物，大约如此，如同不久前刚刚生产出来的胚胎细胞群有可能成长为第一个克隆的人。

我们需要一个清楚的观点，不仅是法律的规章，而且要有社会范围的技术伦理——人的信息化装备到底能够走多远。在医学领域，我们准备让病人得到任何想到的技术帮助，使他们能够尽量过上没有障碍的生活。反之，我们应当非常约束地与提高效率的技术装备的任何其他形式打交道。如今属于穷人者，鲜有机会受到良好的教育和医疗保障。贫富之间正在开裂的鸿沟只会继续扩大，因为只有技术精英才能支付得起自己的技术装备。

相反吗？好像的确如此，智能机器能够长时间地模仿人的情绪、创造性和本能。而长期保留在我们身上作为区别的特征，正是那些良知、责任意识和道德行动的能力等有棱有角的特征，它们才是作为"创造性的克隆"的人的原因与目标。长时间内不难认清，为什么机器需要如此智能与人性的表现，应该与创造的对象有别的不同，不再是工具的一个新保留剧目，虽然是完善和继续进步的，但仍是一个服务于人的工具间，人继续支配它。只是必须予以澄清。

技术专家的任务

10. 机器社会化：设计惯例

　　运用物联网可以给我们日常生活的所有物品配置入网接口：汽车、房屋、闹钟、摩托车头盔、牙刷。我们日常生活的物品和它们的传感器观察、记录、测量我们，为了给我们或多或少地提出良好的建议，过上舒适的生活。但是幻景继续下去——即使个别传感器，不仅仅是建立在它们基础之上的推断机制，是智能的、互相联网的、可以通信的。倘若我们实现多代理方案真正的应用，它们应该彼此直接地商议某些优化的任务解决方案。

　　并非物联网的所有功能都一定有必要位于"现场"，就是说位于汽车或者房屋控制系统内。其实有人在思考把它们迁入全球的计算机云中，因此无线通信的可靠性不可缺少。如果您联网的新汽车在高速公路遇到故障，需要维修车间借助远程维修介入您的汽车，这同时意味着每个在线的犯罪分子也有潜力做同样的事情——比如远程控制您。设想一下，您在高速公路上行驶，一个陌生人突然帮你加速。这种场景并非如您想象的那样不合情理；友好的同代人就像秘密警察那样已经热衷过这类思想游戏。可能的话是潜在而致命的远程遥控，因为日常生活的所有物品出于成本原因都可用于这种标准技术（Standardtechnologien）联网，安全缺口由此打开，像微软的操作系统那样被蓄意地公开。

有时候系统结构也没有考虑所有可能发生的事件。梅赛德斯·奔驰公司的总裁蔡彻（Zetsche）的论据因此也不完全正确，他谈到他那些自主的汽车，没有隐藏安全风险，因为我们的飞机毕竟也是由自动驾驶员控制的。这种比较之所以不恰当，是因为飞机迄今无法与互联网集成。作为封闭的系统，它们比一台与互联网联网的设备更可靠，更能承受攻击。

由此，技术专家的任务表述为：由于数据保护问题或者对私人空间的攻击自身无法阻止技术的发展，我们不是需要更少的，而是更多的技术。因为，汽车制造商的论据如此，汽车驾驶员希望联网的汽车必须满足客户的需要。如果最新的汽车能够联网，有意义而且更可靠的是，这种联网没有直接与发动机控制系统连接。这类想法大概能让您生动地想象技术专家的任务。他们应当在早期开发阶段，比如系统设计时考虑更多的安全性和私人空间。人们可以远远把握这种前兆，把它视为设计惯例（Conventions by Design）。在设计安全（security by Design）方面涉及物联网时提高安全性，在设计隐私（privacy by Design）方面关注私人空间的保护。弗劳恩霍夫研究所在这些方面是领先者[9]。人们在此详尽地要求，"技术不应该苛求人类"。[10]位于达姆施塔特的弗劳恩霍夫信息研究所此外致力于辅助系统的研究，该系统关注使用者在安全和私人空间问题的实践时减轻负担。[11]

但是在这些传统问题上它没有保留。有一个富有启发性的案例：证券交易商的高频算法以及他们数千个 2006 年来仅仅在美国市场促发的微闪烁（*Micro Flashes*）。这里算法市场的参与者"表现"得不够礼貌，造成了不稳定与风险，因为他们堵塞、挤压和卡住。原因是他们只按照接口观点与其电子交易平台互相影响。交易算法 A 与交易所 B 交换各种各样的数据，但是这种简单的样式没有考虑在交互影响中正在形成的机器之间的相互作用。目前没有确定规则，那些机器应该如何互相交流，它们相撞的地方，也许没有对它们的相遇详尽地编程。当大数据辩护士今天热情洋溢地谈论，假如物联网的大多数功能在全球云上交换数据与信息的同时，哪些想象的事务应当考虑，这个问题变得更加紧迫。大量机器之间未知的交互作用会产生问题，会一再导致不明确的数据形势。一种错误的数据形势或者需要"仔细查看"，这点有经验的数据科学家知道，触发了非线性系统的动力。如同错误的控制决定那样，它会导致错误的结论。像多米诺骨牌会出现全球的效应，没有人曾经打算执行或者测试它。

对机器行为规则的要求并不抽象，我们把这个例子看作飞行员在飞行时要向目标机场的塔台发出无线电信号，人们应其请求优先安排降落，因为他的油料所剩不多。

每个人都可以领会，规则怎样才有意义，比如允许燃料储备不足的飞机尽快降落。但是很快有些飞行员开始蔑视规则。他们欺骗塔台说，他们的燃料将要耗尽——其实他们只是希望弥补他们的晚点。

行为准则（*Rules of Encounter*）帮助对付这些坑蒙拐骗，它们能够让机器社会化。其中涉及机器生命中的规则，所有的人都应该遵守，对它们的践踏将会导致这类机器经济上的损失，并损害公约。设计良好的机器交互影响的准则会超过纯粹的数据交换，导致机器社会适时地自我调控。

塔台将给发送无线电波通报燃料不足的飞行员提供优先权，但是他对继续往前挪的每个位置，都必须支付一笔款项。小撒谎的成本最终如此之高，以至于根本不值得往前挤。

良好行为的公约可以在物联网无法避免的交互影响之中设法补救解决。行为准则避免了由于陌生的交互影响而造成极端的事件，因为它们拥有一种内在的衰减动力。如果技术专家提前考虑这些公约，嵌入物联网，那么我们可以确信，智能机器的系统化风险是可以管控的，我们也就不必始终把我们的目光聚焦机器的平行宇宙。智能机器有可能直接执行多样性的任务，但是人类始终在决定游戏规则。

亲爱的德国：弗洛里安·迈霍夫通信

昨天你才严厉和愤怒地给我写信，说我应当马上制止我的数学家、物理学家和数据科学家，如果他们的智能机器威胁到自由的人，我们必须立即停止大数据的研发。

我不得不反驳你，我的科学家们已经回应了你的要求。他们很失望，他们受到了打击，因为你对他们在技术开发上的巨大智慧性的工作不予承认。他们感觉受到了你不公正的排挤，早在你自己行动之前，他们就想到了他们的开发成就的后果，就在其中表现出了责任。因此他们之中有许多人在多年前就离开了你的国家，到国外去争取更多的尊重。

亲爱的德国，你的德国技术恐惧（*Grerman Techno Angst*）不是好"顾问"，它夺取了你的国家，自从毛线针与羊毛短袜进入你的议会。我们相信，它是你的议会被法学家和官员统治的结果。[12] 对，我承认，我的数据科学家如同受惊的狍子，闷蛋（*Nerds*），蠢货（*Geeks*），性格内向者

（*Introverts*），他们常常拒绝公众与政治。但是你有时会非常不恰当地、满怀嫉妒地注视那些推动真正的、"坚实"的科学的人和所有正好是工业和经济的过程、生产和价值链的管理，现金流和信息管理的诸多细节，德国生活现实处在其深度与广度上，你明白吗？他们拥有你的人民代表数十年以来缺乏的知识，这点现在让你害怕。长期以来你满足于服务、咨询和无足轻重的生产深度，如今在你的工程师与技术专家面前你感到恐惧不安，恐惧之中除了想阻止他们，你什么也想不起来。

我们明白你的自然浪漫主义风格，但是我们社会的未来可以像对数字化技术的过分热情那样，如此少地依赖技术的敌意。考虑更周到的也许是，你可能相对于实际的技术发展采取一种不可知论的态度。亲爱的德国，你要在信息技术领域继续深造，这样你才能理解，同样的技术，同时也服务于改善你未来的基础设施——让你的城市从超出正常限度的送货交通中减轻负担，让你绿色的能源最优化地分布在你美丽的景物之中，你的水资源更有效地得以利用。你未来的福祉可以在全新萌芽之中的数字化技术上建构，不相信后现代人类在你的国家简单地终止现实的发展是不明智的。我建议你，不要充满恐惧地凝视智能机器，多次地去拉"开伞索"，做出难以理解的技术战略决策。

我知道，你最喜欢待在舒适区，压根儿不想冒险。你相信，冒险会死人。你没有冒险的文化，因此也没有冒险资本的文化，没有自己的、实力强劲的信息工业。假如你要把积极塑造人机未来的剩余主动权扼杀在萌芽中，那么你就失败了。如果你继续坚持，就会卡在你的肌肉瘫痪之中。亲爱的德国，你将会看到，几年之后在信息基础设施的展示橱窗上将没有什么吸引之物。所以东方与西方的人们，将不会考虑到你，并轻易超越你，你将无法与之抗衡。东方沉睡的巨龙已经醒来了，早就在信息技术领域超越了你。

　　我希望你是新的道德英雄。你拥有这个词，"英雄"。你的英雄们被两次世界大战掠夺光了，道德是相对主义的意识形态，利润最大化成为牺牲品。尽管如此，我想看到你战斗，支持帕累托最优，反抗利润最大化，赞成自由和民主——反对通过国家和私人的机构实施检查、监控、审查和操纵。"如果你想抓捕一只狐狸，那么你就需要一只狐狸。"埃德加·胡佛①这样说过。如果你现在终止技术开发，那么这只会成为你的国家下一次的技术悲剧。你的自由需要狐狸、英雄和自由的圣女贞德。他们是没有笔直履历的个体，没有从大学到联邦统计局直到提早退休的职业规划的前景。最好是这些人，拥有一份账单，与他们说过的这个人未结账。

　　德国，我想成为猎人。我想看看，你的技术精英如何反抗，光子武器如何瞄准，大卫·希尔伯特②的遗产如何到场，因为他自身蕴藏着这些基因。因此我对我的数据科学家给予最全面的尊重，使他们得到激励与鼓励，向你提供最优秀、最智能的技术，他们具有这样的能力，不应伤害到人的自由。一个人文的数字化世界将对其他人施加魅力，正是在里面蕴含着欧洲的魅力，增长的潜力和一种新的吸引力。承担你对未来和欧洲的责任吧。你是拉车之马，不是反对者，而是与我们一道。你必须更多地利用这些，以更大的勇气，快速的行动，更大的果敢，更多的资金。你可以建造生活上有价值的人机未来，这一点你在上个世纪已经证明过了。如果你愿意，你能够获得第二次成功。

---

　　① 埃德加·胡佛（John Edgar Hoover，1895—1972），美国联邦调查局第一任局长，一个叱咤风云近半个世纪的传奇人物，任职长达四十八年。

　　② 大卫·希尔伯特（David Hilbert，1862—1943），德国著名数学家。

原书注释

前　言

1. Cisco. 2013. Cisco Visual Networking Index: Forecast and Methodology, 2012-2017. S. 6. San Jose, CA: Cisco.

2. Huber, Johann. 2013. HR Management Entscheide dank Echtzeitdaten über das Wohlbefinden und den Stressstatus Ihrer Mitarbeiter. Präsentation vom 4.12.2013 anlässlich der Konferenz: Algorithmus-Wie nutzen wir die Datenflut? London: Soma Analytics.

第一章　起源

1. Barry, John. 1992. Sea of Lies. The inside story of how an America naval vessel blundered into an attack on Iran Air 655 at the height of tensions during the Iran-Iraq War, and how the Pentagon tried to cover its tracks after 290 innocent civilians died. New York, NY: Newsweek LLC

http: //www. newsweek. com/sea-lies-200118 (检索日期: 13.04.2013)

2. 伊朗航空 655 航班历史参见:

Evans, David. 2002. Vincennes. A CasesStudy. In: Naval Science 304: Navigation and Naval Operations II. Albuquerque: University of New Mexico.

http: //www. unm. edu/~nrotc/ns304/lesson20. htm (查询日期: 13.04.2014)

3. Inman, Matthew. 2012. Why Nikola Tesla was the greatest geek who ever lived. Seattle, WA: theoatmeal. com. http: //theoatmeal. com/comics/tesla (检

索日期：30. 12. 2013)

4. The Fort Wayne Journal-Gazette. 1917. New Yankee tricks to circumvent the UBoat. Fort Wayne, IN: The Fort Wayne Journal-Gazette.

http: //teslaresearch. jimdo. com/articles-interviews/new-yankee-tricks-to-circumvent-the-u-boat-the-fort-wayne-journal-gazette-fort-wayne-indiana-sunday-morning-august-19-1917/ (检索日期：30. 12. 2013)

5. Knapp, Alex. 2012. Nikola Tesla wasn't god and Thomas Edison wasn't the devil. New York, NY: Forbes. com.

6. Fogarty, William. 1988/1993. Formal investigation into the circumstances surrounding the downing of Iran Air Flight 655 on 3 July 1988. Washington, D. C. : Department of Defense.

http: //homepage. ntlworld. com/jksoncdocsir655-dod-report. html (检索日期：20. 08. 2013)

7. Swartz, Luke. 2001. Overwhelmed by technology: How did user interface failures on board the USS Vincennes lead to 290 dead. Stanford, MA: Stanford University.

http: //xenon. stanford. edu/~lswartz/vincennes. pdf (检索日期：07. 08. 2013)

8. Nelson, Nigel. 2013. Syrian warplanes flee after testing defences at British air base in Cyprus. London: Trinity Mirror plc.

http: //www. mirror. co. uknewsuk-news/syrian-warplanes-flee-after-testing-2259425 ixzz2nMKcQRgo (检索日期：18. 12. 2013)

9. Defense Industry Daily. 2013. The wonders of Link 16 for less: MIDS-LVTs. Thetford, VT: Watershed Publishing, defenseindustrydaily. com.

http: //www. defenseindustrydaily. com/the-wonders-of-link-16-for-less-midslvts-updated-02471/ (检索日期：16. 12. 2013)

10. Nelson, Nigel. 2013. Syrian warplanes flee after testing defences at British air base in Cyprus. London: Trinity Mirror plc.

http: //www. mirror. co. uknewsuk-news/syrian-warplanes-flee-after-testing-2259425 (检索日期：15. 12. 2013)

11. Cenciotti, David. 2013. Assad launched two Syrian Air Force Su-24 attack planes towards Cyprus to probe British airbase's air defenses. Rome: The Aviationist.

http: //theaviationist. com-09/08/fencer-probe/ (检索日期：15. 12. 2013)

12. 采购撤销的决策草案可在以下网址查阅：

http：//www. documentcloud. org/documents/781958-2012-verteidigungsministerium-beschaffung-serie. html（检索日期：17. 12. 2013）

13.《时代周刊》记者菲利普·法伊格勒撰写了一份《欧洲鹰惨败》的深入调查报告，他把这篇网络文章添加到德国联邦国防部密件的链接上。

Faigle, Philip. 2013. Der Absturz des Euro Hawk. Hamburg：Zeit Online.

http：//www. zeit. de/politik/deutschland/2013-08/drohnen-dokumente-eurohawk-skandal-rettung/seite-2（检索日期：16. 12. 2013）

14. Northrop Grumman. 2013. Capabilities：Global Hawk. Falls Church, VA：Northrop Grumman.

http：//www. northropgrumman. com/capabilities/globalhawk/Pages/default. aspx（检索日期：16. 12. 2013）

15. Rosenberg, Zach. 2012. Loose wire caused Afghanistan Global Hawk crash. Washington, D. C.：Reed Business Information, FlightGlobal. com.

http：//www. flightglobal. comnewsarticles/loose-wire-caused-afghanistan-global-hawk-crash-369238/（检索日期：17. 12. 2013）

16. 几乎在一架鹰系列飞机坠毁的同时，一架美国 RQ-7 Shadow 与一架运输机相撞：

Hodge, Nathan. 2011. U. S. says drone, cargo plane collide over Afghanistan. New York, NY：The Wall Street Journal.

http：//online. wsj. comnewsarticles/SB10001424053111903480904576512081215848332（检索日期：17. 12. 2013）

17. 一种在临时封闭/预留空间的使用是无危险与可通行的实践。在民用空间上方航路的任意选择如今已经具有最大可能。现在高空长航时无人机系统的有效使用可以通过用于起降的临时封闭空间以及民用航空上方的使命执行而得到根本保障。

Bundesministerium der Verteidigung（德国联邦国防部）. 2013. Bericht der Ad-hoc-Arbeitsgruppe EURO HAWK. S. 9. Berlin：Bundesministerium der Verteidigung.

18. Leithäuser, Johannes. 2014. Global Hawk fliegt über Deutschland. Frankfurt：Frankfurter Allgemeine Zeitung.

http：//www. faz. net/aktuell/politik/aufklaerungsdrohne-global-hawk-fliegtueber-deutschland-12928475. html（检索日期：09. 05. 2014）

19. Sweetman, Bill. 2013. Global Hawk variants face airspace showstoppers. Washington, D. C.：Aviation Week & Space Technology.

http：//www. aviationweek. com/Article. aspx? id＝/article-xml/asd ＿ 08 ＿ 21 ＿ 2013 ＿ p01-01-608655. xml（检索日期：16. 12. 2013）

20. ECAC Member States. 1995. ACAS policy. Brüssel: Eurocontrol.

http: //www. eurocontrol. int/articles/acas-policy (检索日期: 17. 12. 2013)

https: //www. eurocontrol. int/articles/history-future-airborne-collision-avoidance (检索日期: 30. 12. 2013)

21. EU Kommission. 2011. Verordnung (EU) Nr. 1332/2011 der Kommission zur Festlegung gemeinsamer Anforderungen für die Nutzung des Luftraums und gemeinsamer Betriebsverfahren für bordseitige Kollisionswarnsysteme. Artikel 2, Ziffer 2. Brüssel: EU Kommission.

22. Bundesstelle für Flugunfalluntersuchung. 2004. Untersuchungsbericht. S. 104. Braunschweig: Bundesstelle für Flugunfalluntersuchung.

http: //www. bfu-web. de/DE/Publikationen/Untersuchungsberichte/2002/Bericht _ 02 _ AX001-1-2. pdf? blob = publicationFile (检索日期: 17. 12. 2013)

23. Bundesministerium der Verteidigung. Bericht der Ad-hoc-Arbeitsgruppe EURO HAWK. S. 9.

24. Northrop Grumman. Capabilities: Global Hawk.

http: //www. northropgrumman. com/capabilities/globalhawk/Pages/default. aspx (检索日期: 23. 12. 2013)

25. Faigle, Philip. Der Absturz des Euro Hawk.

26. »It's been said that behind every great fighting force there's the power of information.

NATO Mid-Term gives us phenomenal new tools to process and disseminate critical information in seconds across the entire battlespace. «

»NMT will also enable us to transition to the net-centric environments of the future, where we will continue to leverage this critical information platform to its maximum potential. NMT is the digital bridge that takes us beyond airborne command and control and into the new age of Information and true Battlespace Management. «

Public Affairs Office. The NATO Mid-Term Programme 1997-2008. Geilenkirchen: NATO Airborne Early Warning and Control Force E-3A Component

http: //www. e3a. nato. int/enghtmlorganizations/nmt. htm (检索日期: 18. 12. 2013)

27. BBC. 2013. Google buys military robot-maker Boston Dynamics. London: British Broadcasting Company. http: //www. bbc. co. uknewstechnology-25395989 (检索日期: 15. 01. 2014)

28. Public Affairs Office. 2013. Fact sheet. Geilenkirchen: NATO Airborne Early Warning and Control Force E-3A Component.

http：//www. e3a. nato. int/common/files/en _ factsheet _ apr2013. pdf（检索日期：30. 12. 2013）

29. Skillman, William. 2013. The AWACS story. Catonsville, MD: skillmansofamerica. com

http://skillmansofamerica. com/the 20AWACS 20story. pdf（检索日期：19. 12. 2013）

30. Office of the Inspector General. 2004. Acquisition. The NATO AWACS Mid-Term Modernization Program »Global Solution« (D-2004-069). S. 2. Washington, D. C.： Department of Defense.

http：//www. dodig. mil/audit/reportsfy0404-069. pdf (zuletzt 检索日期：19. 12. 2013）

31. 出处同上

32. Leiter des Presse-und Informationsstabes. 2012. Überblick: Fliegende Radarstationen-das System AWACS. Berlin: Bundesministerium der Verteidigung.

http：//www. bundeswehr. de/portal/abwde! utpc404 _ SB8K8xLLM9MSSzPy8x Bz9CP3I5EyrpHK9pPKUVL1ivczcgqLU4uLSXP2CbEdFAPx63fY! / （检索日期：19. 12. 2013）

33. Fuchs, Christian. 2013. Geheimer Krieg. Verhängnisvolle Urlaubsreise. Hamburg: Norddeutscher Rundfunk.

http：//www. geheimerkrieg. de/entry-20-6042-verhaengnisvolle-urlaubsreise （检索日期：19. 12. 2013）

34. Genau: NATO Airborne Early Warning and Control（AEW& C）Program Management Organization.

35. Bergmann, Christian; Weller Marcus. 2013. ARD Fakt. NSA PRISM -Deutsche Forschung für US-Geheimdienste. Video, veröffentlicht am 03. 09. 2013. Leipzig: Mitteldeutscher Rundfunk.

https：//www. mdr. defaktusa _ bezahlt _ deutsche _ forschung102. html （检索日期：29. 05. 2014）

36. 如今弗里多林地堡属于丢失之地，正在寻找新承租人。

37. 最著名的《黑天鹅》图书是由黎巴嫩裔的数学家和宽客（Quant）塔勒布所撰：

Taleb, Nassim Nicholas. 2007. The Black Swan. The Impact of the Highly Im probable. New York, NY: Random House. Deutsch im Carl Hanser Verlag, München.

第二章 机器的智能革命

1. Luck, Michael; McBurney, Peter; Shehory, Onn; Willmott, Steve and the Agent-Link Community. 2005. Agent technology: Computing as interaction. A roadmap for agent based computing. S. 76. Southampton: University of Southampton.

2. Mattheis, Martin. 2008. Aphorismen und Sprüche zur Mathematik, S. 1b. Mainz: Frauenlob Gymnasium.

http://www. mathematik. uni-mainz. de/Members/mattheis/listen/mathphorismen (检索日期：30. 05. 2014)

3. Kuneva, Meglena. 2009. Grundsatzrede anlässlich der Roundtable on online data collection, targeting and profiling. Brüssel: Europäische Kommission.

http: //europa. eu/rapid/press-release _ SPEECH-09-156 _ en. htm（检索日期：17. 11. 2013)

4. 在此涉及美国、英国、加拿大、法国、德国、意大利、西班牙、捷克共和国、澳大利亚和新西兰。

5. Research Now. 2010. A look at how technology affects us from birth onwards. Amsterdam:

AVG Technologies NV. http: //www. avg. com/digitaldiaries/homepage（检索日期：17. 11. 2013)

6. Gantz, John; Reinsel, David. 2011. Extracting value from chaos. S. 4. Framingham, MA: International Data Corporation.

7. NVIDIA（英伟达）公司的高性能计算机 Tesla-K10-GPU 使用 3072 图形处理器核。

8. Bayer, Martin. 2013. Hadoop - der kleine Elefant für die großen Daten. München: Computerwoche.

http: //www. computerwoche. de/a/hadoop-der-kleine-elefant-fuer-die-grossendaten, 2507037（检索日期：17. 11. 2013)

9. 计算机软件公司 Nanex LLC，记录全美交易平台的比率，规定这些数字用于美国预先选购交易：http: //www. nanex. net/（检索日期：13. 01. 2014)

10. 英语的例子可在 IBM 网页有关数据分析栏目找到：

What is Big Data? http: //www-01. ibm. com/softwaredatainfosphere/hadoop/

mapreduce/（检索日期：17.11.2013）

11.“算法”一词是波斯多学科学者穆罕默德·本·穆萨·阿尔·花剌子模（约780-850）的拉丁名阿尔戈利兹姆（Algorismus）转写，其阿拉伯文教科书《花剌子模算术》（约825）在中世纪拉丁语的翻译中以“Dixit Algorismi（花剌子模说）”开始。

12. Manyika, James; Chui, Michael; Brown, Brad; Bughin, Jacques; Dobbs, Richard; Roxburgh, Charles; Hung Byers, Angela. 2011. Big data: The next frontier for innovation, competition, and productivity, S. 11. New York, NY: McKinsey Global Institute of McKinsey & Company.

13. Isaac, Mike. 2013. Facebook steps up artificial-intelligence efforts with new research lab. New York, N. Y.: Dow Jones Company, AllThingsD. com. http://mashable. com-12/09/facebook-artificial-intelligence-lab/（检索日期：13.01.2014）

14. Oreskovic, Alexei. 2013. Google acquires developer of military robots. San Francisco, CA: Reuters.

15. Wiegold, Thomas. 2013. Der Euro Hawk ist Geschichte. Berlin: augengeradeaus. net.

http://augengeradeaus. net-08/der-eurohawk-ist-geschichte/commentpage-1/（检索日期：18.11.2013）

16. 函数公式是 $f(x) = x^2$。从该函数公式得出两个导数。函数公式的“第一个导数”，计算斜度，是 $f'(x) = 2x$。它设定值为 0：$f'(x) = 2x = 0$，更简单：$2x = 0$。按照 x 解，得出 $0/2 = x$ 或 $x = 0$。在解析途径上我们在 0 上找到一个极值。我们把这个 x 值用于“第二个导数”，就是 $f''(x) = 2$。如果 $f''(x) > 0$，是这种情况，因为 $2 > 0$，可在解析途径上找到抛物线的最小值。

17. Lossau, Norbert. 2013. Im Netz der Algorithmen. Berlin: DIE WELT, Axel Springer AG.

http://hd. welt. de/wams-hd/wams-hd _ wissen/article120619050/Im-Netz-der-Algorithmen. html（检索日期：29.01.2014）

18. 出处同上

19. Süddeutsche Zeitung. 2010. Der Senator auf der Terroristen-Liste. München: Süddeutscher Verlag. http://www. sueddeutsche. de/politik/flughafenkontrolle-der-senator-auf-derterroristen-liste-1. 644168（检索日期：06.12.2013）

20. 关于柏林万湖畔亥姆霍兹中心实验性核反应堆上的飞机坠毁出现的概率，参见：

Fröhlich, Alexander; Metzner, Thorsten; Reichelt, Tobias. 2013. Wannseeroute könnte neu abgewogen werden.

Potsdam：Potsdamer Zeitungsverlagsgesellschaft mbH & Co.

http：//www. pnn. de/brandenburg-berlin/716822/（检索日期：18. 11. 2013）

21. Taleb, Nassim. 2012. How we tend to overestimate powerlaw tail exponents. New York, NY：New York University.

http：//www. fooledbyrandomness. com/minexponents. pdf（检索日期：18. 11. 2013）

22. Bellhouse, David 2004. The reverend Thomas Bayes, FRS：A Biography to celebrate the tercentenary of his birth. S. 5. London, ON：University of Western Ontario.

23. 出处同上，S. 7

24. Unwin, Stephen. 2005. Die Wahrscheinlichkeit der Existenz Gottes. Hamburg：discorsi.

25. Rekonstruiert von：Löffler, Winfried（由温弗里德·勒夫勒追述）. 2007. Gott als die beste Erklärung der Welt.

In：Die Gottesfrage in der europäischen Philosophie und Literatur des 20. Jahrhunderts. Wien, Köln, Weimar：Böhlau.

http：//www. uibk. ac. at/philtheol/loefflerpublloeffler _ probalistischer _ gottesbeweis. pdf（检索日期：18. 11. 2013）

26. Michalski, Peter. 2004. Mathematik-Formel als Gottesbeweis. Hamburg：Hamburger Abendblatt, Axel Springer AG

27. Thomas, Drew. 2005. The probability of god, in：Social Science Statistics Blog. Boston, CT：The institute of quantitative social science at Harvard University.

http：//blogs. iq. harvard. edu/sss/archives/2005/10/book _ review _ the _ 1. shtml（检索日期：12. 11. 2013）

28. Mattheis, Martin. 2008. Aphorismen und Sprüche zur Mathematik. UNI Mainz. S. 4a.

29. Taleb, Nassim. 2007. The pseudo-science hurting markets. New York, NY：Financial Times.

http：//www. fooledbyrandomness. com/FT-Nobel. pdf（检索日期：12. 11. 2013）

30. 埃玛努埃尔·德尔曼提出类似的观点："我担心，许多经济学家特别不知道真正的科学及其效果。我怀疑他们之中的若干人把太多的时间投入于尚无可靠性把握的经济模型的乱伦游戏之中。我担心，如果这些模型发挥作用，那么也只能限定在一个确定的地方，一个确定的团体，一个确定的时间。许多经济学家没有模型效益的理解力，因为他们从来没有见过一个真正成功的模型。倘若所有的经济学家愿意承担义务，证明牛顿力学上的方针，由此知道什么可以提供一个真正的好模型，然后接近表示最大谦恭的人类行为的模型，我认为才是不错的。"

Derman, Emanuel. 2013. Sie wollen alles vorhersagen. Frankfurt: Frankfurter Allgemeine Zeitung.

http: //www. faz. net/aktuell/feuilleton/modelle-die-sich-schlecht-benehmen/kolumne-von-emanuel-derman-sie-wollen-alles-vorhersagen-12647653. html（检索日期：19. 11. 2013)

31. Stocker, Thomas; Qin, Dahe; et al. 2013. Climate change 2013. The physical science basis. Working group I. Contribution to the fifth assessment report of the intergovernmental panel on climate change summary for policymakers. Bern: Intergovernmental Panel on Climate Change IPCC. http: //www. ipcc. unibe. ch/AR5/chapteroutline. html（检索日期：19. 06. 2014)

32. »The computer's techniques for unraveling Jeopardy! clues sounded just like mine«. In: Jennings, Ken. 2011. My puny human brain. Washington, D. C. : Graham Holdings Company, The Slate Group. http: //www. slate. com/articlesartsculturebox/2011/02/my _ puny _ human _ brain. html（检索日期：13. 11. 2013)

33. Goethe, Johann Wolfgang von. Maximen und Reflexionen. Berliner Ausgabe 2013. Herausgeber: Michael Holzinger, S. 141. Berlin: Holzinger. http: //www. zeno. org / Literatur / M / Goethe， + Johann + Wolfgang /Aphorismen + und + Aufzeichnungen / Maximen + und + Reflexionen /Aus + dem + Nachlaß/Über + Natur + und + Naturwissenschaft（检索日期：13. 11. 2013)

34. 信号分析概述：

http: //www. airpower. at/news07/0811 _ kriegima ether/kiae _ 13. htm（检索日期：14. 11. 2013)

35. Kaiser, Tina. 2013. Yahoo-Chefin Mayer jagt die Minderleister. Berlin: DIE WELT, Axel Springer AG. http: //www. welt. de/wirtschaft/article121827512/Yahoo-Chefin-Mayer-jagt-die-Minderleister. html（检索日期：06. 12. 2013)

36. Mallien, Lara. 2008. Intelligenz in der Natur: Ein Interview mitJeremy Narby. In: Hagia Chora 30-2008. Klein Jasedow: Human Touch Medienproduktion GmbH. http: //www. geomantie. net/articleread5820. html（检索日期：29. 05. 2014)

37. http: //www. cleverbot. com/

38. Aron, Jacob. 2011. Software tricks people into thinking it is human. Surrey: Rees Business Information Ltd.

39. Sommer, Sarah. 2013. Schatzsucher im Datenmüll. Frankfurt: Frankfurter Allgemeine Zeitung.

http：//www. faz. net/aktuell/beruf-chance/data-scientists-schatzsucher-im-datenmuell-12653635. html (检索日期：01. 12. 2013)

40. Dieter, Miriam; Brugger, Pia; Schnelle, Dietmar; Törner, Günter. 2006. Zahlen rund um das Mathematikstudium - Teil 2. Mitteilungen der deutschen Mathematikervereinigung MDMV. S. 106-110. Berlin: Deutsche Mathematikervereinigung.

https：//www. uni-due. de/imperia/md/content/mathematik/ag _ toerner/mdmv-16-2-106-dieter-etal. pdf (检索日期：01. 12. 2013)

41. Reynolds, Craig. 2001. Boids. Background and update.

http：//www. red3d. com/cwr/boids/ (检索日期：30. 11. 2013)

42. Lauer, Roman. 2013.»Einfacher, mit Menschen zu experimentieren als mit Fischen». Interview mit Jens Krause. Zürich: Schweizer Radio und Fernsehen.

http：//www. srf. ch/wissen/mensch/einfacher-mit-menschen-zu-experimentieren-als-mit-fischen (检索日期：30. 11. 2013)

43. Quarks&Co. 2007. Making of: Der schlaue Schwarm. Video, veröffentlicht am 10. 04. 2007. Köln: Westdeutscher Rundfunk.

http：//www. wdr. de/tv/quarks/sendungsbeitraege/2007/0410/002 _ schwarm. jsp (检索日期：02. 12. 2013)

44. Begos, Kevin. 2013. Computer sollen bald selbst entscheiden. Berlin: DIE WELT, Axel Springer AG.

http：//hd. welt. de/ausgabe-b/wissen-b/article122239535/Computer-sollen-baldselbst-entscheiden. html (检索日期：02. 12. 2013)

45. 自动的猎人—杀手—联盟由波音公司开发。早期的猎人是自动无人机 X-45A (2002—2006)，如今在"波音幻影射线"的名称下继续得以开发。

第三章　大数据，大钱

1. Heuser, Hans. 2007. Wir alle haben dazugelernt. Interview mit Robert Merton. S. 78. Wien: Institutional Money http：//www. people. hbs. edu/rmerton/InstitutionalMoneyinterview2007. pdf (检索日期：29. 05. 2014)

2. Name geändert

3. Taleb, Nasim. The Black Swan. A. a. O, S. 253

4. Allein am 17. Dezember 2008 steigt der Euro um vierhundert Pips von 1. 3721 US-Dollar auf 1. 4137 US-Dollar, einer der höchsten Tagesveränderungen zum US-Dollar seit Bestehen der Einheitswährung überhaupt.

5. CME. 2013. The global command center. Chicago, IL: Chicago Mercantile Exchange.

http: //www. cmegroup. com/stories/! 1-global-command-center（zuletzt 检索日期：28. 12. 2013）

6. The Economist. 2005. The march of the robo-traders. London: The Economist Newspaper Limited.

7. Betghe, Iris. 2010. Auswirkungen einer möglichen Finanztransaktionssteuer. In: Defacto 07. S. 4. Berlin: Bundesverband deutscher Banken.

http://bankenverband. de/themen/politik-gesellschaft/defacto/defacto-nr. -7/ defacto-7. pdf/view（检索日期：06. 01. 2014）

8. 直到撤销管制之前，银行的任务是提供投资用的贷款以及支付服务。在撤销管制之后增加了风投业务。第一波消极的影响表明，作为面对其客户的应向他们提供投资利率的银行，陷入了利息冲突之中，因为他们同时也在销售投资产品。

在玛格丽特·撒切尔夫人时代，伦敦证券交易所的私有化被誉为撤销管制的宇宙大爆炸，1986 年 10 月 27 日伦敦证券交易所成为一家私人资本公司：

Der Spiegel. 1986. Wie unter Goldgräbern. Hamburg: SPIEGEL-Verlag Rudolf Augstein GmbH & Co. KG.

http: //www. spiegel. de/spiegel/print/d-13521818. html（检索日期：12. 01. 2014）

9. Hu, Yingyao; Lewbel, Arthur. 2009. Returns to lying? Identifying the effects of misreporting when the truth is unobserved. Baltimore, MD: Johns Hopkins University.

https: //www2. bc. edu/～lewbel/lie19. pdf（检索日期：12. 01. 2014）

10. ESMA. 2012. Leitlinien. Systeme und Kontrollen für Handelsplattformen, Wertpapierfirmen und zuständige Behörden in einem automatisierten Handelsumfeld. Leitlinie 5, S. 20. Paris: European Security and Markets Authority.

11. » The reason that growth has continued despite adversity, or perhaps because of it, is that these new financial instruments are an increasingly important vehicle for unbundling risks. These instruments enhance the ability to differentiate risk and allocate it to those investors most able and willing to take it. « Greenspan, Alan. 1999. Speech by the chairman of the board of governors of the federal reserve system, Alan Greenspan, before the Futures Industry Association. Boca Raton, FL:

Bank for International Settlements. http：//www. bis. org/review/r990324a. pdf（检索日期：29. 01. 2014）

12.»… what seems to me to be the essential characteristic of capitalism, namely the dependence upon an intense appeal to the money-making and money-loving instincts of individuals as the main motive force of the economic machine. « Keynes, John Maynard. 1926. Das Ende des Laissez-Faire. Ideen zur Verbindung von Privat-und Gemeinwirtschaft. Zweite, unveränderte Auflage 2011. Berlin：Duncker & Humblot.

http：//www. panarchy. org/keynes/laissezfaire. 1926. html（检索日期：29. 01. 2014）

13. Schmidt, Helmut. 2003. Das Gesetz des Dschungels. Hamburg：zeitonline. http：//www. zeit. de/2003/50/Kapitalismus

14. Earl, Peter. 2010. Economics fit for the Queen：a pessimistic assessment of its prospects. Prometheus, 28 (3) S. 209-225. London：Taylor and Francis Group.

http：//shredecon. files. wordpress. com - 11/earl-ecoomics-fit-for-thequeens-preprint. pdf（检索日期：06. 01. 2014）

15.»So in summary, … the failure to foresee the timing, extent and severity of the crisis and to head it off, while it had many causes, was principally a failure of the collective imagination of many bright people, both in this country and internationally, to understand the risks to the system as a whole. « Besley, Tim; Hennessy, Peter. 2009. Carta Reina. S. 3. London：British Academy.

http：//www. euroresidentes. com/empresa _ empresas/carta-reina. pdf（检索日期：05. 01. 2014）

16.» In our view, however, derivatives are financial weapons of mass destruction, carrying dangers that, while now latent, are potentially lethal. « Buffet, Warren. 2003. 2002 Annual Report. S. 15. Omaha, NE：Berkshire Hathaway, Inc.

http：//www. berkshirehathaway. com/2002ar/2002ar. pdf（检索日期：05. 01. 2014）

17.»Defendant Facebook, Inc. has systematically violated consumers' privacy by reading its users' personal, private Facebook messages without their consent. « Matthew Campbell and Michael Hurley v. Facebook, Inc. 2013. Class Action Complaint vom 30. 12. 2013, S. 2. Aktenzeichen：Case5：13-cv-05996-PJH.

18. dpa. 2014. Kreditunwürdig - und die Schufa darf schweigen. Frankfurt：Frankfurter Allgemeine Zeitung. http：//www. faz. net/aktuell/finanzen/meine-finanzen/

finanzieren/nachrichten/bgh-urteil-kreditunwuerdig-und-die-schufa-darf-schweigen-12773625. html (检索日期：29. 01. 2014)

19. Ogg, Jon. 2013. Did HFTs and Algos kill efficient market theory again on the unemployment report? New York, NY: 24/7 Wall Street LLC.

http://247wallst. com/economy-10/22/did-hfts-and-algos-kill-efficientmarket-theory-again-on-the-unemployment-report/ (检索日期：29. 01. 2014)

20. Crépu, Jean. 2014. ARTE Dokumentation: Die geheimen Deals der Rohstoffhändler. Video, veröffentlicht am 14. 01. 2014. Kehl: ARTE G. E. I. E.

http://www. arte. tv/guide/de/047556-000/die-geheimen-deals-der-rohstoffhaendler (检索日期：29. 01. 2014)

21. Blas, Javier; Farchy, Jack. 2011. Glencore reveals bet on grain price rise. London: Financial Times.

http://www. ft. comintlcms/s/0/aea76c56-6ea5-11e0-a13b-00144feabdc0. html ? siteedition = intl axzz2rDWC7dU5 (检索日期：23. 01. 2014)

22. Massoudi, Arash. 2014. Investors turn to virtual 'Warren' tool for complex answers.

New York, NY: Financial Times.

http://www. ft. comintlcms/s/0/ffe9f7e6-836f-11e3-86c9-00144feab7de. html? ftcamp = crm/email/2014123/nbe/TradingRoom/product & siteedition = intlaxzz2rDWC7dU5 (检索日期：23. 01. 2014)

23. Schmid, Valentin. 2013. Algorithmic trading close to insider trading but legal. New York, N. Y. : The Epoch Times.

http://www. theepochtimes. com/n3/108981-program-trading-close-to-insidertrading-but-legal/ (检索日期：08. 01. 2014)

24. Golec, Joseph; Vernon, John. 2007. Financial risk in the biotechnology industry. Cambridge, MA: National Bureau of Economic Research.

http://www. nber. org/papers/w13604. pdf (检索日期：08. 01. 2013)

25. Historisch, aber noch immer zutreffend die Untersuchung von: Zucker, Lynne; Darby, Michael. 1996. Star scientists, institutions, and the entry of japanese biotechnology enterprises. Cambridge, MA: National Bureau of Economic Research.

http://www. nber. org/papers/w5795. pdf (检索日期：08. 01. 2014)

26. Moretti, Enrico; Wilson, Daniel. 2013. State incentives for innovation, star scientists and jobs. Evidence from biotech. San Francisco, CA: Federal Reserve

Bank of San Francisco.

27. »Stocks such as Amarin, Vivus, and Arena Pharmaceuticals saw impressive runs after their respective drugs received FDA approval, but have since then become circumspect investments. «

Saeed, Mohsin. 2013. 4 biotech stocks with insider interest. Alexandria, VA: The Motley Fool, The Motley Fool Blog Network.

http：//beta. fool. com/smartequity-01/09/4-biotech-stocks-insiderinstitutional-interest/20889/? source＝TheMotleyFool（检索日期：08. 01. 2014）

28. Ders. »A very good method of judging the potential in any stock is to monitor insider and institutional trades. This method is even more effective for the Biotechnology industry because with most Biotechnology companies, especially startups, fundamental information is utterly useless in determining the value of the stock, because the value of stocks is usually linked to results of drug trials; and once the results are released, the market quickly adjusts to reflect new valuations. Institutional investors have more knowledge and resources in general, which makes their trades a good indicator of a stock's true value. Thus, one of the best ways to judge potential of any biopharmaceutical stock is to monitor insider and institutional trades. «

29. Monetary and Economic Department. 2013. Triennial Central Bank Survey Foreign exchange turnover in April 2013: preliminary global results. Basel: Bank for International Settlements.

http：//www. bis. orgpublrpfx13fx. pdf（检索日期：06. 01. 2014）

30. 为了确保客户合同按照最有利于客户的条件执行，证券公司必须为"最可能的执行"有效地承担义务。承担义务应该适用于证券公司，它们面对客户在合同上或者在中介业务的框架内承担义务。

Europäisches Parlament und Rat. 2004. Markets in Financial Instruments Directive (MiFID) 2004/39/EG. Amtsblatt der Europäischen Union L 145/5（33）. Brüssel: Das Europäische Parlament und der Rat der Europäischen Union.

http：//eur-lex. europa. eu/LexUriServ/LexUriServ. do? uri＝OJ：L：2004：145：0001：0044：DE：PDF（检索日期：06. 01. 2014）

31. Zum Beispiel: Paul, Holger. 2013. Der starke Euro schwächt die Dax-Konzerne. Frankfurt: Frankfurter Allgemeine Zeitung.

http：//www. faz. net/aktuell/wirtschaft/unternehmen/umsatzrueckgang-derstarke-euro-schwaecht-die-dax-konzerne-12665688. html（zuletzt 检索日期：08. 01. 2013）

32. Delage, Vivien, et al. 2011. Multi-Agent based simulation of FOREX exchange market.

S. 5. Maastricht: Maastricht University.

33. 早在 1995 年就开展过一次有关货币交易的大宗交易税问题的富有启发性的科学研究。鉴于 1995 年以来的货币市场的极端结构性变化，这种研究具有历史益处：

Frankel, Jeffrey A. 1995. How well do foreign exchange markets function: Might a Tobin Tax help? Cambridge, MA: National Bureau of Economic Research.

www. hks. havard. edu/fs/jfrankel/TOBINTAXappendectomy. PA3. PDF（检索日期：16. 06. 2014）

34. Powell, Stuart. 2011. High Frequency Trading. How the market developed and where it is headed. London: The Hedgefund Journal.

http: //www. thehedgefundjournal. comnode6402（检索日期：29. 01. 2014）

35. Wah, Elaine; Wellman, Michael P. 2013. Latency arbitrage, market fragmentation, and efficiency: A Two-Market Model. Proceedings of the fourteenth ACM conference on Electronic commerce, S. 855-872. New York, NY: Association for Computing Machinery.

36. »Rule 611, also known as the Order Protection Rule. « Smith, Reginald. 2010. Is high-frequency trading inducing changes in market microstructure and dynamics? S. 2-3. Rochester, NY: Bouchet-Franklin Institute.

http: //arxiv. org/pdf/1006. 5490v3. pdf（检索日期：29. 01. 2014）

37. U. S. CFTC und U. S. SEC. 2010. Findings regarding the market events of May 6, 2010. Report of the staffs of the CFTC and SEC to the joint advisory committee on emerging regulatory issues. S. 12. New York, NY: U. S. Commodity Futures Trading Commission and the U. S. Securities and Exchange Commission.

38. U. S. SEC. 2013. File No. 3-15570. S. 2. New York, NY: Securities Exchange Commission.

http: //www. sec. gov/litigation/admin-34-70694. pdf（检索日期：23. 01. 2014）

39. Noble, Josh. 2013. Computer error blamed in Everbright trading mishap. New York, NY: Financial Times.

http: //www. ft. comintlcms/s/0/9885f876-0880-11e3-badc-00144feabdc0. html axzz2furmkHZg（检索日期：25. 09. 2013）

40. Reuters. 2013. Panne bei Goldman Sachs löst Flut von US-Optionsgeschäften aus. New York: Reuters.

http: //de. reuters. com/article/topNews/idDEBEE97K00S20130821（检索日期：

25. 09. 2013)

41. Stafford, Philip. 2013. Nasdaq blames software flaw for trading outage. London：Financial Times.

http：//www. ft. comintlcms/s/0/138ccd6c-10c7-11e3-b5e4-00144feabdc0. html axzz2furmkHZg（检索日期：25. 09. 2013）

42. Massoudi, Arash. 2013. S&P warns exchange glitches could trigger downgrade. New York：Financial Times.

http：//www. ft. comintlcms/s/0/f0b3eefe-215d-11e3-8aff-00144feab7de. html axzz2furmkHZg（检索日期：19. 09. 2013）

43. Johnson, Neil；Zhao, Guannan；Hunsader, Eric；Qi, Hong；Johnson, Nicholas；Meng, Jing；Tivnan, Brian. 2013. Abrupt rise of new machine ecology beyond human response time. Nature. Sci. Rep. 3, 2627. London：Macmillan Publishers Ltd.

44. Wah, Elaine. 2013. A. a. O.

45. Grant, Jeremy. 2013. SGX launches drive to attract more electronic trade. Singapore：Financial Times.

http：//www. ft. comintlcms/S/O/22825dec-4069-11e3-8875-00144feabdcO. html? siteedition：intl

46. EZB. 2013. High frequency trading and price discovery. Frankfurt：Europäische Zen tralbank.

47. Lattman, Peter. 2013. Thomson Reuters to suspend early peeks at Key Index. New York, NY：New York Times.

http：//dealbook. nytimes. com-07/07/thomson-reuters-to-suspend-earlypeeks-at-key-index/? _ php＝true＆ _ type＝blogs＆ _ r＝0（检索日期：24. 01. 2014）

第四章　独裁

1. Brecht, Bertolt. 1937. Was ein Kind gesagt bekommt. In：Wenn die weißen Riesenhasen abends übern Rasen rasen. Die schönsten Kindergedichte. Neuausgabe 2007, S. 230. Herausgeber：Ursula Zakis. München：Sanssouci im Carl Hanser Verlag.

2. Knef, Hildegard. 2007. Eins und eins, das macht zwei. Aus dem Album：Hilde -Das Beste von Hildegard Knef. Album veröffentlicht am 13. 03. 2009. New

York：Warner Music Group.

3. Felber，Christian. 2008. Neue Werte für die Wirtschaft. Eine Alternative zu Kommunismus und Kapitalismus. S. 161，Wien：Deuticke.

4. Einstein，Albert. 1934. Gemeinschaft und Persönlichkeit. Die Sammlung. Erster Band 1934. Herausgeber：Klaus Mann，S. 338. Amsterdam：Querido Verlag. Nachdruck der Ausgabe Amsterdam. 1986. München Rogner und Bernhard bei Zweitausendeins.

http：//www. gutenberg. ca/ebooks/einstein-gemeinschaft/einstein-gemeinschaft-00-h. html（检索日期：15. 03. 2014）

5. Kant，Immanuel. 1784. Beantwortung der Frage：Was ist Aufklärung? In：Berlinische Monatsschrift 1784，H. 12，S. 481-494.

6. GCHQ. 2010. Presentation：Full-spectrum cyber effects. SIGINT Development as an enabler for GCHQ's »Effects« mission. Cheltenham：GCHQ.

http：//msnbcmedia. msn. com/i/msnbc/sectionsnewssnowden _ cyber _ offensive2 _ nbc _ document. pdf（检索日期：15. 03. 2014）

7. Dertouzos，Michael. 1999. What will be. Die Zukunft des Informationszeitalters. S. 429-430. Wien：Springer-Verlag.

8. Isaac，Mike. 2013. Facebook steps up artificial-intelligence efforts with new research lab. New York，NY：Dow Jones & Company，Inc，AllThingsD.

http：//allthingsd. com/20131209/facebook-steps-up-artificial-intelligence-efforts-with-new-research-lab/（检索日期：03. 03. 2014）

9. 此概念据说可追溯到计算机公司太阳微系统公司的 C 级经理约翰·盖奇。对于他公司需要多少员工这样的提问，他回答如下："六位，也许八位。如果没有他们，我们不知道该怎么办。"从当时为太阳微系统公司工作的 1.6 万名员工，已减少到"合理化储备"的极少数量。

10. Markoff，John. 2013. Google adds to its menagerie of robots. New York，NY：The New York Times.

http：//www. nytimes. com-12/14/technology/google-adds-to-its-menagerie-of-robots. html（检索日期：14. 12. 2013）

11. Hencken，Randolph，zitiert von：Gaertner，Joachim. 2014. Capriccio：Mikrogesellschaften.

Hat die Demokratie ausgedient? Video，veröffentlicht am 15. 5. 2014. München：Bayerischer Rundfunk.

http：//www. br. de/mediathek/video/sendungen/capriccio/silicon-valleymikrogesellschaften-102. html（检索日期：22. 05. 2014）

12. Münkler, Herfried. 2005. Die Logik der Weltherrschaft - vom Alten Rom bis zu den Vereinigten Staaten. Berlin：Rowohlt.

13. 美国联邦储备系统（美联储）由 12 家分布在全美主要城市的地区性联邦储备银行组成。他们的份额属于各自辖区的商业银行，例如属于纽约的联邦储备银行的第二辖区商业银行。

http：//www. newyorkfed. org/aboutthefed/governance. html（检索日期：02. 03. 2014）

14. Nine Sigma. 2013. Request 67974. Adaptive learning algorithm for heating control systems. Cleveland, OH：NineSigma, Inc.

15. Brandlhuber, Christian. 2013. Response 67974. Adaptive learning algorithm for heating control systems. Hallbergmoos：Teramark Technologies GmbH.

16. Gabriel, Sigmar. 2014. Unsere politischen Konsequenzen aus der Google-Debatte. Frankfurt：Frankfurter Allgemeine Zeitung.

http：//www. faz. net/aktuell/feuilleton/debatten/die-digital-debatte/sigmar-gabriel-konsequenzen-der-google-debatte-12941865. html（检索日期：22. 05. 2014）

17. Safranski, Rüdiger. 2001. Ein Meister aus Deutschland. Heidegger und seine Zeit. 8. Auflage 2013, S. 437. Frankfurt：S. Fischer Verlag.

18. Lobo, Sascha. 2014. Die digitale Kränkung des Menschen. Frankfurt：Frankfurter Allgemeine Zeitung.

http：//www. faz. net/aktuell/feuilleton/debatten/abschied-von-der-utopie-diedigitale-kraenkung-des-menschen-12747258. html（检索日期：02. 06. 2014）

19. Enzensberger, Hans Magnus. 2014. Wehrt Euch! Frankfurt：Frankfurter Allgemeine Zeitung.

http：//www. faz. net/aktuell/enzensbergers-regeln-fuer-die-digitale-welt-wehrteuch-12826195. html（检索日期：05. 03. 2014）

20. Safranski, Rüdiger. 2001. A. a. O. , S. 439.

21. Aus einem E-Mail-Verkehr der Autorin mit Professor Gerhard Weiß am 13. 05. 2013.

22. Kant, Immanuel. 1784. Was ist Aufklärung? S. 481-494.

23. Kant, Immanuel. 1785. Grundlegung zur Metaphysik der Sitten.

http：//www. zeno. org/Philosophie/M/Kant, ＋ Immanuel/Grundlegung ＋ zur ＋ Metaphysik ＋ der ＋ Sitten/Zweiter ＋ Abschnitt 3A ＋ Übergang ＋ von ＋ der ＋

populären + sittlichen + Weltweisheit + zur + Metaphysik + der + Sitten（检索日期：27. 02. 2014）

24.»But man, being endowed with reason, and in this respect like to God, having been made free in his will, and with power over himself, is himself the cause to himself, that sometimes he becomes wheat, and sometimes chaff. « Irenäus von Lyon. 2. Jahrhundert n. Chr. Adversus Haereses. Band 4, Kapitel 4, Ziffer 3.

http：//www. ccel. orgccelschaff/anf01. ix. vi. v. html（检索日期：15. 03. 2014）

25. Feldmann, Christian. 2014. Er kämpfte wie ein Löwe gegen den Krieg. Frankfurt：Frankfurter Allgemeine Zeitung.

http：//www. faz. net/aktuell/politik/vor-heiligsprechung-papst-johannes-paulii-im-portraet-12902864. html（检索日期：22. 05. 2014）

26. "第四次工业革命"（工业 4.0）的概念在通用语言运用中确立。1900 年前后大批量生产（第二次工业革命）紧随第一次工业革命，由美国汽车制造企业和亨利·福特实施。伴随着第三次工业革命，生产线使用工业机器人而得到自动化。

本书作者偏爱大数据生态的智能机器的"第二次机械革命"这个概念，因为一种新的生产方式加入信息资本主义的生产过程：个人数据。这并非自然的有机发展，如同我们在 20 世纪伴随着生产线的持续改进对它们的观察那样。

27. Innerhofer, Judith. 2013. Hirnschrittmacher für alle! Interview mit Stefan Lorenz Sorgner. Hamburg：Zeit Online.

http：//www. zeit. de-20/transhumanismus-philosoph-stefan-lorenz-sorgner（检索日期：17. 02. 2014）

28. Evsan, Ibrahim. 2014. In：ARD Kontraste. Mit der Hightech-Brille zum Straftäter? Google Glass in der Kritik. Video, veröffentlicht am 24. 04. 2014. Berlin：Rundfunk Berlin-Brandenburg.

http：//www. ardmediathek. de/tv/Kontraste/Kontraste-vom-24-04-2014/Das-Erste/Video？ documentId＝20975244＆bcastId＝431796（检索日期：25. 04. 2014）

29. Johannes Paul II. 1981. Enzyklika Laborem Exercens. Über die menschliche Arbeit. S. 8. Stein am Rhein：Christiana-Verlag.

30. Günther, Oliver；Hornung, Gerrit；Rannenberg, Kai；Roßnagel, Alexander；Spiekermann, Sarah；Waidner Michael. 2013. Auch anonyme Daten brauchen Schutz. Hamburg：Zeit Online.

http：//www. zeit. de/digital/datenschutz/2013-02/stellungnahme-datenschutz professoren（检索日期：27. 02. 2014）

31.»The race is between computers and people and the people need to win«, he said.»I am clearly on that side. In this fight，it is very important that we find the things that humans are really good at.« Gapper, John; Waters, Richard. 2014. Google chief warns of IT threat. San Francisco, CA：Financial Times.

http：//www. ft. com /cmss 0206bb2e2-847f-11e3-b72e-00144feab7de. html axzz2rJRSsRVz (检索日期：18. 02. 2014)

32. Choudhury, Ambereen; Verlaine, Julia. 2014. FX Traders Facing Extinction as Computers Replace Humans. New York, NY：Bloomberg.

http：//www. bloomberg. comnews2014-02-18/fx-traders-facing-extinction-asc omputers-replace-humans. html (检索日期：18. 02. 2014)

33. Joe Schoendorf von Accel Partners auf der DLD14 Konferenz. 2014. Live Blogeintrag unter：

http：//live. faz. net/Event/DLD14? Page＝0 (检索日期：18. 02. 2014)

34. Gerichtshof der Europäischen Union. 2014. Pressemitteilung Nr. 70/14 vom 13. 05. 2014：Der Betreiber einer Internetsuchmaschine ist bei personenbezogenen Daten，die auf von Dritten veröffentlichten Internetseiten erscheinen, für die von ihm vorgenommene Verarbeitung verantwortlich. Luxemburg：Gerichtshof der Europäischen Union.

http：//curia. europa. eu / jcms /upload /docs /application pdf 2014-05 /cp14 0070de. pdf (检索日期：26. 05. 2014)

35. Pressestelle des Bundesgerichtshofs. 2014. Mitteilung der Pressestelle Nr. 16/2014 vom 28. 01. 2014：Bundesgerichtshof entscheidet über Umfang einer von der SCHUFA zu erteilenden Auskunft. Karlsruhe：Bundesgerichtshof.

http：//juris. bundesgerichtshof. de/cgi-bin/rechtsprechung/document. py? Gericht ＝bgh＆Art＝en＆Datum＝Aktuell＆Sort＝8195＆Seite＝5＆nr＝66583＆linked＝ pm＆Blank＝1 (检索日期：15. 03. 2014)

36. Simmel, Georg. 1908. Soziologie. Untersuchung über die Formen der Vergesellschaftung.

Berlin：Duncker＆Humblot.

http：//ww. archive. org/stream/soziologieuntersoosimmrich/soziologieunterso osimmrich _ djvu. txt (检索日期：19. 06. 2014)

37. Sartre, Jean-Paul. 1959. Die Eingeschlossenen von Altona. Reinbek：Rowohlt.

38. Gabriel, Sigmar, Unsere politischen Konsequenzen aus der Google-Debatte. A. a. O.

39. 出处同上

40. »We go to university to get a job to make money. Don't want to stuff out up by protesting. « Obey No1kinobe. 2014. Blogeintrag. New York, NY: TED Conferences, LLC.

http://www. ted. com/conversations/22664/what _ is _ the _ future _ of _ privacy. html (检索日期: 19. 02. 2014)

41. 出处同上

42. »State of being secret; secrecy«. Johnson, Samuel. 1755. A Dictionary of the English Language. Digitale Ausgabe.

http://johnsonsdictionaryonline. com/? p=6446 (检索日期: 27. 02. 2014)

43. Statista. 2011. Überwachung des Internets durch den Staat. Hamburg: Statista GmbH.

http://de. statista. com/statistik/daten/studie/192874/umfrage/meinungen-zurueberwachung-des-internets-durch-den-staat/ (检索日期: 15. 03. 2014)

44. Böhme, Hartmut. 1997. Das Geheimnis. In: NZZ, 20. /21. 12. 1997, S. 65-66. Zürich: Neue Zürcher Zeitung.

http://www. culture. hu-berlin. de/hb/static/archiv/volltexte/texte/geheimnis. html (检索日期: 09. 03. 2014)

45. Simmel, Georg. 1907. A. a. O.

46. Böhme, Hartmut. 1997. A. a. O.

47. Kowalski, Marc. 2014. Das Hirn der Welt. Zürich: BILANZ, Axel Springer Schweiz AG.

http://www. bilanz. ch/unternehmen/das-hirn-der-welt-334463 (检索日期: 15. 03. 2014)

48. Lossau, Norbert. 2013. Im Netz der Algorithmen. Berlin: DIE WELT, Axel Springer AG.

http://hd. welt. de/wams-hd/wams-hd _ wissen/article120619050/Im-Netz-der -Algorithmen. html (检索日期: 29. 01. 2014)

49. Böhme, Hartmut. 1997. A. a. O.

50. Lobo, Sascha. 2014. Die digitale Kränkung des Menschen. Frankfurt: Frankfurter Allgemeine Zeitung.

http://www. faz. net/aktuell/feuilleton/debatten/abschied-von-der-utopie-die digitale-kraenkung-des-menschen-12747258. html (abgerufen 02. 06. 2014)

51. Benedikt XVI. 2009. Caritas in veritate. S. 131. Vatikanstadt: Libreria Editrice Vaticana.

52. Scheer, Ursula. 2014. Die App für Diktatoren. Frankfurt: Frankfurter Allgemeine Zeitung.

http://www.faz.net/aktuell/feuilleton/medien/google-plant-mobile-video-ue berwachung-die-app-fuer-diktatoren-12778888.html（检索日期：02.06.2014）

53. Faris, Stephan. 2012. The Hackers of Damascus. New York, NY: Businessweek: Bloomberg.

http://www.businessweek.com/articles/2012-11-15/the-hackers-of-damascus（检索日期：15.03.2014）.

54. »The state or condition of being free from being observed or disturbed by other people«. Oxforddictionaries.com. 2014. Privacy. Oxford: Oxford University Press.

http://www.oxforddictionaries.com/definition/english/privacy（检索日期：07.03.2014）

55. 出处同上

56. Die Welt. 2013. Deutsche Autofahrer würden sich überwachen lassen. Berlin: DIE WELT, Axel Springer AG.

http://www.welt.de/wirtschaft/article120416477/Deutsche-Autofahrer-wuerden-sich-ueberwachen-lassen.html（检索日期：18.02.2014）

57. Johannes Paul II. Enzyklika Laborem Exercens. , S.15.

58. 出处同上

59. Heidegger, Martin. 1954. Die Technik und die Kehre. In: Vorträge und Aufsätze, 5. Auflage 1982, S.12/13. Pfullingen: Verlag Günther Neske.

60. Stöcker, Christian. 2014. Google-Manager bei Tech-Konferenz SXSW: Die Welt des Eric Schmidt. Hamburg: Spiegel Online.

http://www.spiegel.de/netzwelt/netzpolitik/eric-schmidt-und-jared-cohen-beisxsw-2014-in-austin-a-957656.html（检索日期：15.03.2014）

61. Uwe Ebbinghaus. 2014. Interview mit Jan Philipp Albrecht: Europa steht vor der großen Daten-Pleite. Frankfurt: Frankfurter Allgemeine Zeitung.

http://www.faz.net/aktuell/feuilleton/debatten/europas-it-projekt/interview-mit-jan-philipp-albrecht-das-wichtigste-ueber-die-datenschutzreformder-eu-12841473.html? printPagedArticle = true（检索日期：12.03.2014）

62. Drucker, Peter. 1977. People and Performance. Neuauflage 2011. S.291. Abingdon: Routledge, Taylor and Francis Group.

63. Schulz, Stefan. 2014. Die Informationsfreiheit und das Prinzip Big Data.

Frankfurt：Frankfurter Allgemeine Zeitung.

　　http：//www.faz.net/aktuell/feuilleton/medien/ueberfluessig-ist-die-datensc hutzreform-noch-nicht-12955004.html（检索日期：26.05.2014）

　　64. 出处同上

　　65. Johannes Paul II. 1991. Enzyklika Centesimus Annus. 100 Jahre Rerum Novarum. S. 17. Stein am Rhein：Christiana-Verlag.

　　66. 出处同上，S. 29.

　　67. Vergleiche Grundgesetz für die Bundesrepublik Deutschland, Art. 1, Abs. 2.

　　68. Stöcker, Christian. 2014. A. a. O.

第五章　觉醒

　　1. Wittrock, Carola 2014. Titel, Thesen, Temperamente. 2014. Das Internet der Dinge. Video, veröffentlicht am 30.3.2014. Frankfurt am Main：ARD, Hessischer Rundfunk.

　　http：//www.daserste.de/information/wissen-kultur/ttt/sendung/hr—sendung _ vom _ 30032014-102.html（检索日期：01.04.2014）

　　2. Noelke, Wolfgang. 2013. Von Adressjägern und Klo-Spionen. Köln：Deutschlandradio.

　　http：//www.deutschlandfunk.de/von-adressjaegern-und-klo-spionen.684.de. html? dram：article _ id=243412（检索日期：04.04.2014）

　　3. Münkler, Herfried. 2013. Mit Jammern ist es nicht getan. Berlin：taz.

　　http：//www.taz.de/Herfried-Muenkler-ueber-die-NSA-Affaere/！127698/（检索日期：02.04.2014）

　　4. 参照德国联邦议院的网页：

　　http：//www.bundestag.de/bundestag/abgeordnete18/mdb _ zahlen/berufe/ 2601325

　　5. 2008 年起"脸书"的企业参数：

　　http：//www.boersennews.de/markt/aktien/facebook-inca-dl-000006-us30303 m1027/50838870/fundamental

　　6. 最初的六颗伽利略卫星的两颗在欧洲航天局使用：

　　https：//de.wikipedia.orgwikiListe _ der _ Navigationssatelliten

　　7. Tachibana, Masahito, et. al. 2013. Human Embryonic Stem Cells Derived by

Somatic Cell Nuclear Transfer. In: Cell, Volume 153, Issue 6, 6 Juni 2013, S. 1228-1238. Cambridge, MA: Elsevier Inc.

http: //www. sciencedirect. com/science/article/pii/S0092867413005710 (检索日期：04. 04. 2014)

8. Sentker, Andreas. 2013. Frankensteins Traum wird wahr. Hamburg: Zeit Online.

http: //www. zeit. de-21/wissenschaft-klonen-mensch (检索日期：04. 04. 2014)

9. Fraunhofer-Verbünde IUK-Technologie, Verteidigungs-und Sicherheitsforschung.

2014. Strategie-und Positionspapier Cyber-Sicherheit 2020: Herausforderungen für die IT Sicherheitsforschung. Herausgeber: Reimund Neugebauer, Matthias Jarke, Klaus Thoma. München: Fraunhofer-Institut.

http: //www. fraunhofer. de/content/dam/zv/de/ueber-fraunhofer/wissenscha ftspolitik/Fraunhofer-Strategie-20und 20Positionspapier 20Cyber-Sicherheit 202020. p df (检索日期：02. 04. 2014)

10. 出处同上

11. Welchering, Peter. 2013. Ein Assistent für mehr Privatsphäre. Köln: Deutschlandfunk.

http: //www. deutschlandfunk. de/ein-assistent-fuer-mehr-privatsphaere. 684. de. html?dram : article _ id = 258227 (检索日期：04. 04. 2014)

12. 在德国联邦议院 2009—2013 立法周期内，面对区区 47 位数学家，物理学家，化学家和工程师出身的议员，有 438 位议员系社会科学家和公务员。

http: //www. bundestag. de/dokumente/datenhandbuch/03/03 _ 11/03 _ 11 _ 01. html (检索日期：01. 04. 2014)

跋

"您一定要写一本书。"弗兰克·席马赫（1959—2014 年 7 月 12 日）鼓励我。

那是 2013 年的夏天。我们在《法兰克福汇报》报社大楼，正从他办公室的走廊走向电梯。

"您知道这些系统如何运作，大伙儿相信您——而我不过是一个观察者。"

假如本书是一篇博士论文，弗兰克·席马赫就是我的导师。这部书稿及其中的故事，他觉得很重要，本来想亲自编辑它，然而却再也没有机会了。

本书是在一个算法控制的专家体制中为自由的人之理念的共同斗争而产生的，他对其中的每一页都做出了贡献。他的功绩在于鼓励我，鼓励我把我的认知与经验写下来，让他产生阅读的快乐。他的激励好比一种倡导方式发挥着作用，一方面他诱发了我写作的天赋，另一方面他陪伴着本书在这样的背景下产生，积极地鼓励了有关大数据及其技术后果的辩论。他身上的特别之处还在于：他很热情，不要求任何回报。这类人是极为罕见的。管理理论学家称之为领导力（Leadership）——"通过鼓舞人心开展人事管理"。这种围绕在弗兰克·席马赫身上的精神能够在其他人身上点燃，而我个人这方面极其缺乏。我与他同路只有一年，到如今，我几乎都还没有回过神来。我被深深感染了，想以这篇跋表达我的悼念。

2013 年早春，一场北极地区的严冬以其彻骨的寒冷在欧洲持续了两个多月，一本关于不断增长的严寒的图书在我们社会出版。信息经济，利润最大化，优化，胜者为王的秉性，所有的名称都是同一种现象的表达。弗兰克·席马赫在他的《自我——生命的游戏》（*Ego-das Spiel des Lebens*）一书中用漂亮的、有教养的、高档报纸副刊式的语言描述的内容是一场社会的变革——被一位军方出身的数学知识精英以及那些非合作游戏的模型、游戏理论无意间挑起，在冷战结束之后已经蔓延到经济领域，通过高效率计算机的全球传播而点燃，最终由我们现代经济界的领袖、主席和创始人，那些来自金融经济和互联网经济的人士所策动。他们将其释放出来，这些新商业模式，向我们预示了美国梦。一切都是市场，我可以为我自己赢得一切。为此，我要玩不合作的游戏，我想要实现我的目标，这就是理性的。我自己要成为胜利者。为此，你必须成为失败者。

弗兰克·席马赫的《自我》一书聚焦于游戏理论的"优化"，在一个让非技术专家惊奇的数学模型及其技术转换的全面描述中，宣布自私自利和自己利益的最大化是第一生活目标，这点他始终特别强调，被宣称为理性的。因此既不该指责市场经济，也不该指责技术，正像弗兰克·席马赫一再清楚明确表述的那样。让他烦恼的，更确切地说是我们社会的结果。优化者的使用不断增多，我们将来会到处遇见这种智能机器的形式，并将在我们的心灵上留下痕迹。假如我们始终抛弃这种理念，它们就可能改变我们的理智，我们的意志，我们的感觉——如果我们表现出利己，就是理性的。

弗兰克·席马赫的关切应该得到澄清，他的愿望在于我们能走出我们的天真与怀疑，这让我们成为他称之为"魔鬼"的轻易战利品。让他牵挂的那些，那个"数字 2"，那个大大缩短的自私的经济人应该停止恶劣的行径，我们应该再度想起我们欧洲的特殊价值是什么。自私自利的理性没有得到宣传，尽管自亚当·斯密（Adam Smith，1723—1790）以来，自私自利作为资本主义的有序原则得到提倡，只要所有的民众追寻他们自己的福祉，他们在其中就能够获得财富。秩序没有出现，而且工业化时代开始之初我们先辈充满痛苦地经历过的无节制却出现了。其实我们思考过要克服它们。

当弗兰克·席马赫作为信息资本主义敏锐的观察者登场时，就是您现在手里的这本书要讲述的，他技术建筑师视角下的自我（Ego）的历史。本书没有提出宏大的新颖理论，而是以逸事的方式讲述了科学家的经历，可能对自己的权利说道："我们是'自我'。"因为"自我"是现实，具有历史意义。今天"自我"把我们当作"大数据"买进，像迪伦马特的剧作《物理学家》那样发人深省地把我们做成了他的建筑师和建造者。现代的萨哈罗夫和爱因斯坦们警告过他们自己的技术。"斯诺登事件"也给本书赋予了一个现实的转折，而且他的焦点不同于"自我"，在于警告我们的自由在一个由智能机器完全监控与控制的世界里将彻底丧失，我们在里面不认识我们的私人空间。它的提醒远远多于尚未找到的美丽新世界规则的市场，重新开始纵欲面前的"自我"。而且这种有利于较高的股东市值，为了金钱与权力的意志，资本主义什么都不放过，不放过我们的自决，不放过我们的理智，也不放过让我们成为人，让我们的社会成为自由社会的这些东西。

没有"自我"，本书也无法问世；没有弗兰克·席马赫的激励，我可能一页都写不出来。伴随着弗兰克·席马赫自由的人和他的国王尊严丧失了一种幻影中的代言人，他不仅仅具有知识分子的水平，能够深深地把握并在精神上评价其记者职业的陌生关系。数字化革命的技术结果评价所涉及到的东西，他的过早去世呼唤我们之中的这些人，他激励我们写作，呼吁社会的责任心，在未来更强烈地履行义务。因为这也属于他的遗愿：我们承担义务，引导一场趋向良好结局的辩论，使人的尊严在信息资本主义中得到保证。为此，他向他的争论者，其中包括肖沙娜·朱伯夫（Shoshana Zuboff）、叶甫格尼·莫罗佐夫（Evgeny Morozov）、杰伦·拉尼尔（Jaron Lanier）、萨沙·罗伯（Sascha Lobo）、康斯坦册·库尔茨（Constanze Kurz）、朱丽·泽（Juli Zeh）和其他许多人开放他的专栏作为辩论的平台。但是他自己话语的力量是不可替代的。

他连同他对人的尊严的责任心把许多良知放在了他生命的天平盘上。正如他在地球上为自由的人战斗，他将永远得到高度的评价。

谢谢，弗兰克·席马赫，愿您安息！

尤夫娜·霍夫施泰特

2014 年 6 月 15 日